新型城镇化背景下宜居县城规划

赵　健　主编

中国建筑工业出版社

图书在版编目（CIP）数据

新型城镇化背景下宜居县城规划/赵健主编. —北京：中国建筑工业出版社，2019.1
ISBN 978-7-112-23025-9

Ⅰ.①新… Ⅱ.①赵… Ⅲ.①县-区域规划-研究-中国 Ⅳ.①TU982.2

中国版本图书馆 CIP 数据核字（2018）第 273898 号

责任编辑：李　鸽　陈小娟　毋婷娴
责任校对：张　颖
封面设计：崔思达

新型城镇化背景下宜居县城规划
赵　健　主编
*
中国建筑工业出版社出版、发行（北京海淀三里河路 9 号）
各地新华书店、建筑书店经销
北京佳捷真科技发展有限公司制版
北京中科印刷有限公司印刷
*
开本：787×1092 毫米　1/16　印张：13¾　字数：339 千字
2019 年 3 月第一版　2019 年 3 月第一次印刷
定价：**79.00** 元
ISBN 978-7-112-23025-9
（33102）

编写委员会

主　　编 赵　健

参编人员 李佳洁　安诣彬　李　甜　方　波
王　星　阿拉太　陈　晨　刘　铸
徐　也　白　雪　李　睿　谢四维

指　　导 李　宏　殷程志　常玉杰

前 言

县作为我国行政机构设置中最基本、最稳定的建制单元，始于春秋战国时期。秦统一六国后确立的郡县制格局基本沿用至今，已有两千多年历史。县制的经久不衰是由于其对国体运行机制具有极大的适应性，在社会经济发展中起到至关重要的作用。据统计，2014年末全国共有县城1596个（包括县、旗、自治县、自治旗）。作为县级人民政府所在地镇，县城不仅是全县的政治、经济和文化中心，还是广大农村地区与城镇化地区之间有机衔接和过渡的空间节点，是整个城镇体系中承上启下的重要环节。

相对于城市规划，我国县城规划研究和实践工作都起步较晚。以1989年颁布的《中华人民共和国城市规划法》为标志，首次明确"县级以上地方人民政府城市规划行政主管部门主管本行政区域内的城市规划工作……县级人民政府所在地镇的城市规划，由县级人民政府负责组织编制。"2008年颁布的《中华人民共和国城乡规划法》提出"县人民政府组织编制县人民政府所在地镇的总体规划，报上一级人民政府审批"，明确了县规划编制与审批的主管部门。但是对于县这个城乡事权集中、城乡联动发展特色鲜明的特殊规划单元，国家层面的城市规划体系并没有将其单列，在编制技术方面也没有特殊规定。因此县城规划编制的工作方法、技术标准只能参考城市规划的相关文件，例如《城市规划编制办法2006》等。在缺乏有针对性的理论及方法指导的情况下，造成大量县规划建设缺乏对县城特殊性的认识。在县城建设中"小县城模仿大城市"的规划方法屡见不鲜，造成越来越多的县城经过规划后反而丧失了原来的特色，陷入"千城一面"的困境。

本研究立足于县城规划建设的现状问题及主要特征，落实"新型城镇化、生态文明"等国家政策，重点研究县城层面城乡规划中的关键技术、适用技术和技术标准等内容，探索提炼目前较为适用的包括县域城乡规划、县城规划区划定方法、县城空间特色塑造、县城公益性公共服务设施配置、县城绿色交通系统规划、县城宜居生态公用设施工程规划等方面的规划技术。重点突出了几个创新和转变，包括：从"重县城"向"统县域"转变，从"独立规划"向"多规合一"转变，从"套用城市标准"向"量身定做"转变等。有利于完善我国的城乡规划编制体系，提升县城规划编制水平，加强县城的城市规划管理，科学引领县城的健康发展。为我国县城建设的物质空间改善、技术水平提升、技术人才培养等方面实现整体发展提供依据与保障，切实提高城乡建设、公共服务、市政设施各项规划和建设水平，促进新型城镇化背景下的以县城为主要载体的就地、就近城镇化，建设生态宜居、特色鲜明的县城。

本书编写基于中国建筑设计研究院（集团）科技创新基金项目"新型城镇化背景下的县城规划关键技术研究"的主要研究成果。值此，谨向所有给予指导及帮助的领导、专家、同仁深表感谢！也恳请广大读者批评指正，不吝赐教！

编者

目　录

第一章 总论

第一节 研究背景

一、合理引导县城发展，推动新型城镇化

2013年《中共中央关于全面深化改革若干重大问题的决定》指出：新时期需要“坚持走中国特色新型城镇化道路，推进以人为核心的城镇化，推动大中小城市和小城镇协调发展、产业和城镇融合发展，促进城镇化和新农村建设协调推进。”我国未来的城镇化只有充分发挥县城的作用，才能真正促进中小城市的发展，实现就地、就近城镇化，提升城镇化的整体质量。

2014年国务院《政府工作报告》提出，今后一个时期，要着重解决好现有“三个1亿人”问题，其中包括“引导约1亿人在中西部地区就近城镇化”。实践中，新型城镇化更多地表现为以县域为主的就近城镇化，这在中西部地区尤为突出。

二、提升县城服务水平，建设生态宜居县城

自2006年以来，环境保护部根据《全国生态县、生态市创建工作考核方案》，开展“国家级生态县”建设和评选工作，致力于具有地方特色的区域经济社会与人口、资源、环境相协调的生态经济发展模式的探索。从2009年住房城乡建设部出台《国家园林县城评选办法》至今，相关部门每年开展相关评比与检查工作，大大促进了我国县城整体城市环境与绿化建设水平的提升。

县级公共服务设施是城乡服务体系的重要纽带，中央针对其规划建设提出专门指导意见，如2015年发布《国务院办公厅关于全面推开县级公立医院综合改革的实施意见》，提出：“县级公立医院是农村三级医疗卫生服务网络的龙头和城乡医疗卫生服务体系的纽带，推进县级公立医院综合改革是深化医药卫生体制改革，切实缓解群众看病难、看病贵问题的关键环节。”2015年《中共中央关于加快推进生态文明建设的意见》中明确提出，所有县城和重点镇都要具备污水、垃圾处理能力，提高建设、运行、管理水平。

三、提升县城规划编制水平，推进县域多规合一

从2014年开始，针对“村镇规划照搬城市规划模式、脱离村镇实际、指导性和实施性较差等问题”，住房城乡建设部开展了“县域村镇体系规划试点工作”。探索县域城乡规划、国民经济社会发展规划、土地利用规划及生态环境规划等“多规合一”的规划方法，建立“多规合一”的工作机制，实现县域村镇体系规划全覆盖，全县“一张图”管理。探索符合新型城镇化和新农村建设要求的县域城镇化战略和空间格局以及实施措施，提出工

业化、农业现代化以及传统产业传承发展并举的产业政策和产业布局，提出人的就业、人的生活、人的素质、人的布局等“以人为本”的规划措施，提出耕地红线、生态红线、城镇开发边界以及合理用地等土地利用布局，构建以不同层次功能圈为基础的村镇体系和基础设施布局。重点解决目前县域规划中存在的各层次规划缺乏衔接、重现代轻传统、重县城轻乡镇、可操作性差等问题。

同年，住房城乡建设部下发了《关于开展县（市）城乡总体规划暨‘三规合一’试点工作的通知》。编制县（市）城乡总体规划，实现经济社会发展、城乡、土地利用规划的“三规合一”或“多规合一”，逐步形成统一衔接、功能互补的规划体系。要以城乡规划为基础、经济社会发展规划为目标、土地利用规划提出的用地为边界，实现全县（市）一张图，县（市）域全覆盖。以上位规划为依据，将经济社会发展规划确定的目标、土地利用规划提出的建设用地规模和耕地保护要求等纳入县（市）城乡总体规划。同步研究提出城乡总体规划与土地利用规划在基础数据、建设用地范围和规划实施时序等方面的衔接方案。

《关于开展县（市）城乡总体规划暨‘三规合一’试点工作的通知》确定了浙江省开化县、浙江省德清县、安徽省寿县、江西省于都县、山东省桓台县、河南省获嘉县、陕西省富平县7个试点县。其中，浙江省开化县结合自然资源资产调查，摸清县域资源环境本底条件，系统梳理各类规划，查找交叉矛盾等问题，研究制定规划体系、空间布局、基础数据、技术标准、信息平台和管理机制“六个统一”为目标的“多规合一”改革方案。

四、助推县域经济发展，探索多元化发展模式

中国社会科学院财经战略研究院于2015年5月发布了《中国县域经济发展报告2015》，遴选出了全国县域经济竞争力百强县、全国县域经济发展潜力百强县和全国县域经济创新力50强；自2011年起中央电视台财经频道连续四年在人民大会堂成功举办“中国县域经济发展高层论坛”，针对时下中央提出的重要政治经济政策，研讨在县域层面的落实问题。此外，县是中央实现三农政策，带领农民脱贫致富的重要政策落脚点，相应的政策、资金帮扶，都由县级行政机构进行具体落实。

浙江省探索出了县域经济发展的十大模式，包括“新型工业化—萧山模式”“贸易国际化—义乌模式”“农业现代化—温岭模式”“经济生态化—安吉模式”“城乡一体化—嘉善模式”“企业规模化—鄞州模式”“创新驱动—上虞模式”“草根创业—慈溪模式”“海洋开发—玉环模式”“小县大城—云和模式”[1]。

云南省通过推进金融支持，提高县域金融服务可获得性和县域金融服务便利化水平，促进城乡统筹和县域经济发展，加快城镇化建设步伐。[2] 陕西省的“资源县”近年来探索由低层次资源开发产业到高端化资源产业转变、单一性资源产业到多元化产业转变，在从资源依赖型增长到创新型发展转变的同时，也在充分挖掘自身的文化资源优势，大力发展

---

[1] http：//www.zjdpc.gov.cn/art/2013/5/20/art_233_538814.html.

[2] http：//yn.wenweipo.com/fazhanyn/ShowArticle.asp? ArticleID=71482.

文化旅游产业。[1]

第二节 县城的主要特征与职能

一、县城的概念界定

县城是县级人民政府所在地的镇，在我国现在的城乡建制体系中是建制镇。在住房城乡建设部公布的历年《城乡建设统计公报》中，统计数据主要分为城市（直辖市、地级市、县级市）建设、县城（县、特殊区域、新疆生产建设兵团师团部驻地）建设、村镇（建制镇、乡、镇乡级特殊区域、自然村）建设三个部分。由此可见，县级市是纳入城市范畴的，但由于县城在规模、形态、经济发展等方面具有区别于城市的独特性，因而是作为独立的统计单元进行数据的统计与分析。因此，本次研究对象聚焦于县城，不包括县级市。

二、县城的主要特征

县城的职能主要是服务其所在县域的乡村地区，是广大农村地区的生产生活服务中心，一般县城居住的人口为农业与非农业人口并存；而城市则是以非农业人口为主，二、三产业为主导，作为地区政治、经济、文化中心的形式而存在。区别于城市“一家独大”的特点，县城所依托的广阔的农村腹地是其存在的根本。

首先，县城具有双向互补的职能特征。县城建立了联系城乡的经济关系，打破了城市提供工业品、乡村提供农副产品的单一分工格局，在资源禀赋和比较优势基础上形成了双向互补。

其次，县城具有城乡二元的社会特征。一方面表现在相当部分居民具有亦工亦农双重的社会身份，另一方面是家庭的不完全城市化。县城社会具有较强的地缘关系和乡土意识。

最后，县城具有多元独特的地域特征。从全国范围来看，县城分布广泛，不同地区之间的自然条件、资源状况、产业结构等许多方面存在很大差异，因此在社会、经济、文化等各个方面都具有鲜明的地域属性。

三、县城的职能与作用

（一）县城是实现就近城镇化的重要载体

据统计，到2013年底我国县城人口共1.33亿，约占县域总人口的19%，因此县城还有很大的空间承载就近城镇化的农业人口（图1-1）。目前各地都在进行农业转移人口市民化的各种探索，其最终目标都是要使农民实现从传统生产生活方式向现代生产生活方式的转变。《国家新型城镇化规划（2014－2020年）》中明确提出差别化的落户政策，“以合法稳定就业和合法稳定住所（含租赁）等为前置条件，全面放开建制镇和小城市落户限制”，这一点是落实就近就地城镇化最重要的保证。

---

[1] http：//district.ce.cn/newarea/roll/201507/23/t20150723_6022116.shtml.

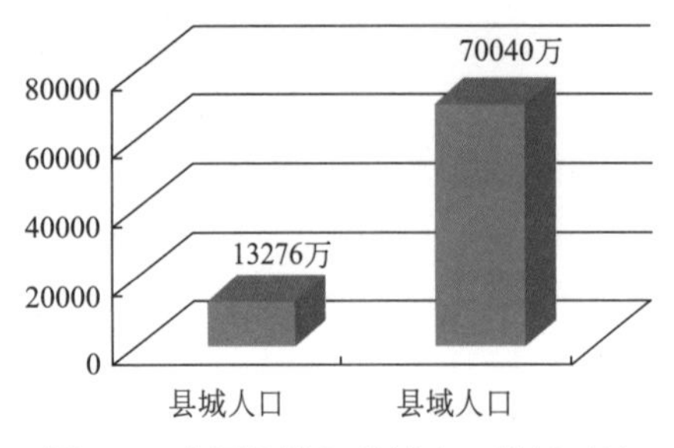

图 1-1　全国县城和县域人口统计对比
来源：《2014 年中国县城建设统计年鉴》

以县域为空间单元推进人口迁移和落户定居，将有利于农村人口的乡土认同、文化适应和社会融合；县城在农业转移人口的成本问题上具有明显的优势。首先，县域范围内的房价与大中城市相比较低，农村转移人口能够更快地融入城镇生活中去；其次，县域产业主要是以劳动密集型产业为主，更适合农村转移人口就业。可以说，由于县城较低的就业门槛和定居成本，在吸引农村剩余劳动力转移、推进城镇化发展中起到了重要的作用。

（二）县城是统筹城乡公共服务的重要支撑平台

县级政府负责提供县域内的公共产品，承担了一系列公共服务职能，包括行政办公、教育科研、文化娱乐、医疗卫生、环卫环保等，并以县城为中心统筹配置县域范围内的各类公共服务设施。县城相对完善的社会化服务和农业技术支持，使其成为支撑农业现代化发展的重要节点，也是作为各类公共服务系统从大城市向农村延伸的中间站。以县城为核心统筹县域内的公共与公用设施，推进公共服务均等化，将有利于城乡一体化发展，构建新型城乡关系。

（三）县城是改善人居环境、展现特色风貌的关键区域

县城规模相比大城市来说较小，因此对周边区域的环境冲击较小，对生态环境的保护和整治相对容易，是环境敏感度较高、生态脆弱地区较适合的城镇类型。县城相较大城市的生态条件较好，且具有独特的社会和文化优势，有利于实现建设生态宜居城市的目标。

与此同时，更值得我们关注的是县所拥有的巨大自然、人文资源禀赋。据统计，全国约 50％的重要历史文保单位和几乎全部的中国历史文化名镇名村，大部分的自然保护区、湿地、森林公园、重要生态功能区等都位于各县县域规划范围内。这些独具特色的文化和自然资源，在县一级城市的建设发展当中既需要给予妥善保护，也应该成为塑造城市特色的重要依托（图 1-2）。

图 1-2　县城特色风貌照片
（摄于 2014 年）

第二章　县城现状基本情况及存在的问题

第一节　县城规模

依据《2014 年中国县城建设统计年鉴》，2014 年末全国共有县城 1596 个（包括县、旗、自治县、自治旗），其中可统计的县城 1579 个，县城人口 1.40 亿人，暂住人口 0.16 亿人，建成区面积 2.01 万平方公里。[1]

县城分布在我国大部分地区，主要集中在中部、西部，两个地区的县城总数约占全国的 3/4（图 2-1）。东北地区城镇化水平较高，县级行政单元中县级市较多，县城数量相对较少。其中，吉林省共有 19 个县。东部地区经济发展较快，城镇化水平较高，市辖区、县级市较多，县城数量也相对较少，其中江苏省全省仅有 21 个县。

一、用地规模

（一）县域

2014 年末，我国县域总面积为 769.74 万平方公里，约占陆地面积的 80%。其中西部地区县域面积占全国县域面积的 80%。我国有近七成的县域面积在 3000 平方公里以下，并整体呈现东部县域面积小，西部县域面积大的特征（图 2-2、图 2-3）。

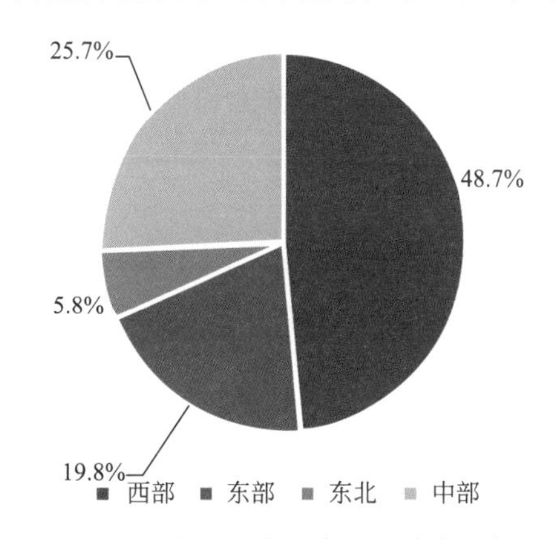

图 2-1　全国四大经济区县分布比例

来源：《2014 年中国县城建设统计年鉴》

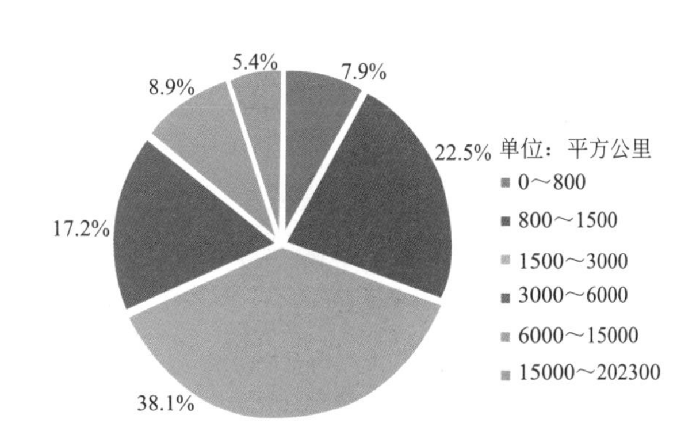

图 2-2　全国县域面积比例

来源：根据《2014 年中国县城建设统计年鉴》分析而成

（二）县城

2014 年末，我国县城总面积为 7.9 万平方公里，约 70%的县城面积在 40 平方公里以下，其中 20.8%的县城面积在 10 平方公里以下，24.2%的县城面积在 12～20 平方公里之

[1] 北京市延庆县、密云县和上海市崇明县因与城市建成区分不开，数据包含在城市部分。河北省邯郸县等 13 个县，因为与所在城市市县同城，数据包含在城市部分。福建省金门县暂无资料。并未统计新疆生产建设兵团数据。

间。县城面积总体呈现东大西小的趋势，40 平方公里以上的县城集中在东部沿海（图 2-4、图 2-5）。

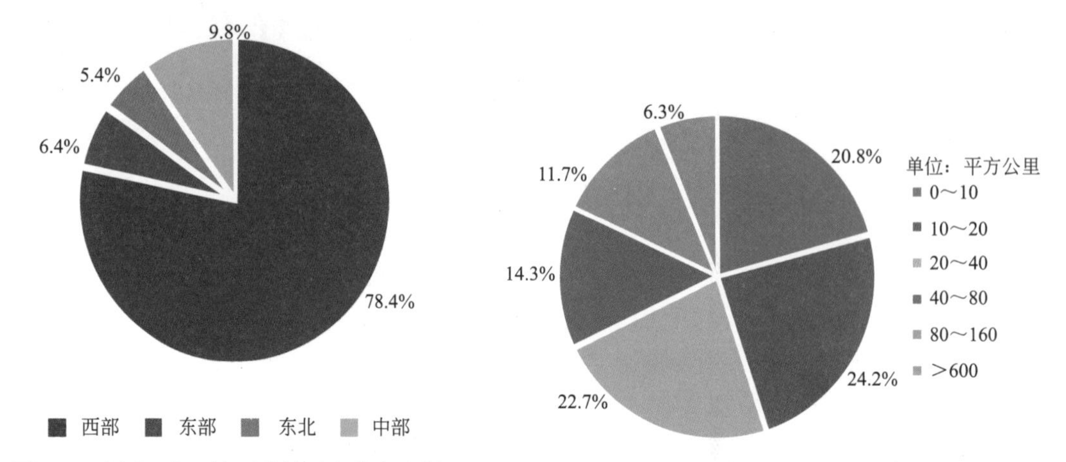

图 2-3　全国四大经济区县域面积分布比例
来源：根据《2014 年中国县城建设统计年鉴》分析而成

图 2-4　全国县城面积比例
来源：根据《2014 年中国县城建设统计年鉴》分析而成

从东部到西部县域面积逐步增大，而县城建成区面积却出现面积递减的趋势，仅从建设面积就可以反映出作为城乡连接点的县城发展程度，基本体现了全国城镇化发展的现状总体布局。

二、人口规模

（一）县域

2014 年末，我国县域总人口为 7.4 亿人，约占全国总人口的 54%。我国有近六成的县域人口在 40 万以下，1/4 的县域人口小于 20 万，并整体呈现东部县域人口多，西部县域人口少的趋势（图 2-6、图 2-7）。

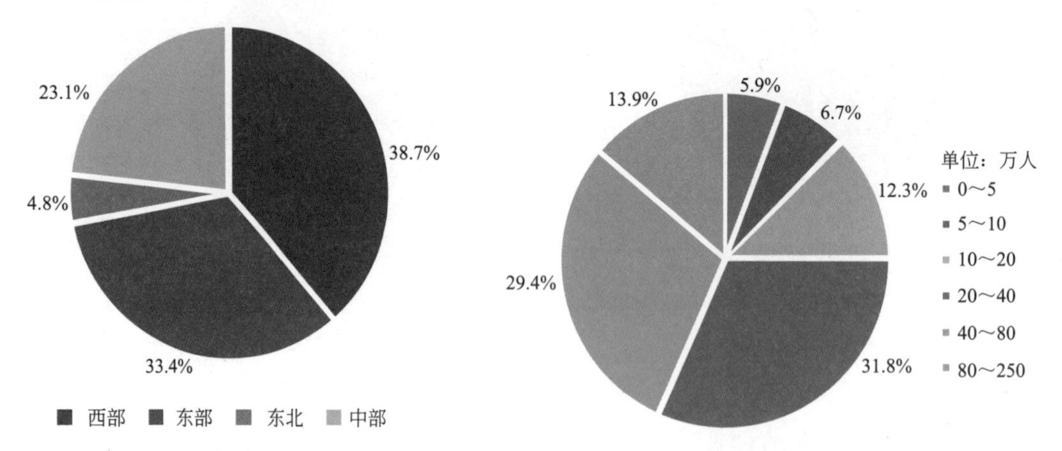

图 2-5　全国四大经济区县城面积分布比例
来源：根据《2014 年中国县城建设统计年鉴》分析而成

图 2-6　全国县域人口比例分布
来源：根据《2014 年中国县城建设统计年鉴》分析而成

（二）县城

2014 年末，我国县城总人口为 1.39 亿人。我国县城人口普遍较少，约有 74.6%的县

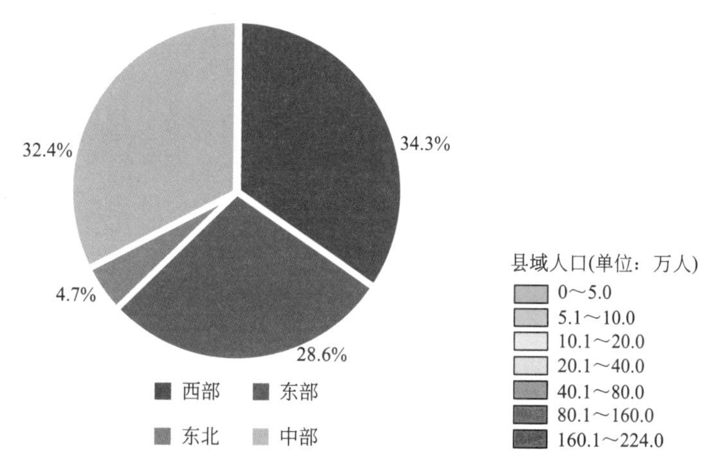

图 2-7　全国四大经济区县域总人口分布比例

城人口在 12 万以下，仅有 6.2%的县城人口大于 20 万，且大部分集中在中部地区和川渝地区（图 2-8、图 2-9）。

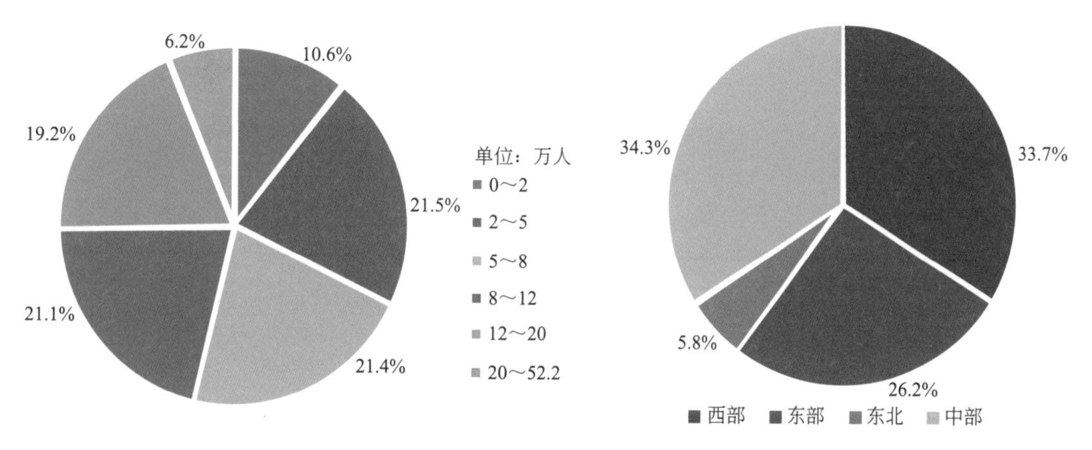

图 2-8　全国县城人口比例分布

来源：根据《2014 年中国县城建设统计年鉴》分析而成

图 2-9　全国四大经济区县城总人口分布比例

来源：根据《2014 年中国县城建设统计年鉴》分析而成

总体上看，我国的县城分布广泛，人口众多，县城的数量近年来呈现递减趋势。县城作为县域范围内城镇化水平高、人口聚集度高、建设相对完善的地区，规模差异明显，主要表现在：我国东中部地区县城较多，且县城占县域的土地面积比例高，这一趋势向西部、北部逐步减弱。

第二节　县城建设现状

一、建成区规模

（一）总体情况

2014 年底，我国县城建成区总面积为 19593 平方公里，人均建成区面积为 141 平方米。县城建设用地总面积略小于县城建成区总面积，为18225平方公里，人均建设用地面积为131平方米。

从规模分布来看，我国84%的县城建成区面积在20平方公里以内，约半数的建成区面积不超过10平方公里。约1/5的县城建成区面积小于5平方公里。全国86%县城建设用地面积小于20平方公里，3/4的县城建设用地面积不足15平方公里。建设用地面积小于5平方公里的县城占23%（图2-10、图2-11）。

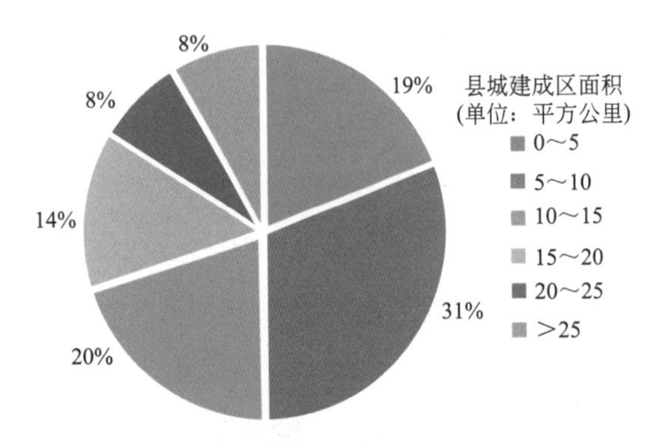

图2-10　全国县城建成区面积分布

来源：根据《2014年中国县城建设统计年鉴》分析而成

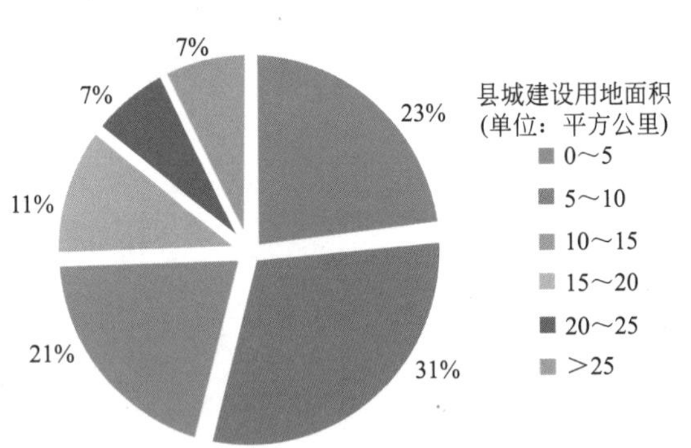

图2-11　全国县城建设用地面积分布

来源：根据《2014年中国县城建设统计年鉴》分析而成

（二）人均情况

我国县城人均建成区面积为141平方米，分布区间主要集中在100～150平方米，全国约700余个县城的人均建成区面积在此区间内，占县城总数的45%。此外约有40%的县城人均建成区面积大于150平方米，其中，近20%的县城人均建成区面积在150～200平方米之间，人均建成区面积在200～250平方米/人之间的县城约占总量的8%，大于250平方米/人的县城约占总量的10%（图2-12）。

我国县城人均建设用地面积为131平方米，分布区间与人均建成区面积的分布区间相似，主要集中在100～150平方米之间，约占总量的46%。约有22%的县城人均建设用地面积为50～100平方米，18%的县城人均建设用地面积为150～200平方米（图2-13）。

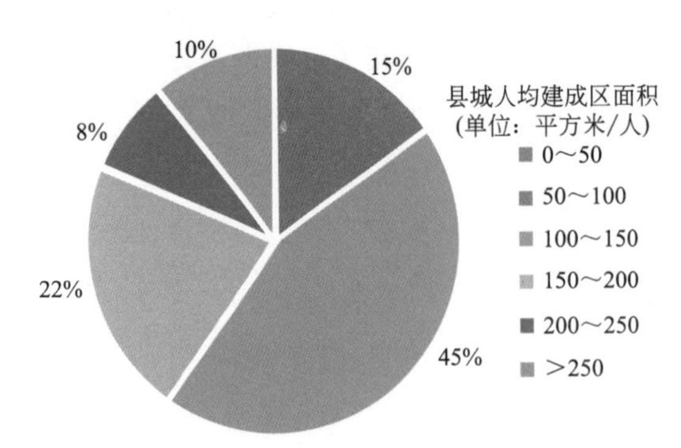

图2-12　全国县城人均建成区面积分布

来源：根据《2014年中国县城建设统计年鉴》分析而成

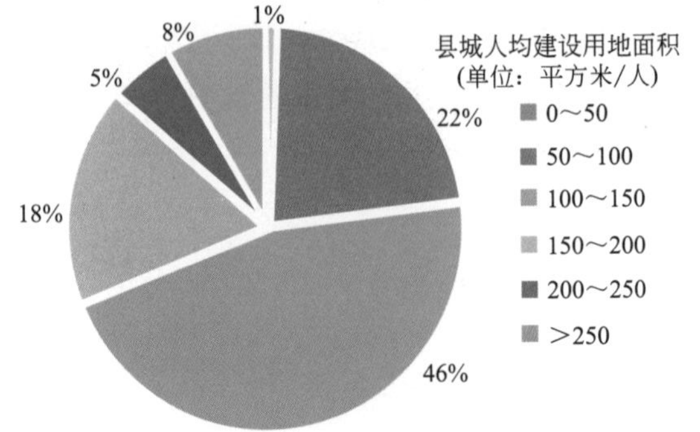

图2-13　全国县城人均建设用地面积分布

来源：根据《2014年中国县城建设统计年鉴》分析而成

我国县城现状建设用地情况与城市相比较为粗放。根据《城市用地分类与规划建设用地标准》(GB 50137—2011)，规划人口规模小于 20 万人的城市，规划人均建设用地面积均小于 115 平方米。而我国县城现状人均建设用地面积普遍大于这一数值。

（三）地域差异

我国县城建成区面积地域分布差异明显，西部地区县城建成区面积普遍偏小，有 255 个县城的建成区面积在 5 平方公里以内，274 个县城的建成区面积在 5～10 平方公里，仅有 50 余个县城的建成区面积大于 20 平方公里（图 2-14）。

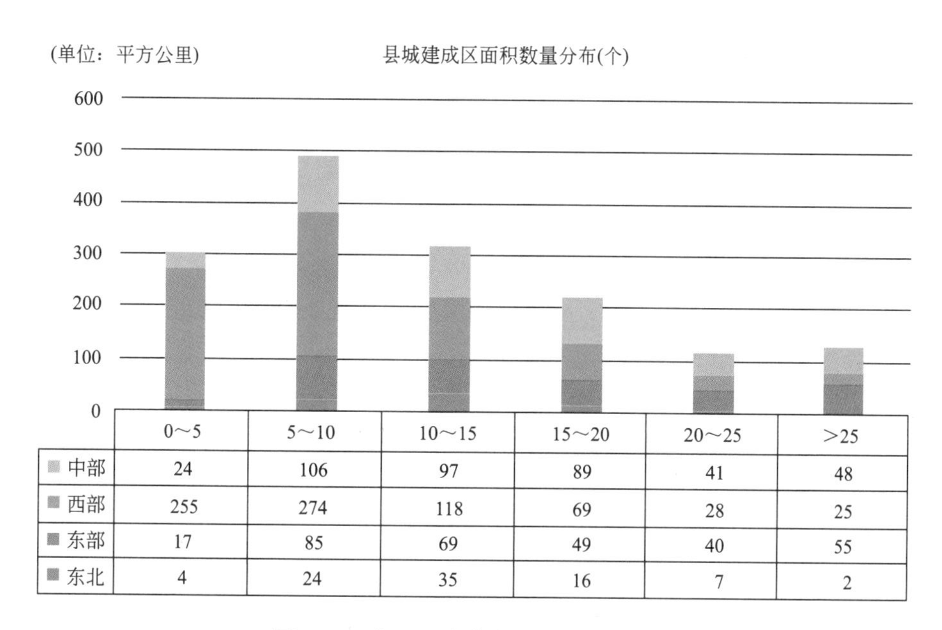

	0～5	5～10	10～15	15～20	20～25	>25
中部	24	106	97	89	41	48
西部	255	274	118	69	28	25
东部	17	85	69	49	40	55
东北	4	24	35	16	7	2

图 2-14　全国县城建成区面积地域分布

来源：根据《2014 年中国县城建设统计年鉴》分析而成

中部地区县城建成区面积主要集中在 5～20 平方公里范围内，且分布较为均衡。建成区小于 5 平方公里的县城较少，仅有 24 个。

东部地区县城建成区面积小于 5 平方公里的数量较少，大部分县城面积较大。其中建成区面积为 5～10 平方公里的县城为 85 个，数量较多。与其他地区相比，东部地区的建成区面积较大的县城数量较多。其中大于 25 平方公里的县城有 55 个，约占此类县城总数的 40%。

东北地区县城数量相对较少，县城建成区面积普遍集中在 5～20 平方公里范围内。

我国人均建成区及建设用地面积的地区差异同样显著。传统产业以牧业为主的草原地区，如西藏、宁夏、内蒙古、新疆的县城人均建成区面积和人均建设用地面积普遍偏高。重庆、四川、湖北、湖南、广东、江西等地人均建成区面积和人均建设用地面积较小（图 2-15）。

如依照东北、东部、西部、中部经济区域进行划分，中部地区人均建成区面积相对集约，为 129 平方米/人，低于全国 141 平方米/人。东北、东部、西部地区人均建成区面积均大于全国平均值（表 2-1）。

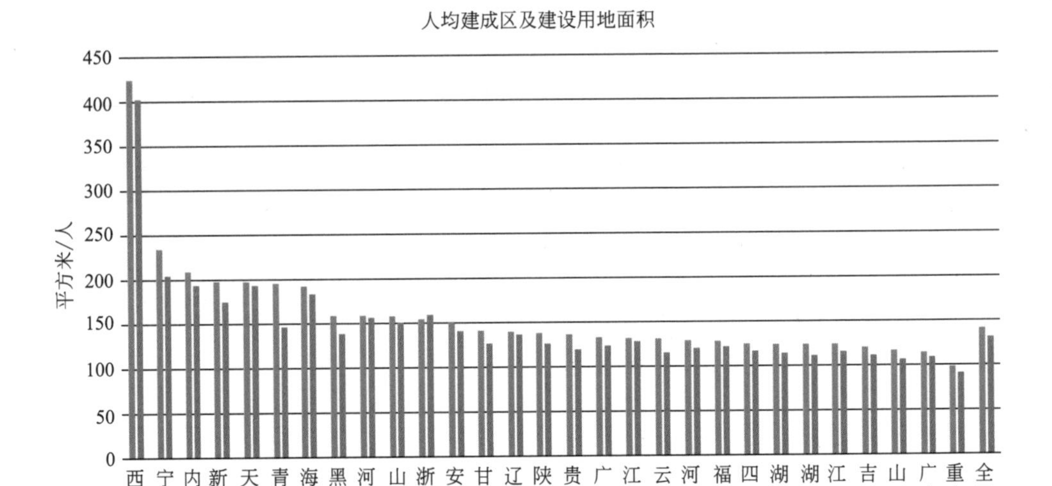

图 2-15　全国县城人均建成区及建设用地面积省域分布

来源：根据《2014 年中国县城建设统计年鉴》分析而成

全国县城人均建成区及人均建设用地面积比较　　表 2-1

地区	人均建成区面积(平方米/人)	人均建设用地面积(平方米/人)
东北	144	132
东部	147	143
西部	149	135
中部	129	119
总计	141	131

二、设施建设

(一) 公共服务设施

与城市各项公共服务设施、商业设施主要服务本城市居民不同，县城公共服务设施、商业设施还起到极强的区域服务的作用。通过对全国多个县城的具体分析可知，目前县城公共设施建设的特征主要体现为营利性设施过剩，公益性设施不足。营利性设施建设情况与县市经济发展水平呈正相关，而公益性设施由于所在主管部门的地方权责重要性不同导致建设情况存在很大差异。教育、医疗服务在各地都受到较高重视，县级的相应设施建设规模、质量都相对较好；相比之下，文体设施在有文体传统的地区发展较好，而在大部分县城普遍配备不足。另外，县城的福利、养老设施普遍不足；文保单位保护、管理水平相对于大城市还比较落后。总体上讲，公共设施服务能力总体不足，类别间服务水平差异大，且分级不明确。

通过对《2014 年中国县城建设统计年鉴》我国县城各类用地比例的统计可看出，县城的公共管理与公共服务设施用地比例普遍略高于《城市用地分类与规划建设用地标准》(GB 50137—2011）中公共管理与公共服务设施用地比例宜符合 5%～8%的规定。尤其是西部地区，公共管理与公共服务用地比例可占到县城建设用地的10%（表2-2）。

全国县各类建设用地比例省域分布　　表2-2

地区	居住用地比例(%)	公共管理与公共服务用地比例(%)	商业服务业设施用地比例(%)	道路交通设施用地比例(%)	绿地与广场用地比例(%)
东北	43.4	7.8	7.0	8.8	9.7
东部	32.4	9.2	7.6	11.2	13.8
西部	36.0	10.7	7.5	12.9	13.6
中部	32.9	9.9	7.8	12.4	13.7
总计	34.5	9.9	7.6	12.0	13.4

（二）基础设施

为保障县城建设的健康发展，基础设施要先行。改革开放以来，我国县城在道路、供排水和垃圾处理等基础设施建设方面投入较多。从地域上看，东部地区基础设施建设普遍优于其他地区，西部地区和东北地区是全国基础设施建设最落后的地区。

全国县城用水普及率为88.89%，低于这一水平的省、自治区仅有9个，其中西藏自治区用水普及率最低，仅为46.79%。低水平地区主要集中在西部地区和东北地区，东北地区黑龙江、吉林、辽宁三省的用水普及率均低于全国平均水平（图2-16）。

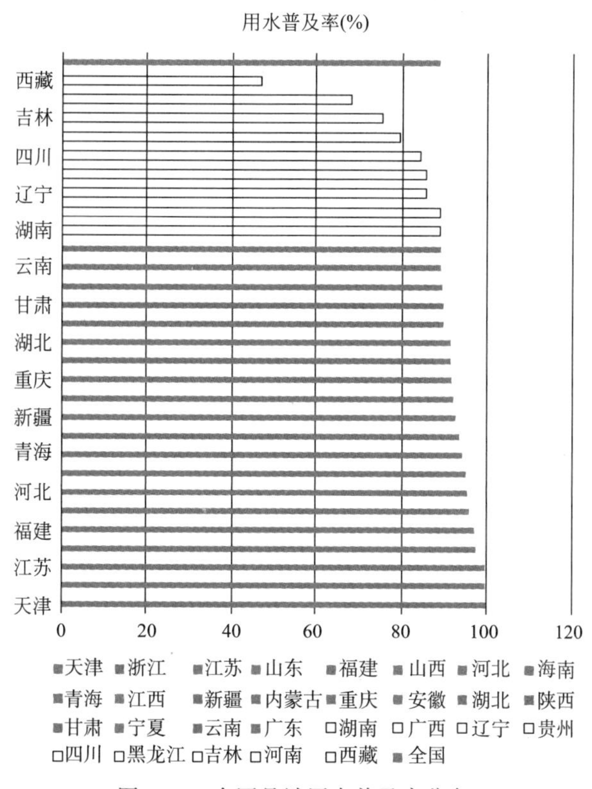

图2-16　全国县城用水普及率分布

来源：根据《2014年中国县城建设统计年鉴》分析而成

全国各省县城的污水处理率和生活垃圾处理率差距明显。山东、重庆、河北、安徽、辽宁等省市县城的污水处理率及污水处理厂集中处理率均大于90%。而青海省县城的污水处理率及污水处理厂集中处理率均小于40%，远低于全国平均水平（图2-17）。

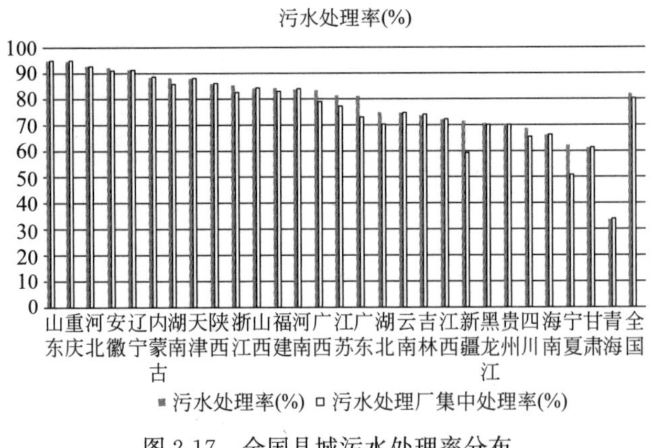

图2-17 全国县城污水处理率分布

来源：根据《2014年中国县城建设统计年鉴》分析而成

县城污水处理率偏低的省份主要集中在西北地区和西南山区，如甘肃、四川、贵州等地（西藏缺少相关数据）。

我国各省县城生活垃圾处理率和生活垃圾无害化处理率地域差异明显。东部沿海如浙江、山东、江苏等地生活垃圾处理率均大于95%，生活垃圾无害化处理率同样较高。西藏、贵州等省份生活垃圾处理率不足60%，远低于全国平均水平（图2-18）。

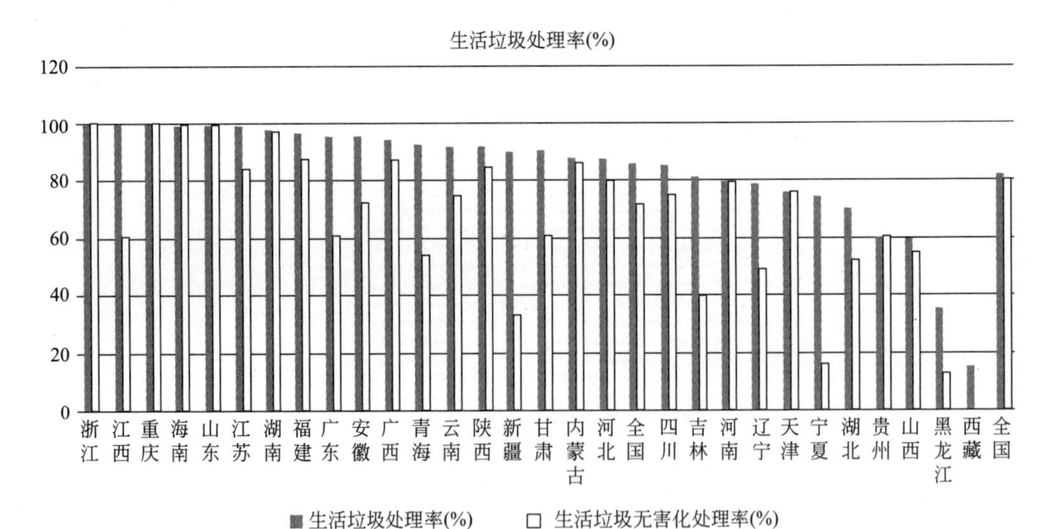

图2-18 全国县城生活垃圾处理率

来源：根据《2014年中国县城建设统计年鉴》分析而成

三、人居环境

我国各省份县城人均公园绿地面积受气候、经济条件等因素影响，差距较大。全国县城人均公园绿地面积为9.91平方米，近半数省份县城人均公园绿地面积超过10平方米，其中内蒙古自治区县城人均公园绿地面积高达18.15平方米。但是部分省份县城人均公园绿地面积较小，其中青海省县城人均公园绿地面积为4.16平方米，贵州省为4.11平方米，西藏自治区人均公园绿地面积最小，仅为2.17平方米（图2-19）。

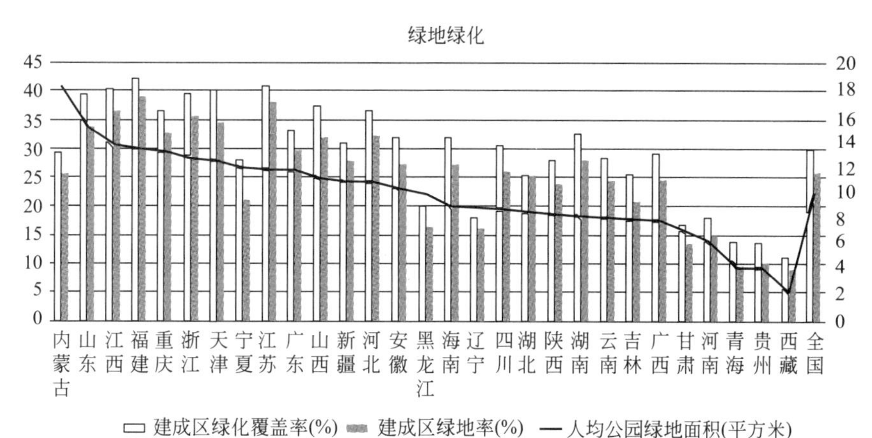

图2-19　全国县城绿地绿化率分布

来源：根据《2014年中国县城建设统计年鉴》分析而成

县城建成区绿化覆盖率和绿地率的地域差异也较为显著。江苏、天津、福建、浙江等东部沿海地区的建成区绿化率远超全国29.8%的水平。甘肃、青海、西藏由于气候条件和经济水平等因素，县城的建成区绿化覆盖率较低。

四、城镇特色

在文化传承方面，“建设性破坏”导致的县城“千城一面”现象普遍。县城规划套搬城市标准，追求宽马路、多退线、大广场，造成县城尺度失衡、特色丢失。除了挂牌历史文化名城、名镇的县城，其历史遗存得到了一定程度的抢救之外，大部分县城因为“形象工程”泛滥，造成城市特色消失殆尽；县城在扩大规模的同时往往忽略其与所处自然环境的山水关系相呼应，这也是县城整体建设特色缺失的原因之一。十八大以来，保护生态环境、弘扬文化理念不断深入人心，城市管理者也开始注重从各个方面对城镇特色进行挖掘和塑造。但由于以上途径普遍需要较长的培养周期和经济成本，而县城由于经济实力薄弱、管理者更换频繁等原因，造成建设工作“急于求成”，特色塑造的目标常常难以落实。

第三节　县城规划编制现状

一、县城规划与城市规划比较

《国家新型城镇化规划（2014—2020年）》强调消除城乡二元结构，缩小城乡差距，提出城市反哺农村等各项要求。与大中城市相比，县城才是城市向农村输血的最直接渠道。在规划的编制过程中，城市规划偏重于满足“独善其身”的规划合理性、宜居性的要求，而县城规划则需要拥有放眼全域、县域内“兼济天下”的大局观。县城虽小，但与城市规划编制站在不同的视角，也各有不同的侧重点。

二、县城规划编制现状问题

（一）行业规范较为缺乏

在我国现行城乡规划标准体系中既有针对城市的一系列标准及技术规范，也有镇、村规划技术标准，但针对县级单元的国家层面的相关规范仅有《县域村镇体系规划编制暂行办法》（建规〔2006〕183号），县城规划一般是参照城市标准执行。但对于我国的县，特别是那些具有特定属性和特质的县城来说，简单套用城市的各类规划标准、规范及编制办法等不能解决县级单元存在的各类问题，并且对县的各种发展诉求指导作用不强。

从地方层面而言，2013年安徽省出台了《安徽省县城规划编制标准》，这是全国第一个县城规划编制标准，对需要编制的规划类型、编制内容、编制范围及具体文件、图纸要求都作出了较为详细的规定，主要针对安徽省内的规划编制与管理的实际情况制定，难以适用于全国范围内的县城。

（二）优秀示范项目较少

目前行业内以县城为代表的中小城镇规划可借鉴的优秀范例较少，县城规划的技术手段对城市规划现有经验还存在惯性依赖，缺少创新。对于发展较为落后的县城，建设模式方面也仅仅是简单效仿大中城市，对县城的文化特色、自然景观等特色要素的关注度不够。这不仅不利于县城的合理发展以及城乡一体化建设，也难以充分发挥县城在新型城镇化过程中所起到的关键作用。

三、县规划管理工作的主要特征

我国绝大多数县城受制于经济水平较低、人员技术力量薄弱等因素，规划管理制度还不够完善，规划管理水平也有待提升。[1] 因此，规划对县城开发建设缺乏约束力，往往受领导意图和招商项目所左右，导致规划调整较为频繁。

县城规划区内建设用地的土地性质是国有土地，根据《中华人民共和国城乡规划法》规定，县城规划区内的建设项目需实行“一书两证”的管理模式，与乡村一级别的建设用地有所区别。

---

[1] 高冰松，吴晓勤，张磊.快速城镇化背景下县城规划管理模式与机制［J］.合肥工业大学学报（自然科学版），2011，(03)：399-402.

第三章　县域城乡规划研究

第一节　县域城乡规划编制内容

县域城乡规划的编制内容在国家层面，以及各地区的相关法律法规中均有不同的规定。国家层面对县域城乡规划编制内容的要求相对较少，主要确定了县域城乡规划在我国现有城乡规划体系中的法定地位。在各地区层面，各个省、自治区、直辖市对县域城乡规划的内容要求各有侧重，部分省市对县域城乡规划的编制内容进行了较为全面的规定，部分省市针对县域城乡规划中的城乡一体化提出编制要求，还有部分省市针对县域城乡规划中的村镇体系编制出台相关编制办法。各层级、各地区对县域城乡规划的编制内容规定侧重点各有不同，通过对有关县域城乡规划的条文的文本比对和分析，可以初步了解县域城乡规划的主要内容。

县域城乡规划的内容与其他规划有着紧密的联系包括国民经济和社会发展规划以及土地利用总体规划。国民经济和社会发展规划主要对县域内的经济、产业等发展作出指引，土地利用总体规划则规定了县域内土地利用的相关数据，这些内容都会直接或者间接影响县域城乡规划。不仅如此，上位的区域或城乡规划对县域及县城规划的内容也有指导性的要求。

因此，县域城乡规划的编制内容可以从城市规划主管部门的直接规定、相关规划的影响以及上位规划的要求三个部分来确定，并通过对比和分析整理出县域城乡规划编制的工作重点。

一、行业主管部门对县域城乡规划的要求

在县域层面，目前只有住房城乡建设部 2006 年发布的《县域村镇体系规划编制暂行办法》（建规〔2006〕183 号），该办法强调了县域村镇体系的意义和重要性。县域村镇体系是政府调控县域村镇空间资源、指导村镇发展和建设、促进城乡经济、社会和环境协调发展的重要手段。[1] 办法从技术要点、规划编制和组织管理等多个角度对县域村镇体系规划的相关内容进行了明确规定。县域镇村体系规划不仅应该包括现状评价、战略制定、人口预测、空间布局、空间管制等涉及整个县域城乡规划发展的部分，还包括中心镇、重点城镇、重点区域和村庄布局的发展策略。同时还对基础设施和公共服务专项规划以及建设时序提出了相关要求，并且明确规定了县域村镇体系规划的强制性内容。

二、各地县域城乡规划编制要求

通过对陕西、广西壮族自治区等 9 个省市涉及县域城乡规划的编制导则、技术导则进

---

[1] 《县域村镇体系规划编制暂行办法》

行总结分析，可将现行各省市针对县域城乡规划的编制内容分为三类：一是城乡一体化编制办法，该类编制办法出台最早，内容集中在城乡一体化，以陕西省为例；二是县域镇村体系编制规划，以县域镇村体系规划的形式对县域的城乡规划的内容和编制要点进行具体规定，以广西壮族自治区为例；三是县域城乡总体规划编制办法，对县域和县城总体规划均制定了详细的编制要求，内容最为全面，以河北省、重庆市为例。本研究选取其中具有特色的陕西省、广西壮族自治区、河北省、重庆市的地区导则，比较这四个地区导则中研究县域部分总体规划的内容。

（一）城乡一体化编制办法

——以《陕西省城乡一体化建设规划编制办法》为例

《陕西省城乡一体化建设规划编制办法》于2009年由陕西省住房和建设厅颁布。编制办法中城乡一体化建设规划的规划范围为设区的市、县（市）行政辖区。城乡一体化建设规划作为指导城乡统筹发展的纲领性文件和行动计划，是指导同级城市、镇（乡）、村规划的编制依据，并且应当依据本地区城镇体系规划，与经济社会发展规划、土地利用总体规划统筹协调。[1]

该编制办法重点关注城乡一体化规划编制过程中需要考虑的各类问题，包括对城镇规模和空间发展的布局，产业定位和发展目标，有关生态涵养、农田保护和村庄布点等土地利用范围，综合交通设施布局，空间管制区域的划定，并对城乡基础设施和公共服务设施的配置进行了统一要求。

（二）村镇体系编制导则

——以《广西县域镇村体系规划编制技术导则》为例

广西壮族自治区于2011年制定《广西县域镇村体系规划编制技术导则》，对村镇体系的编制内容作了明确规定。县域镇村体系规划的编制首先需要进行现状评价和发展预测。其次，对职能结构、空间结构和规模等级结构进行规划，并确定重点发展的镇、乡以及区域。同时，需要对镇村基础设施和公共服务设施进行规划。最后确定规划时序和成果要求等。该编制导则在基本的规划内容外，还强调了生态环境保护规划的重要性。

《广西县域镇村体系规划编制技术导则》涵盖了县域城乡规划的大部分内容，不仅包括了镇村体系规划，还从总体规划层面对县域内除县城外的其他空间规划进行了详细规定。

（三）县域城乡规划编制导则

1.《河北省县域城乡规划编制导则》

河北省于2011年颁布《河北省县（市）域城乡总体规划编制导则（试行）》，该导则对县（市）域空间总体布局规划作出详细规定。导则将整个县（市）域行政管辖区全部作为规划范围，并且将县（市）域城乡总体规划分为县（市）域空间总体布局规划和中心城区规划。同时强调，县（市）域城乡总体规划应当与国民经济和社会发展规划、主体功能区划和生态环境功能区划以及土地利用总体规划紧密衔接，严格落实上位规划，并与其他专业规划相协调。

---

[1] 《陕西省城乡一体化建设规划编制办法》

该导则对县域层面规划编制内容的规定较为详细和明确，共分为九部分，其中规划重点是县域经济社会发展规划和县域村镇体系编制。同时内容还包括基础设施规划、公共服务设施规划、生态环境保护规划、防灾减灾规划等专项规划。

县域镇村体系规划是县域空间规划的主体，也是其他相关部分规划的基础。导则对县域镇村体系规划内容的规定较为具体，不仅明确了县（市）域镇村体系为五级，还根据等级确定了空间发展模式，同时在空间管制部分明确划定了禁止建设区、限制建设区和适宜建设区。在此基础上，根据镇村体系规划的发展定位、职能分工等结构，进一步规划基础设施、公共服务、生态环境保护以及防灾减灾等设施。

2.《重庆市区县城乡总体规划编制导则》

《重庆市区县城乡总体规划编制导则》颁布于2013年，适用于重庆主城区以外其他区县的行政辖区。对全域层面的“城乡总体规划”和区县城区层面的“城市总体规划”的编制进行指导。同时，该导则还强调了区县总体规划应与国民经济以及社会发展规划以及土地利用总体规划相衔接。

导则规定城乡总体规划的内容包括城乡发展战略、城镇体系布局、城乡建设用地布局、区域综合交通、重大设施布局、城乡空间管制和防灾减灾七大部分。重庆市县域的总体规划编制导则的主要内容与河北省相似，均对城乡发展战略、村镇体系规划、基础设施规划、公共服务设施规划、防灾减灾规划提出具体要求。但是二者存在一定差异，重庆市导则重点提出城乡建设用地布局、区域综合交通和城乡空间管制三部分内容。这三项规划内容在河北省的导则中被包含在镇村体系规划内，同时河北省导则强调了生态环境保护规划的重要性。二者各有侧重，相对来说，在规划内容的控制上，重庆市的要求更为明确，更好地突出了县域内的规划重点。

（四）现行县域城乡规划内容

由于县域城乡规划的复杂性和多样性，目前缺少全国性的城乡总体规划编制导则，但是在规划实践中，各省、市、自治区乃至地级市都根据自身情况对县域总体规划的内容及重点进行了总结归纳，制定了针对地方实际的可操作性较强的总体规划导则，虽然各地区相关导则的名称、形式各有不同，但是对县域城乡规划内容的主体部分规定非常相近。

对比各地区导则，可以将县域城乡规划分为三大类、十四小类（具体内容见表3-1）。三大类分别为县域经济与人口总体规划、县域空间总体规划以及县域各类专项规划。

各地区规划相关导则对比　　表3-1

内容		陕西	广西	河北	重庆
基础信息	颁布时间	2009年	2011年	2011年	2013年
	规划范围	设区的市、县（市）行政辖区	县、自治县、县级市	整个县（市）域行政管辖区	重庆主城区以外其他区县的行政辖区全域层面“城乡总体规划”

续表

内容		陕西	广西	河北	重庆
县域经济、人口总体规划	城乡统筹	城乡一体化建设规划作为指导城乡统筹发展的纲领性文件和行动计划，是政府重要的公共政策	搜集相关经验，提炼发展经验	确定县(市)域城乡空间一体化发展思路和总体框架	城乡统筹发展策略，提出城乡公共服务均衡化的目标和原则
	规划协调	指导同级城市、镇(乡)、村规划的编制依据。与经济社会发展规划、土地利用总体规划统筹协调，同时与交通、环保、教育、卫生、电力、水利、农业、林业等专项规划相衔接	以国民经济和社会发展长远规划、上一层次的城市总体规划和城镇体系规划为依据，并与国土规划、区域规划等相关规划相协调	应当以国民经济和社会发展规划为指导，充分体现主体功能区划和生态环境功能区划要求，与土地利用总体规划紧密衔接，严格落实上位规划，并与其他专业规划相协调	编制区县总体规划应当以重庆市城乡总体规划为上位规划，并与国民经济和社会发展规划以及土地利用总体规划相衔接
	产业规划	农业产业化； 第三产业发展的重点产业类型	—	依据经济和社会发展规划，提出统筹县(市)域的产业发展战略，明确县(市)域产业结构、发展方向和重点，以及产业空间布局，统筹安排各类园区(开发区、产业聚集区)	促进“工业化、城镇化、农业现代化”联动带动全域可持续发展； 区县域三次产业的空间布局，合理确定各类产业集中区的空间分布及规模
	人口规划	预测近期和远期的人口规模； 乡村人口规模发展目标； 城镇化水平	人口预测和城镇化水平预测	规划期末和分时段县(市)域总人口数量构成情况及分布状况； 提出城乡人口空间转移的方向	区县域常住总人口预测； 城镇化水平预测和城乡人口分布
县域空间总体规划	空间总体布局	区域空间发展方向，重点确定各类产业的空间发展规模与布局	空间布局以镇村等级规划为基础，选择重点发展的中心镇、中心村	确定城镇发展方向，明确产业空间布局，各类城乡建设与非建设用地的布局。确定城乡用地结构	确定城市发展方向、各类城乡用地的空间分布和总量控制要求。确定城镇建设用地布局、乡村建设指引，以及重大基础设施用地控制
	镇村体系	四级等级结构； 中心城区、重点镇、一般镇(或乡)、中心村	县城—中心镇——一般镇—中心村；特大、大、中、小型四个级别的镇(乡)村(自然村)规划规模	中心城区—中心镇——一般镇—中心村—基层村	确定区县城、镇、乡、村的城乡等级结构； 乡村居民点的空间分布情况

续表

内容		陕西	广西	河北	重庆
县域空间总体规划	空间管制	空间管制分区原则和标准，明确城镇建设区、乡村建设区、基本农田保护区、生态保护区、风景名胜区、历史文化保护区、规划控制区等管制分区的范围和面积，分别提出基本管制要求与措施； 未规定"四区"	禁止建设区、限制建设区和适宜建设区，提出空间管制的原则、要求和措施	划定禁止建设区、限制建设区和适宜建设区，提出各分区空间资源利用的限制和引导措施	明确因生态原因设立的管制区、因历史文保设立的管制区、基本农田集中区域、地下矿产资源分布地区、地质灾害易发区等的区域范围和管理要求； 未规定"四区"
县域各类专项规划	生态规划	生态功能区划，确定城乡生态区域的功能定位，协调环境与经济、人口的发展关系	—	各类生态保护与建设区及环境功能区划	包含在空间管制内，未有单独的生态规划； 综合生态功能分区
	环境保护	城乡生态保护规划管理对策； 环境影响评价	提出区域建设目标，对水环境、大气污染治理、固体废弃物控制和管理、噪声污染防治等提出建设原则和要求	水、气、声、固体废弃物等污染物的防治措施与主要设施的空间布局	开展资源环境承载能力分析，包括土地、大气、水等资源和环境承载能力分析
	基础设施规划	确定交通、给排水、供电、燃气、通信、供热，以及环卫设施等基础设施布局	确定交通、电力、能源、通信、供排水，以及环卫设施的建设原则、标准和布局	确定交通、水利、供电、燃气、通信等基础设施布局，突出城乡一体化。交通强调公交优先	强调区域综合交通规划，确定区域性的能源、给水、排水、污水及垃圾处理等重要设施的规模和空间布局
	公共服务设施规划	确定教育、卫生、文化、体育、商业、社会保障、服务等设施的配置标准与空间布局	确定各级配套公共服务设施位置、规模和建设标准	分层次、分类别，具体确定教育、医疗、文体、福利等公共服务设施的位置和规模	明确区县域内关系民生的教育、卫生、文化、体育、社会保障等设施的配置要求，确定区域性重要设施的规模、等级及空间布局
	防灾减灾规划	确定防洪、消防、人防、抗震、地质灾害防治等设施分布位置与规模	制定消防、防洪、抗震救灾规划	确定防洪、消防、人防、抗震、地质灾害防治等设施分布位置与规模	明确防洪、消防、人防、抗震、地质灾害防治等设施分布位置与规模

县域经济与人口规划主要涉及城乡统筹、规划协调等规划的顶层设计以及产业规划、

人口预测等经济和社会发展规划。这一部分对县域城乡规划的地位、作用进行了阐述，强调了城乡统筹和规划协调的重要性。在产业规划部分，提出了产业规划需要明确产业结构、发展方向和空间布局，还提出了产业选取原则。县域空间总体规划部分以空间总体布局、村镇体系和空间管制三部分作为主要内容，分别提出了规划原则、规划内容以及相关的要求。县域各类专项规划涉及内容较多，且各地方要求的强度和侧重各有不同。其中环境保护规划、基础设施规划、公共服务设施规划、防灾减灾规划是专项规划中的必备内容，生态保护规划内容在各个导则中各有侧重。

三、相关规划对县域城乡规划内容的影响

在现行县域城乡规划编制相关条文中，提到影响县域城乡总体规划的相关规划主要有区域规划、国民经济和社会发展规划、土地利用规划以及环境保护规划。同时还涉及县域城乡规划的上级行政单元的规划，如地市级及以上总体规划、城镇体系规划、城市群规划等。

（一）县域城乡规划与国民经济和社会发展规划的关系

我国国民经济和社会发展规划主要由国家发展改革委负责组织编制，是国家和地方从宏观层面指导和调控社会经济发展的综合性规划，是编制城乡总体规划的重要依据。国民经济和社会发展规划强调城市宏观目标和政策的研究与制定，城乡总体规划的重点是空间布局，两者相辅相成，共同指导城市发展。尤其是近期建设规划，原则上应当与城市国民经济和社会发展规划的期限一致。县域城乡总体规划的编制必须与同时期的国民经济和社会发展五年规划衔接，确定社会经济的发展方向，明确主导产业。城乡总体规划中城市发展的规模、速度和重大建设项目等方面应充分结合国民经济和社会发展规划，落实到城市近期的土地资源配置和空间布局中，并且为重大的发展项目预留用地空间。

（二）县域城乡规划与土地利用总体规划的关系

在编制土地利用总体规划时，应紧密结合国民经济和社会发展的要求，对土地利用结构与布局进行优化。最近一版《全国国土规划纲要（2016—2030 年）》规划期为 2016—2030 年，期限为 15 年，对这期间全国土地的开发、利用、治理、保护进行了总体安排和布局。

土地利用总体规划的主要目标包括耕地保有量、基本农田保护面积、建设用地规模和土地整治安排等[1]；规划需要统筹安排各类用地，保证土地的可持续利用，严格贯彻占用耕地与开发复垦耕地相平衡的政策。土地利用总体规划实行分级审批制度。按照下级规划服从上级规划的原则，自上而下审查报批。土地利用总体规划分为国家、省、市、县和乡（镇）五级。在县一级，县土地利用总体规划为实施性规划，首先要落实市级土地利用的任务，并对土地利用规模、结构和布局进行具体安排，明确土地用途管制分区及其管制规则，对城镇村用地扩展边界进行划定，同时还需要确定土地整理复垦开发的重点区域。

县域城乡规划需要在用地规模、结构和布局等方面与土地规划相衔接。土地利用总体

---

[1] 《土地利用总体规划管理办法》第三章第十五条

规划是国家空间规划体系的重要组成部分，是实施土地用途管制、保护土地资源、统筹各项土地利用活动的重要依据。城乡建设、区域发展、基础设施建设、产业发展、生态环境保护、矿产资源勘查开发等各类与土地利用相关的规划，应当与土地利用总体规划相衔接。[1]

（三）县域城乡规划与上位规划的关系

县域城乡规划的上位规划多指其所属市域城乡规划、城市群总体规划、区域规划等。上位规划体现了上级政府的发展战略和空间资源配置以及管理的要求。在编制县域城乡规划时，就县域论县域难以把握县基本的发展方向、性质和规模等重要内容。应从区域着眼，充分利用上位规划，为县城城市性质、规模以及布局结构的确定提供科学的基本依据。

四、县域城乡规划主要内容

通过对县域城乡规划涉及的相关法律、法规、规范、导则以及相关规划的解读和分析，并且在大量比较县域、县城规划的案例，大量阅读相关研究、文献的基础上，可以总结出县域城乡规划的主要内容，以及其中需要特别注意的关键部分。

县域城乡规划的编制内容，首先涉及对现状的评价，包括对现状城乡规划发展情况的评估和对现状相关规划的评估。其次，在对现状研读的基础上，确定县域功能定位和总体发展目标，并且考虑县城和县域之间相互补充的关系。在确定县域功能定位后，对县域产业发展战略、县域空间发展战略、县域空间结构规划以及功能分区等基于全域的布局结构类的内容进行规划，并在此基础上，确定县域镇村体系规划。此后，根据各个乡镇定位，确定县域基础设施、公共服务设施、环境保护设施以及防灾减灾设施的设置标准和布局配置，以实现公共服务城乡均等化。与县域镇村体系同样重要的是县域城乡统筹、多规合一等内容。

第二节　县域城乡统筹

一、县域城乡统筹的重要性

城乡统筹规划是将城市与农村的发展规划作为一个整体进行布局。城乡统筹的目的是缓解城乡矛盾，推动城乡之间功能发展上的互补，对城乡空间进行整体布局，对公共服务设施进行全域配套。

县域是城乡统筹最基本的单元，尺度适宜。首先，县域内资源要素具有一定差异化，涵盖城镇与乡村。其次县域作为一个行政单元，城乡资源要素丰富，要素的流动空间充足。对县域内的城乡资源要素进行统筹安排，能够使各类要素自由流动，并且合理配置。此外，作为基本的土地利用和城乡规划管理单元，县域内城乡统筹可以与土地管理制度相适宜，同时也可以在辖区内实施有效的城乡规划管理控制。

县城在城乡统筹规划中起到承接城市功能、产业转移以及引导县域镇村发展的作用。

---

[1] 《土地利用总体规划管理办法》第一章第二条

在大区域中，县域是产业转移、政策扶植的对象，需要大中城市进行反哺和引导。在我国现有的城市体系中，县城相对薄弱。但作为城乡联系最为密切的层次，在整个县域内部，县城是区域的中心，集中了县域内大部分的建设用地，也是县域产业集聚、公共服务设施配置的主要空间。县城对县域内农村地区的发展发挥着最为直接的拉动作用。从产业发展的角度来看，县域内产业以及产业发展所需的土地主要分布于县城，是未来非农产业特别是制造业发展的主要空间。从人口城镇化的角度来看，在农村人口直接进入大城市的个人和社会迁移成本十分高昂的背景下，县城是吸纳剩余劳动力的重要载体。因此，推进城乡统筹，将县域内产业发展、城乡建设作为一个整体是新型城镇化背景下解决三农问题，实现城镇化进一步发展的有效途径。

二、县域城乡统筹的主要问题

（一）经济增长动力不足

县域内农业经济占主导地位，且农业生产经营往往主要以家庭为基本单元，种植、养殖结构也以传统农畜产品为主，生产效率低下，抗风险能力差。农民收入渠道主要依靠务农收入，部分青壮年劳动力外出务工，家庭收入水平较低。

（二）农业服务滞后

农业服务发展相对滞后，发展规模化农业的配套服务准备不充分，缺乏由农业生产、加工、营销、贸易、物流等环节构成的现代规模化农业产业链支撑，不能形成农业地区内“小城镇服务、带大农村生产”的产业“点面分工”格局。

（三）小城镇发展不足

农业地区的县城聚集力相对较强、首位度较高，但小城镇却普遍存在人口规模小、缺乏产业支撑、配套设施不完善、土地利用粗放、规划建设中特色不突出等特点，对周边农村的辐射带动能力十分有限。

（四）基础设施和公共服务设施体系不健全

由于缺乏经济支撑，农业地区的基础设施和公共服务设施的建设推进缓慢，对内、对外的交通网络难以形成，市政设施的覆盖面有限，科教文卫体等公共服务难以保质保量地向农村延伸。

三、县域城乡统筹的主要内容

县域城乡统筹的关键包括统筹城乡产业、空间布局和公共服务与基础设施配置。城乡产业统筹则着力于新型城镇化发展的驱动力，通过产业集聚，充分实现规模经济，通过产业集群，完成上下游产业的整合，通过产业联动，实现县域内城镇地区与农村地区的经济一体化。城乡空间统筹旨在解决城乡用地结构的二元化，通过对城区和农村地区的统一规划布局，节约集约利用土地，合理组织城乡生产生活。城乡公共服务设施和基础设施统筹规划，重点解决城乡居民生活水平差异，实现城乡居民公共服务设施配置均等化和系统化。

（一）县域城乡产业统筹

城乡产业统筹是打破城乡经济各自为政的发展局面，促进三次产业在更高水平上互动、协同发展，优化三次产业格局，真正形成以工促农、以城带乡的城乡经济协调发展机制，有效破除城乡二元经济结构。县域产业的城乡统筹的关键是产业联动，即城乡统一规划、各有分工，在产业集群、产业链以及不同产业间进行联动。

在具有工业基础的县域，要处理好工业主导与一、二、三产业协调发展的关系，立足产业基础和资源优势，重视发展一产和三产，培育工业服务业、休闲旅游业和现代农业，促进一、二、三产业协调发展。

在农业为主的县，积极推进现代农业产业化，以第一、第二产业联动为核心，以商业、物流、旅游业等第三产业为辅助，对传统农业生产方式进行整合与改进。推动农业由以家庭为单位的分散经营模式向以企业或合作组织为主体的集约经营模式转变，既提高生产效率与抗市场风险能力，又通过延伸农业产业链提高农业附加值。如成都市通过推进三产联动发展，积极培育生态高效农业。在成都市郊区推进农业产业基地、都市农业园区，并试行粮食基地网格化管理和保障性蔬菜基地认证挂牌制度。通过构建农业产业园区，将分户的农田整合建设为标准化的生产基地。对产业链的延伸则体现在建设以农副产品精深加工为主导的现代农业产业园区，通过园区与基地互动，实现农业的升级发展。❶

此外，城乡产业统筹还可以发展乡村旅游业，依托乡村特有的空间环境，对乡村独特的生产生活方式、民俗风情文化、传统聚落建筑和充满乡愁的乡村风光等进行组织，利用城乡差异来规划设计和组合产品。它充分利用城乡居民的需求互补，将农业生产空间转变为休闲旅游消费空间，赋予了农村生产生活新的附加值，增进了城乡之间的接触，同时也拓宽了农民增收渠道。

（二）县域城乡空间统筹

县域城乡空间统筹规划是指通过综合评判资源条件和发展趋势，综合协调各类现状空间，综合衔接社会经济发展、国土、产业等各部门规划，遵循生态优先、安全优先、土地集约等理念，寻求县域内城乡功能互补协作和空间资源的统一配置，构建城乡功能互补、设施一体、共同发展的一体化空间新格局。

1. 分区发展引导

分区引导是城乡统筹规划的重要方法。城乡统筹规划主要统筹城镇和乡村的建设发展关系，在注重引导的同时需要加强管控才能对城乡资源规划进行合理配置。因为需要关注广大乡村地区的建设发展问题，对于城乡统筹规划而言，分区规划有助于通过识别地区间的差异性以协助制定更具有针对性的空间政策。❷

首先，应识别县域内城乡统筹发展差异性。综合分析县域自然资源条件及生态承载能力、现状发展基础及社会经济发展特征及态势，明确规划范围内不同分区城乡关系发展的特点，识别不同分区在城乡互动方式、动力来源、生态保护、产业和城镇发展、城镇化路径等方面的相似性和差异性。

其次，编制城乡统筹功能空间区划。根据规划范围内不同区域城乡统筹发展的相似性和差异性进行城乡功能空间分区，对各区域的产业发展、城乡建设、生态环境保护的分区

---

❶ 成都日报记者粟新林．统筹城乡构建发展新格局［EB/OL］．［2014-09-27］．http：//www.cdrb.com.cn/html/2014-.

❷ 曹璐，靳东晓．新型城镇化视角下的省市域城乡统筹规划［J］．城市规划，2014，（S2）：27-31.

进行引导与调控。

最后，制订不同分区空间政策导向。根据不同地区城乡统筹发展的重点，从政府事权出发，确定不同空间分区内空间管理的政策导向，对不同区域实施差异化的政策、策略和调控。

2. 统一配置空间资源

在县域范围内，打破行政区划、城乡界线，引导优势资源向农村地区流动、向小城镇集聚，通过流动与集聚实现产业、人口、土地等资源要素的统一配置，集约安排城乡生产、生活功能空间组织，统筹城乡建设用地的规划与使用。

空间资源的统一配置应充分发挥规模经济基本原理，引导产业、人口、土地高效流动，统一调控城乡土地空间资源，优化配置生产要素，推进城镇化发展和城乡建设以及产业的相对集中、集约发展。

3. 明确空间管制

通过落实生态红线、永久基本农田，划定三区三线等各类建设与资源环境控制区，并对其规模、布局和利用强度等进行限制要求，明确禁止建设区、限制建设区和适宜建设区，实施城乡空间建设引导，从而构建区域生态安全下的城乡空间建设引导模式。空间管制通过明确的发展指引、强制性的规定和事权的明晰划分，为各级政府的空间管理提供依据，是实现对城乡空间各项建设进行有效管理和落实城乡统筹规划各项要求的基本手段，是城乡统筹各项政策落实的“空间投影”。

（三）县域城乡公共服务设施统筹

县域城乡公共服务设施和基础设施统筹的目的是实现城乡服务均等化，最大化地利用资源。以最小的各类资源覆盖最大的面积、最大量的人群，同时提供最高效服务、最优质的设施配备，从满足人民群众的生活需求出发，结合实际、整合资源、实现公正、促进城乡公共服务设施合理配置。

在充分调查、尊重当地居民意愿的前提下，以人口分布特征、生产力布局、生产生活方式的研究为基础，优化县域村镇体系，合理确定城镇化水平与村镇规模等级结构，有选择、有重点地发展小城镇，强化辐射带动力，在有条件的地方适度引导农民向城镇及农村新型社区进一步集聚，集约使用农村建设用地。

应结合区位及资源条件，明确重点发展小城镇的定位与产业重点，确保产业支撑，并服务周边农村地区，成为区域的公共服务中心，吸引周边农村人口向城镇聚居，走新型城镇化道路。

1. 优化农村布局与建设

按照乡村振兴战略提出的 20 字方针“产业兴旺、生态宜居、乡风文明、治理有效、生活富裕”的要求，从各地实际出发，尊重农民意愿，规划建设农业强、农村美、农民富的社会主义新农村，使之与产业发展相结合、与自然环境相协调，形成丰富多样的农村风貌，实现城乡基本公共服务和基础设施的均等与共享。

2. 完善配套和支撑体系

以村镇体系为依托，按照共建共享、综合集成的理念，优化配置公共服务设施和基础设施，增加公共财政的重点投入。按照农村生活圈、休闲圈的理念，划定半径合理的服务圈，规划的小城镇镇区配套设施应考虑对周边乡村地区的辐射。农村居民点的公共配套设施坚持集约用地、功能复合、使用方便、尊重民意的原则，确定配套设施内容和标准。

第三节 县域多规合一

一、县域多规合一的背景

在2013年底的中央城镇化工作会议上，习近平总书记强调：积极推进市、县规划体制改革，探索能够实现“多规合一”的方式方法，实现一个市县一本规划、一张蓝图，并以这个为基础，把一张蓝图干到底。在2014年3月16日公布的《国家新型城镇化规划（2014—2020年）》中，“多规合一”首次被国家明确提出。推动“多规合一”实施，深化市县空间规划改革，是2014年度62项重点改革任务之一，也是推动新型城镇化建设的重要内容。2014年8月发展改革委、国土部、环境保护部、住房城乡建设部联合下发《关于开展市县“多规合一”试点工作的通知》（发改规划〔2014〕1971号），确定了28个多规合一市县单位，其中地级市6个，县级市（县）22处。

文件还强调，开展“多规合一”试点，是解决市县规划自成体系、内容冲突、缺乏衔接协调等突出问题，保障市县规划有效实施的迫切要求；是强化政府空间管控能力，实现国土空间集约、高效、可持续利用的重要举措；是改革政府规划体制，建立统一衔接、功能互补、相互协调的空间规划体系的重要基础，对于加快转变经济发展方式和优化空间开发模式，坚定不移实施主体功能区制度，促进经济社会与生态环境协调发展都具有重要意义。[1]

二、多规合一中存在的问题

（一）发展规划统领性不强

据相关法律规定和实际编制实践，经济社会发展五年规划应该为统领性规划，但在实际过程中，并没有起到统领作用。主要原因是：第一，由于规划缺乏专门的法律支持，对地方政府的刚性约束不强，难以实现对其他规划的统领；第二，规划期限的不对应，经济社会发展规划的规划期限为5年，而土地利用总体规划的规划期限为15年，城市规划的规划期限往往为20年，发展规划无法在中长期对城乡规划以及其他规划进行指导；第三，发展规划突出战略性、全局性，对经济产业要求较多，但是对空间规模、布局、结构等均缺乏指导性和约束性。

（二）规划基础不统一

各个规划之间由于基础数据、技术标准、空间定位以及边界范围等方面的不统一，造成各个规划相互融合过程中问题频现。第一，发展、国土、规划、环保以及其他编制专项规划的各个部门所采用的对人口、用地的统计口径、技术标准不同，基础数据出入很大；第二，各类规划的空间管制分区、地块分类以及制图标准不同；第三，各个规划采用的基础地理信息不一致，各自拥有不同的坐标尺度，造成未来衔接难度和工作量极大；第四，

[1] 《关于开展市县“多规合一”试点工作的通知》（发改规划〔2014〕1971号）.

边界范围不一致，发展规划、土地利用规划是全域规划，而城乡规划管制的主要内容则主要集中在规划区内。

（三）规划内容重复编制

各个规划内容重复且相互矛盾，是对人力、物力的较大浪费。大部分规划均有定位扩大化，都对发展目标、规模和空间结构提出要求，各个规划之间内容重叠，边界模糊。例如土地利用规划、城乡规划以及生态环境保护规划中均对空间是否可以建设提出相应管制规定，但这些禁止建设的边界往往是不重合的。

（四）管理体制不健全

县级经济社会发展规划由本级人民代表大会审查和批准，土地利用总体规划和城市总体规划经本级人民代表大会审议后报上级政府审批，生态环境保护规划由本级政府批准实施。[1] 由于审批主体不一致，由此产生了规划主管部门间管辖权的问题。同时，由于城乡、土地均需要上级主管部门批准，县级自主统筹经济社会发展的权限不大。

此外，规划编制、修编时间混乱，也是造成规划间衔接困难的因素。

三、县域多规合一的重要性

国民经济和社会发展规划涵盖了社会经济发展的各项目标规划，但对空间布局的指导相对较少，且内容较为原则，难以直接指导建设；土地利用总体规划与环境保护规划指向明确，约束性强，但内容较为单一，难以指导社会经济发展的各个方面。因此，以空间布局及各项建设为主要内容、综合性强的城乡规划是统一各项规划的基础平台，而城乡总体规划是与各相关规划对接的适宜层次。因此，在县域内进行以城乡总体规划为核心的“多规合一”是非常必要的。

（一）规划深度较强

通过与地市级多规合一的实践类型对比可以发现，县级多规合一规划深度较强，多种规划深度在县域内均有体现。

广州、云浮、厦门等地区的县级规划中，建立健全了技术平台，技术和数据基础好，机制健全，能够全面、深度地融合。

深圳、上海、武汉通过城乡规划和国土部门的合并，完善了制度建设、统一数据平台，实现了总体规划、控制性详细规划的全方位协调。

天津、宁波、杭州等城市的县级多规合一规划则为近期规划。以综合性的规划为统领、以近期规划为实施平台，在现有规划体系框架内进行规划协调的尝试。

浙江试点地区，例如湖州、嘉兴等地的县域，通过总体规划的编制，实现规划协调的融合。

通过分析可见，县域多规合一的可操作性较强，适应各类规划实践，从县域城乡规划、城市总体规划、城市控制性详细规划到近期规划都可以体现多规合一。

（二）规划协调内容丰富

县域多规合一规划协调内容丰富，几乎涉及多规合一实践中的所有内容。

在不同的尺度和等级上，需要协调和规划的内容有明显的差异。如，宏观社会经济指

---

[1] 陈雯，闫东升，孙伟. 市县“多规合一”与改革创新：问题、挑战与路径关键 [J]. 规划师，2015，(2)：17-21.

标和环保指标最多可以分解到县级，图斑协调、项目落地这类内容，则必须落实到控规层面，才能比较清楚地表达。因此，只有选择合适的协调尺度才能够更好地组织不同规划的协调内容。县域尺度可以适应多规合一的多种协调内容。

县域多规合一的协调内容主要分为八项：①规划期限和起止年份；②规划目标、发展定位与人口、用地规模；③规划的空间结构与空间布局；④管制分区含义与控制线划定；⑤城市建设增长边界的划定；⑥用地图斑的协调；⑦建设项目库的统一与协调；⑧建设时序的协调。

（三）融合工具选取多样

县域多规合一的规划融合工具选择也相对丰富，除法律法规规章、审批管理制度等制度性工具需要在地市级甚至省级进行解决，大部分协调机制和技术方法均可以应用在县域多规合一中，具体有：

（1）协调机制，包括：①规划协调组织机构及工作机制的建立；②规划协调过程的公众参与。

（2）技术保障，包括七个方面：①规划所用数据的统计口径、用地分类的协调；②规划现状数据的协调统一；③统一的规划信息平台和规划支持平台；④规划编制与实施过程中的部门协调机制；⑤规划协调的评价评估；⑥规划目标的分析与决策依据（例如适宜性分析、规模预测、发展情景分析等）；⑦非空间指标的空间化。

四、县域多规合一的主要内容

（一）统一规划体系

县域内规划以经济社会、空间发展为主，涉及交通、旅游、环境保护等多个方面，各个规划之间定位不清，功能重叠。为解决这一问题，需要将全部规划纳入同一个规划体系中，建立统一的规划体系，推进县域城乡、土地利用和生态环境保护三大空间规划的内容调整和衔接。统一的规划体系需要编制全县统领性、综合性的县总体规划，确定县域顶层规划。城乡总体规划与国民经济和社会发展规划主要反映了各级政府不同时期的经济社会发展和城市建设的各类目标，确定的目标是发展类指标；而土地利用总体规划的原则是严格保护基本农田，控制非农业建设占用农用地，与环境保护规划一起，更多地关注资源的保护与集约利用，确定的目标是约束性指标。因此，前两种规划受社会经济变化影响更多，弹性更大；后两种规划，尤其是土地利用总体规划受到人口多、后备资源少的限制和国家层层指标分解的管控，刚性更为突出。城乡总体规划应根据不同规划的特点，衔接好规划的弹性与刚性，可以利用基本农田确定规划建设用地的增长边界，协调各规划用地规模的控制目标。

（二）统一空间布局

经过多规合一编制的规划，需要对县域的产业发展战略、城市空间布局、城市功能定位等进行统一的规定，并对整个县域进行产业功能布局、生态管控，将县域内的各类空间规划与管制综合为“一张总图”。城乡总体规划重点统筹城乡居民点布局，对城镇空间进行具体的定位与规划，有力地指导城乡建设；土地利用规划侧重对各类生产空间进行用地分类与布局，其重点是耕地保有量、基本农田保护面积、建设用地规模和土地整治安排；环境功能区规划重点划定生态保护空间的保护和管制要求，细化落实总体规划确定的各类环境指标。

此外，在编制规划的时候需要注意，由于除城乡总体规划的规划对象为规划区外，其余规划，如国民经济和社会发展规划、土地利用规划、环境保护规划等的规划对象均为整个行政辖区。因此，一张蓝图的范围要进行调整，确保能够满足各个规划的要求。

（三）统一数据口径

数据口径的不统一是多规合一面临的重要技术障碍。多规合一涉及的数据主要分为空间数据和基本数据两类。空间数据主要以地图的形式保存，主要包括地形地质水文资料、城乡建设用地的总量和分布、各类空间管制要素的分布等，基本数据包括人口数据、城镇化水平、经济规模、生态环境容量等。统一数据即统一规划中涉及不同部门的基础数据、统计口径、工作底图等相关资料，并将其整合为基本数据库，以便各类规划编制使用。

（四）统一技术标准

对技术标准的统一主要集中在各类规划期限、功能分区和土地分类等技术标准。包括但不局限于对用地分类标准、环境保护标准、空间管制标准的统一和制定。同时对规划原则、规划期限等进行协调统一。

（五）建立规划信息管理平台

在统一数据、统一技术的基础上，建议建立一个规划信息综合管理平台，对各类规划进行统一管理。平台通过对基础数据登记、编制体系和规划信息查询审批流程等进行统一的规范化管理，将各类规划的用地边界、空间信息、建设项目等相关信息进行集中统一管理。既直观显示了各类用地和项目在空间上的关系，同时也方便审批、选址以及后续管理，有助于实现信息的公开共建共享，更可以促进审批提速。

（六）协调组织管理机制

多规合一能否贯彻实施的重点在于是否建立有效的督导和管理机制。应从政策、协调机制、监督审查三方面建立完善的管理实施方案。首先，通过政策文件转化使规划成为共同行动纲领。其次，构筑统一的部门规划协作平台。最后，加强多规合一规划编制的审查监督手段，如果发生了规划编制变更的情况，应经由多方协调商议，统一批准。

第四节　县域村镇体系规划

一、县域村镇体系规划的特点

城乡统筹具体措施的落地实施均需要依托村镇体系进行。城乡空间一体化与产业一体化需要结合县域村镇体系职能等级结构，以同步推进工业化、城镇化。城乡公共服务设施、农村基础设施统筹需要在村镇等级规模结构的基础上完善，才能提升农村生产生活水平，实现各项设施的体系化、均等化，缩小城乡经济、社会、保障、环境等各方面差距，构建城乡协调发展、良性互动的新型关系。

县域村镇体系主要包括等级规模结构、职能规模结构以及空间布局结构，三者从不同维度构成了村镇等级体系的主要内容。在县域村镇体系中，县城的作用尤其重要。作为规模等级结构的金字塔尖，起到带领县域城镇化发展的作用，吸纳县域内大多数剩余劳动力，有助于实现农民就地城镇化。同时作为职能等级结构中最重要的一环，也起到引领县域产业转型的重要作用。县城和中心镇在县域村镇体系中不仅起到区域经济、产业中心的作用，同时也是公共服务体系的核心，是实现城乡居民公共服务均等化必不可少的重要一环。

二、县域村镇体系规划

（一）村镇体系等级规模结构

等级规模结构是对县域内城镇乡村之间的规模数量关系的确定，包括对县城、镇、乡、村庄的人口与用地规模进行规划，明确村庄之间的分级标准，并对各个级别的城镇乡村进行数量级配。

各个地方的村镇体系规划编制办法和相关导则均对县域村镇体系结构规划的内容进行了说明。一般将村镇等级结构划分为“县城—中心镇—一般镇—中心村—基层村”五个层级，选定重点发展的中心镇，确定人口规模、建设标准。在具体实践中，还根据各县具体情况进行层级调整，或取消中心村，或增加副中心镇。例如，在东部沿海经济发达地区、城郊接合部等农村居民点密集的村镇体系规划中，镇域居民点呈现出匀质化特征，一般简化为镇区和中心村两个层级。[1]

一般而言，县域内的人口主要集聚在离县城较近、经济相对发达的地区，县城的集聚规模最大，重点镇的城镇规模次之，其他乡镇的城镇规模处于第三层次，呈金字塔形分布。中心村一般是具有区位、交通、人口、经济优势或较大的发展潜力的行政村，与基层村数量上形成等级关系，每3～5个基层村中选取1个中心村。村镇的人口增长趋势和农村城镇化的进程是影响村镇体系等级规模结构变化的最显著因素。[2]

（二）村镇体系职能类型结构

村镇的职能类型反映的是村镇在县域内的社会经济职能，其中现状职能是对村镇社会经济产业发展的现状评价，规划职能主要体现在村镇未来发展的方向和动力。

村镇体系职能结构定位就是根据村镇的规模、性质及职能特色等确定城镇的功能地位。村镇体系职能中重要的是对县城的功能定位，同时需要对中心镇的职能进行统筹安排，避免重复建设，规划建设职能清晰、分工明确、布局合理的村镇职能结构体系。

村镇职能类型的确定方法，主要是以定性分析与定量分析相结合的方法为主。首先，基于对县域现状及发展情况的分析进行定性分析。其次，在定性分析基础上，对村镇各行业进行经济产业数据的分析，进一步确定起主导作用的行业。一是分析村镇中的主导产业在区域内的地位作用以及影响；二是采用就业人口、行业产值、产品产量等数据，分析各类产业在村镇中的比重，确定村镇优势产业；三是通过分析各类产业用地比重，确定各类产业在用地结构中的主次。[3]

（三）村镇体系空间布局结构

村镇空间布局结构是指各层次村镇在县域空间上的分布和组合方式。村镇空间体系布局结构受到社会发展、经济产业、自然地形等多种因素的影响和制约，是村镇体系长期发

---

[1] 何灵聪. 城乡统筹视角下的我国镇村体系规划进展与展望［J］. 规划师，2012，(5)：5-9.

[2] 耿慧志，贾晓韡. 村镇体系等级规模结构的规划技术路线探析［J］. 小城镇建设，2010，(8)：66-72.

[3] 唐劲峰. 统筹城乡发展的县域村镇体系规划编制方法研究［D］. 长沙：中南大学，2007.

展的结果。

首先，村镇体系空间布局结构的规划可以通过自然地理条件、历史沿革、区域资源、交通因素、区域生产力布局、政策导向等多个因素对现状的空间结构进行分析，明确村镇发展的空间动力和发展障碍。

其次，确定村镇体系空间布局框架。明确不同空间发展战略下具体的村镇空间组织形式，包括点轴式、圈层式、组团式等多种发展战略。点轴式发展，应该明确发展开发轴线，对主轴、次轴进行深化，强化轴线的支撑和带动作用。圈层式发展的重点是各个圈层之间及圈层内部之间的网络化组织。组团式发展则需要对不同组团进行差异化规划，避免重复建设和恶性竞争。

最后，再结合村镇体系规模结构和职能等级结构，确定出村镇体系空间布局结构。

案例一：广西壮族自治区巴马瑶族自治县“多规合一”规划

一、项目概况

巴马瑶族自治县位于广西壮族自治区西北部山区，盘阳河中游。地处东经106°51′—107°32′，北纬23°49′—24°23′，东西跨度为70公里，南北相距42公里，总面积1971平方公里，其中石山占30％，丘陵坡地占69％，水面占1％。县城驻地巴马镇，距南宁市251公里，濒临右江河谷，属红水河水系，南距南昆铁路79公里，323国道线贯穿境内。水路从县城可达红水河流域各港口，是广西岩滩电站主要库区之一。

本次“多规合一”规划的规划基期为2015年，近期至2020年，远期至2035年。规划范围包括巴马全县域面积，共计1971平方公里，含巴马镇、甲篆镇、西山乡、那桃乡、那社乡、燕洞镇、百林乡、所略乡、凤凰乡、东山乡共10个乡镇。

二、规划背景

全国层面——实施“多规合一”是城市规划管理和城乡发展的大势所趋。随着国家政策层面要求不断提高，规划改革的实践工作逐步深入，从最初的城乡规划、土地利用总体规划“两规合一”，到国民经济与社会发展规划、土地利用规划和城市总体规划的“三规合一”，再到以国民经济和社会发展规划、城乡规划、土地利用总体规划为基础，生态规划、综合交通等基础设施规划、教育等公共服务规划相互协调的“多规合一”，为规划体制改革实践指明了方向和路径，为区域破解发展难题找到了突破口，也为提高城乡资源利用效率、强化政府空间管控能力奠定了基础。

广西层面——开展多个“多规合一”试点，取得初步成效。广西壮族自治区贺州市作为28个多规合一试点中的6个地级市之一，是广西唯一一个入围开展“多规合一”改革试点的地域，由发展改革委、环境保护部两部委联合督导。2016年3月2日下午，广西壮族自治区人民政府与发展改革委、国家测绘地信局在北京签署《省级空间性规划“多规合一”试点合作协议》，三方商定建立协同机制，共同推动广西开展省级层面空间性规划“多规合一”试点，形成可复制、能推广的经验，打造“多规合一”示范区。依据主体功能区规划，在柳州市开展试点，重点在柳州市中心城区（相当于优化开发区）、鹿寨县

（重点开发区）、融安县（农产品主产区）、三江侗族自治县（重点生态功能区），即“一区三县”开展试点，为“多规合一”积累实践经验。

巴马层面——“多规”之间存在较大差异和矛盾，亟须协调。目前，《巴马瑶族自治县国民经济和社会发展第十三个五年规划纲要》《巴马瑶族自治县土地利用总体规划（2006—2020年）调整完善方案》（2015年调整）、《巴马瑶族自治县县城总体规划（2014—2035年）》《广西壮族自治区巴马瑶族自治县林地保护利用规划》等相关规划已编制完成或通过评审并相继出台，但由于各自的编制主体和技术标准不同，致使其空间布局和建设规模等相互间存在不少矛盾。为了更好地促进巴马县各类建设项目的顺利实施，保证经济社会又快又好地发展以及城市发展目标的尽快实现，巴马县急需尽快开展“多规合一”工作。

三、发展目标

本次规划将巴马县定位为：世界级长寿养生度假区、国家特色旅游城镇、巴马长寿养生国际旅游区核心区。

牢固树立和贯彻落实创新、协调、绿色、开放、共享的发展理念，围绕巴马长寿养生国际旅游区核心区的战略定位，抓住全面建成小康社会、健康中国、特色小镇建设等重大战略机遇，努力放大和保持本地特有资源优势，积极引进高端产业资源，巩固巴马地域品牌，推进供给侧结构性改革，加快经济转型升级，着力构建以旅游和健康为核心、联动一二三产的特色产业体系，探索生态脆弱少数民族贫困地区促进生态保护和经济发展良性互动、实现脱贫致富与县域跨越式发展并带动周边区域共同发展的“巴马模式”。

四、规划亮点及创新

（一）“多规合一”空间规划及管控

基于对巴马县“多规”编制现状的梳理，发现“多规”在概念、内涵、法理基础、主编机构、审批权限、实施手段等方面的不同，导致巴马县现有“多规”之间存在内容重叠、协调不周、管理分割、指导混乱等问题，其差异内容主要体现在规划目标、空间管制、建设用地规模、空间布局、林地规模及综合交通、重点项目等方面。

划定“三区三线”，是“多规合一”空间规划的核心内容，包括城镇、农业、生态三类空间和生态保护红线、永久基本农田、城镇开发边界三条控制线。“三区三线”的划定是为巴马县域空间确定一个大的空间格局，依托这个大的空间格局系统整合各部门的管控措施，共同形成巴马的空间规划底图，在此基础上，统筹各类空间性规划（图3-1）。

构建以“三区三线”为载体的空间管控体系。空间管控实行分级管控，重点管控空间开发建设行为，将国土空间开发行为限制在资源环境承载能力之内，具体分为三级：三大空间管控、六类分区管控、土地用途管控。

制定“三线”管理办法。包含三种途径：一是在区域生态文明建设、国土空间开发等相关条例法规的框架下纳入“三线”划定的内容；二是针对生态保护红线和耕地保护红线单独制定政策，并将城镇开发边界的内容纳入；三是制定综合的《“三线”管理办法》。

完善“三线”实施的体制机制。加强国土空间用途管制，建立完善基本农田、林业和水资源经济补偿制度，构建共同责任机制。

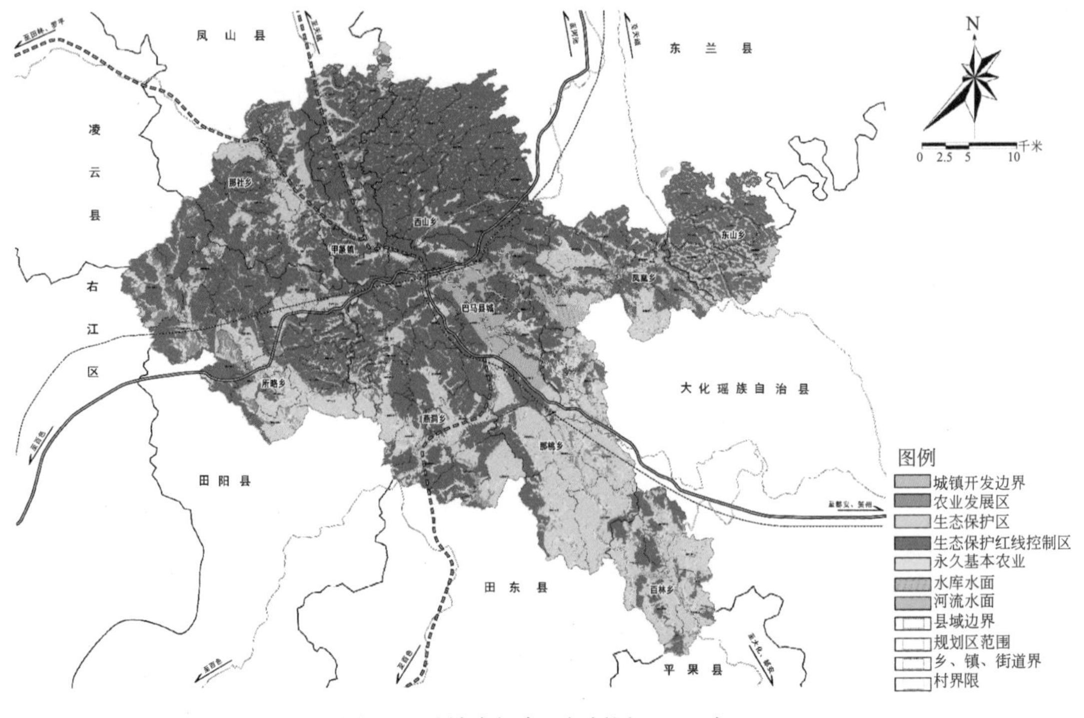

图 3-1　县域多规合一规划图（2035 年）

（二）全域统筹，城乡融合

划定生态保护红线范围，坚持生态与发展并重，实现生态与经济双赢。巴马县域生态保护红线应由以下部分组成：生态功能极重要区划定（包括水源涵养、水土保持、生物多样性维护）、生态环境极敏感区划定（包括石漠化、水土流失）及禁止开发区校核（包括县、乡级水源涵养一级保护区、原始森林保护区、盘阳河流域生态环境保护区）。

围绕巴马长寿养生国际旅游区核心区的战略定位，构建以旅游、健康为核心，联动一二三产，涵盖“核心—联动—潜力”三个层次的特色产业体系。其中，核心产业是立足基础、彰显特色、具有前景的旅游和健康产业，包括生态旅游、乡村旅游、山地户外运动、养生度假、长寿健康产品、壮瑶医药、康养服务等；联动产业是与核心产业直接关联的上下游产业，包括特色种养、特色产品制造、现代商务商贸、旅游养生地产等；潜力产业是着眼于中长期县域经济转型升级需求的产业，包括会展服务、金融服务、信息服务、教育培训等。

县域总体布局规划，规划以盘阳河为县域空间发展主脉，依托国、省道以及逐步完善的高速、高铁交通网络形成由西北至东南贯穿全域的城镇、产业发展主轴线；以老城区和深圳巴马合作特别试验区为县域的中心，在此基础上，根据全县城镇发展现状和发展潜力将全域划分为三大发展片区，共同形成“一心、两翼、三区”的县域空间发展布局。规划从区位、地貌类型、交通条件、现状村镇布局、产业基础、公共服务设施、人均收入、生态敏感度八个方面，将巴马县域分为四大乡村群：山地休闲美丽乡村群、度假养生美丽乡村群、山水胜境美丽乡村群、田园风光美丽乡村群，并结合各类型乡村群特点进行分区引导。利用巴马世界长寿之乡的“长寿招牌”，以“绿色生态”为本底、“康、养、寿”为特色、“康养度假、文化博览、乡村旅游”为主要发展方向，整合山水森林、洞窟天坑、生态景观、长寿文化、民俗文化、红色文化、非物质遗产、古镇古村、乡村农业等自然和文化资源，以构建全域化旅游服务体系为支撑，把巴马建设成为集养生长寿、中医保健、生态观光、休闲度假、民俗体验、文化探秘、会议会展于一体的国际康、养、寿文化休闲度假旅游目的地。

全面提升县域支撑体系，打造巴马国际旅游区—巴马县—巴马规划区三个层级的综合交通体系，建立铁路与公路为骨干、航空与港口为补充、支撑区域统筹发展的综合交通运输网络，提高交通联运的便捷性和服务水平，构建以巴马为中心的巴马国际旅游区综合交通运输枢纽，大力推行公共交通，引导居民绿色出行（图 3-2）。

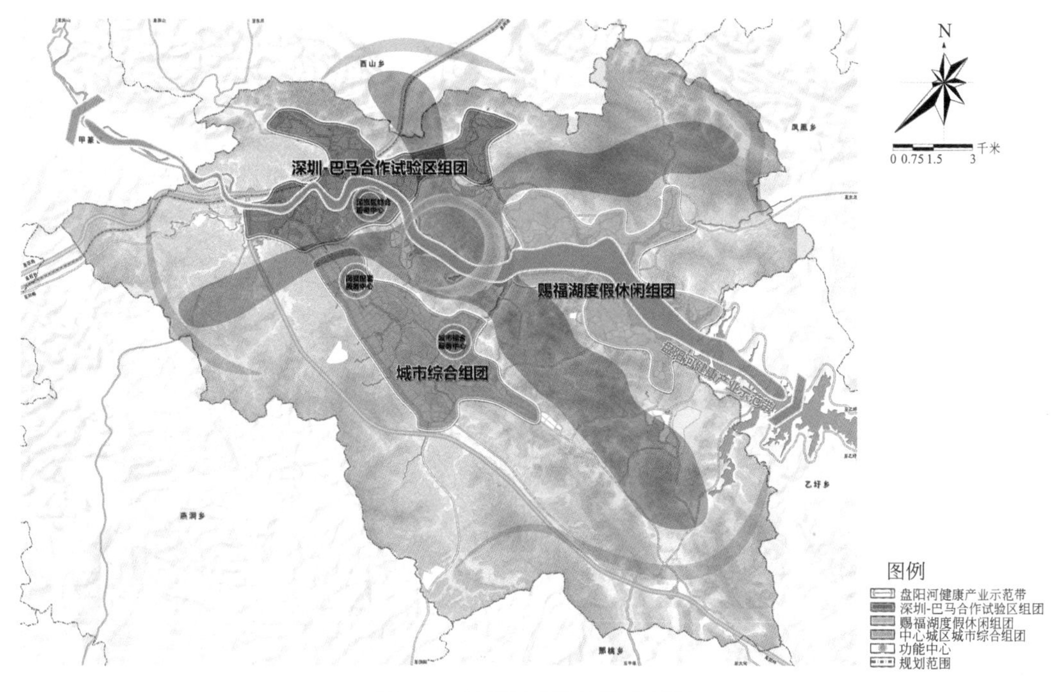

图 3-2　规划区功能结构规划图

规划在深入研究规划区现状地形与生态本底的基础上，形成规划区内“1＋3”的空间结构。“1”是指由自然山水格局所形成的空间组织核心和整体框架，规划区各个功能组团布局围绕“1”来进行，充分体现尊重自然、顺应自然、保护自然的规划理念。“3”是指由山水核心框架所“生长出来”的城市综合组团、深圳—巴马合作特别试验区组团、赐福湖度假休闲组团。

以产业定位突出“特而强”、小镇功能力求“聚而合”、建设形态力求“精而美”为目标培育一批巴马特色小镇。

（三）特色化与高端化的近远期协调发展

近期以“聚焦产业特色、引入产业资源、构筑产业生态”为抓手，推动产业特色化、融合化、低碳化、集约化发展。聚焦产业特色，立足区域要素禀赋和比较优势，构建能够支撑县域经济持续发展的特色产业体系——旅游产业、健康产业，延伸产业链，丰富产业业态，促进产业融合，增强产业竞争力，条件具备时推进旅游全产业链发展，积极培育一批特色产品和服务品牌，集聚一批具有行业影响力的品牌企业，努力打造巴马地域品牌、康养文化品牌；引入产业资源，积极引入新资本、新机构、新平台等多元主体尤其是新型主体，增强产业新活力；引入新科技、新模式、新业态等多种新兴力量，培育产业新动能。同时，促进外部高端资源与本地特有资源的流动、碰撞、交融、共生，鼓励高端外部资源引领带动本地发展，形成协同效应。构筑产业生态，探索供给侧结构性改革，加强产业制度供给，集聚产业高端要素，完善产业配套。

远期巩固旅游和健康特色，瞄准高端产业和产业高端环节，推动形成以服务经济、生态经济、开放经济为主导的经济结构。服务经济，集聚一批旅游、健康领域的总部企业，包括企业集团总部、区域总部或职能总部；拓展壮大与旅游和健康相关的会展服务、金融服务、信息服务、教育培训服务等生产性服务业。生态经济，遵循绿色发展的理念，保护生态、人文等本地独特资源，有节奏、有重点地适度开发利用资源；发展生态经济，把绿水青山的生态优势转化为金山银山的发展优势，主动退出不利于生态建设的产业，因地制宜发展资源环境可承载的适宜产业，加快形成节约能源资源和保护生态环境的产业结构、增长方式和消费模式。开放经济，发挥核心区作用，联动周边县区，与河池市的东兰县、凤山县、天峨县、大化瑶族自治县、都安瑶族自治县及百色市的乐业县、凌云县、田阳县和右江区等共建巴马长寿养生国际旅游区，对接南宁、桂林、北海等省内节点城市，面向国内其他地区乃至东盟，加强市场连接、资本连接、人才连接、产业连接（图 3-3）。

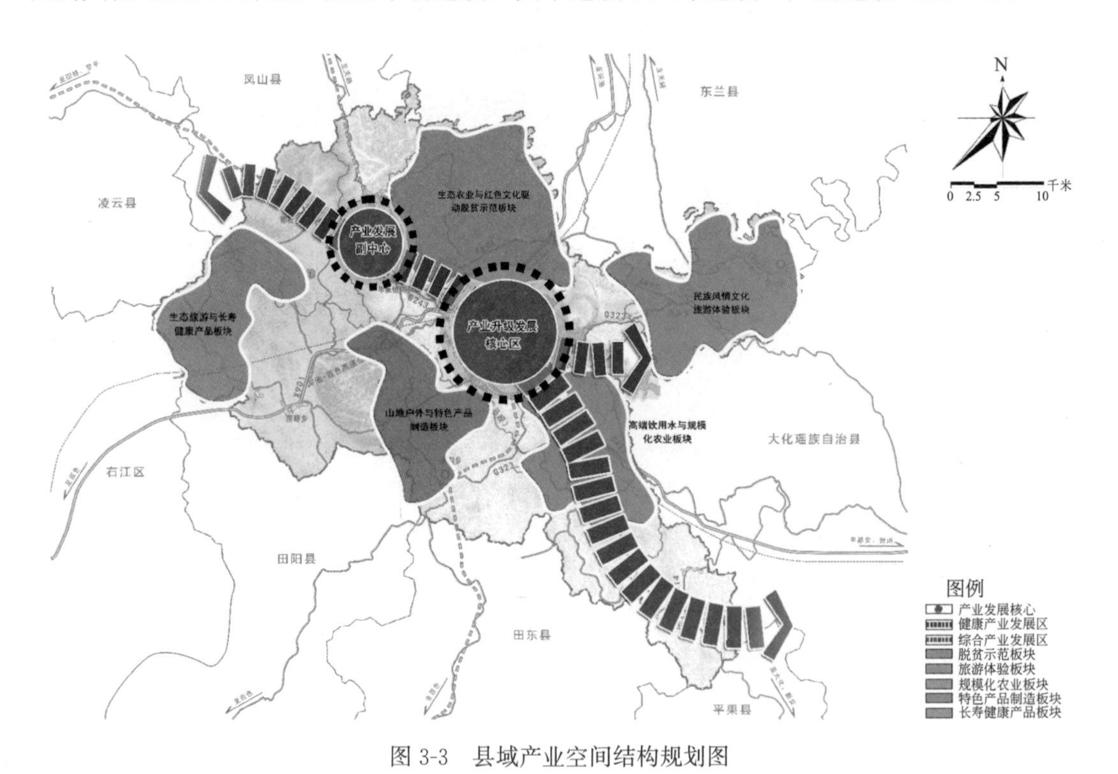

图 3-3　县域产业空间结构规划图

（四）加强“多规合一”规划实施保障措施

一张规划蓝图：通过政策文件转化，使规划成为社会共同行动纲领。将经审批的巴马县“多规合一”规划作为指导城乡各项工作的纲领性文件，为巴马县各部门、各镇（街道办）提供统一的落实设施、协调项目、平衡指标的空间信息平台和操作依据，以协调规划指导规划协调，改变以往规划以部门为核心的“分部门规划”的做法，对与城乡空间相关的规划就衔接对象、衔接措施、衔接原则等方面提出规划指引，理顺空间规划管理体制，并形成部门联动行动计划和空间管理的具体措施方案，实现规划从“分部门的协调”到“全县性的统筹”转变，使规划真正转化为公共政策。

一个信息平台：促进信息资源的共建共享，形成统一的数据平台。建议巴马县结合自身规划信息化的实际情况，辅以坐标系统的衔接和分类标准的统一，打造共建共用共享的规划数据平台，包括优化提升规划成果数据库、完善规划数据的集成与共享，为规划编制、规划实施管理、规划监督反馈的全过程提供支持。规划成果数据库主要包括国民经济和社会发展规划、城市总体规划、土地利用总体规划及专项规划成果等，这将为动态推进的规划编制提供理论和依据。

一套技术标准：按照“统一口径”的原则统一技术标准。本次规划统一规划期限为近期到2020年，远期至2035年，远景展望至2050年；统一规划范围，以全县行政区域作为规划范围，对各类用地进行统一核算；统一用地分类，建议巴马县城乡建设用地以城乡规划部门的用地分类标准为主，非建设用地以国土资源部门的分类标准为主，整合形成城乡统一的用地分类。

一个协调机制：搭建规划协调的制度平台，加大“多规”统筹力度。在行政机构不作调整的情况下，本次规划提出搭建“多规”协调制度平台，以政府规章形式明确“多规合一”控制线管理主体、管控规则、修改条件和程序，规范和强化规划的严肃性和权威性。

一套办事规章：建立统一的建设项目审批和用地管理的办事规章。为减少建设项目的审批环节，避免因规划不协调造成的审批拖延问题，建议巴马县推行统一的建设项目审批与用地管理的办事规章，将项目审批全流程分为五个阶段，分别是用地规划许可阶段、可研批复及工程规划许可阶段、施工图审查阶段、施工许可阶段和竣工验收阶段，以改善投资环境，降低运营成本，营建“成本洼地、服务高地”。

案例二：安徽省繁昌县城乡统筹规划

一、项目概况

安徽省繁昌县域城乡统筹规划项目，规划时间为2010年，规划面积市域590平方公里。

二、规划背景

2010年1月12日，国务院正式批复《皖江城市带承接产业转移示范区规划》，这是我国第一个为促进中西部地区承接产业转移而专门制订的战略规划，对于崛起中的安徽具有重要的里程碑意义。芜湖作为皖江城市带的核心城市，具有“承接、创新、发展”的良好基础。繁昌县是芜湖市下辖三县中唯一的沿江县，具有得天独厚的区位优势、良好的经济基础，在区域经济发展的强力支撑下，正面临着全新的发展机遇（图3-4）。

繁昌县位于皖南北部，北接长江黄金水道，地处马芜铜沿江产业带中部，紧邻南京—

图 3-4　远期城乡规划图

芜湖—合肥“经济三角”下顶点，区位优势明显。繁昌县素有“皖南门户”之称，水、陆、空综合交通体系初成，交通条件较为优越。沪铜铁路、沿江高速、省道 321 线和 216 线以及建设中的宁安城际铁路、滁黄高速穿境而过，全县共有 7 条河流通航，其中长江黄金水道 18 公里，距南京禄口机场、合肥骆岗机场均在两小时车程范围内。

繁昌县作为安徽省城乡一体化发展的先行区，更是率先提出了一系列促进统筹城乡经济社会发展和资源、环境保护的政策措施，为繁昌县城乡统筹发展奠定了良好的基础。

三、发展目标

至规划期末，力求将繁昌县建设成为芜湖市域副中心、马芜铜经济带重要节点城市、皖江城市带承接产业转移示范区核心城镇、安徽省城乡统筹示范区、长江中下游先进制造业基地重要组成部分。

四、规划亮点及创新

（一）整合县域，城乡协调

繁昌县是皖江城市带承接产业转移示范区的核心区，也是繁昌实现“芜湖副城、皖江制造”的产业空间平台。繁昌既可以充分发挥距离优势承接产业转移，但同时又受到“芜湖主城区集聚作用较大，人口容易被吸引，处于不远不近的节点”因素影响。因此，建立制造业基地，提升工业化水平，以中心城市为重点走集中工业化道路，改善局部生态环境，是繁昌城市化、工业化协调发展的必然选择。通过承接长三角先进制造业转移，实现城市结构优化，以“山水文化与生态宜居新城”为重点，将繁昌城市的结构优化与功能提升有机结合。规划提出了“整合沿江、创新内陆、连镇带乡、保山理水”的城乡发展思路（图 3-5）。

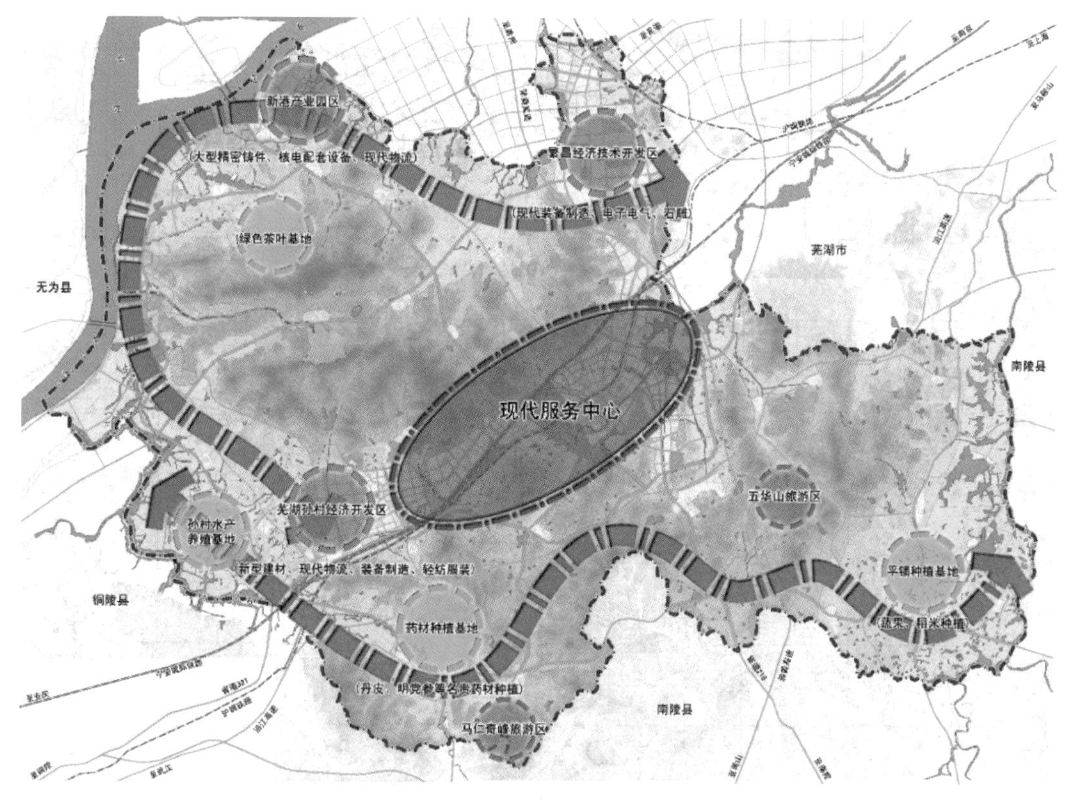

图 3-5　城乡产业结构图

整合沿江，强化工业竞争力：整合长江沿岸产业、空间、交通，集合开发优势产业，建设新型工业园区以及现代物流园区，合力打造具有核心竞争力的空间发展平台，进一步加强城镇的综合服务及辐射带动作用。

创新内陆，提升农业竞争力：充分利用县域中、南部丰富的丘陵、山水、田园等资源，优化农业结构，转变生产方式，拓展附加功能，构建新型乡村产业发展体系，实施乡村创新发展战略。

连镇带乡，加强城乡一体化：加强城镇间的道路连接，促进彼此之间的相向发展，构筑有利于沿江与内陆整体集约发展的道路网，同时加强城镇道路向乡村的延伸，促进城乡社会经济联系，扶持带动乡村发展。

保山理水，提高生态宜居保障：整体保护山地丘陵、森林公园、自然保护区和乡村田园等生态斑块，梳理完善大小河流及沿岸环境等生态廊道，打造连续、完整的山水网络生态界面，打造山水相依新繁昌。

（二）全域布局，城乡融合

从繁昌现状空间结构看，城区集中在繁阳镇，镇区以孙村和荻港规模较大，多以地方性的生活服务功能为主；由于缺少相对高端产业基础，生产性商务功能尚未形成，城镇建设面貌相对落后，“不城不乡”，缺乏从点到面的谋划，尚未达到作为整个皖江产业带核心城镇的水平。从繁昌县中心城区功能出发，推进圩区、山区人口、风景名胜区等生态敏感区域的人口向中心城区集中，加快产业的有机集中；强化要素集聚节点，沿芜铜公路通道向孙村片区拓展，形成开放式、充分接轨区域经济中心的城市空间。规划确定繁昌县域将形成“两带两区”的空间结构（图 3-6）。

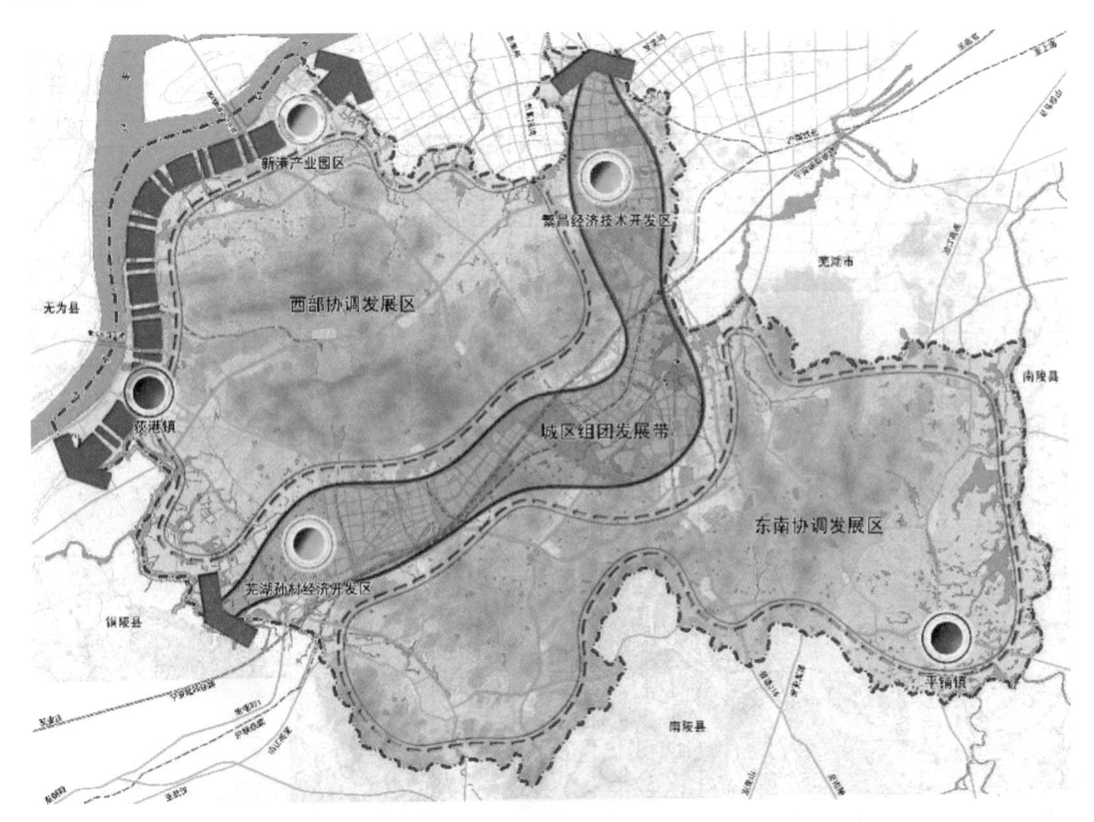

图 3-6　城乡功能结构图

1. 沿江新型产业发展带

沿江新型产业发展带包括新港产业园及其他沿江区域，该产业发展带依托长江黄金水道、高速公路及铁路，积极承接长三角先进制造业产业转移，重点发展机械装备制造、新型建材、电子电气、环保设备等产业。

2. 城区组团发展带

城区组团发展带包括沿芜铜公路繁昌段连接主城区的繁阳组团、峨山组团、高铁组团，孙村片区及横山—马坝、荻港—孙村两大工业片区，该区域交通便利，邻近未来的高铁，对外联系便捷，设施配套较为成熟，作为繁昌县最主要的城镇发展、功能集聚的空间，是未来县域城镇人口集聚的重点地区。

3. 西部协调发展区

西部协调发展区位于两带之间，既是城市功能的配套服务基地，也是县域内重点发展地区的生态保育地带。定位于繁昌城区的“后花园”，依托良好的生态环境和农业生产优势，发展特色农产品、生态旅游、生态农业，提升服务水平，实现农民增收。

4. 东南协调发展区

东南协调发展区包括平铺镇，向西南延伸至孙村南部。依托丰富的丘陵、山水、田园和风景资源，培育旅游业、现代农业观光等新兴产业，组成绿色产业发展区。应加强对资源环境的保护，促进农村特色产业发展，综合发展休闲旅游业、生态农业、农副产品加工业、面向乡村的服务业等，提升平铺镇及各农村社区综合服务水平，成为芜湖市域副中心的生态屏障。

（三）生态共保，文化交融

利用长江、峨溪河、黄浒河及漳河等河流，结合自然山体，串联城镇绿化隔离带、农田等，形成网络状的生态廊道。通过山水廊道的构筑，促进生态“斑块”之间，“斑块”与“种源”之间的生态联系，从而形成有机的生态整体系统，维护县域生态系统的稳定和健康，为繁昌的全面可持续发展和建设宜居城镇提供生态保障（图 3-7）。

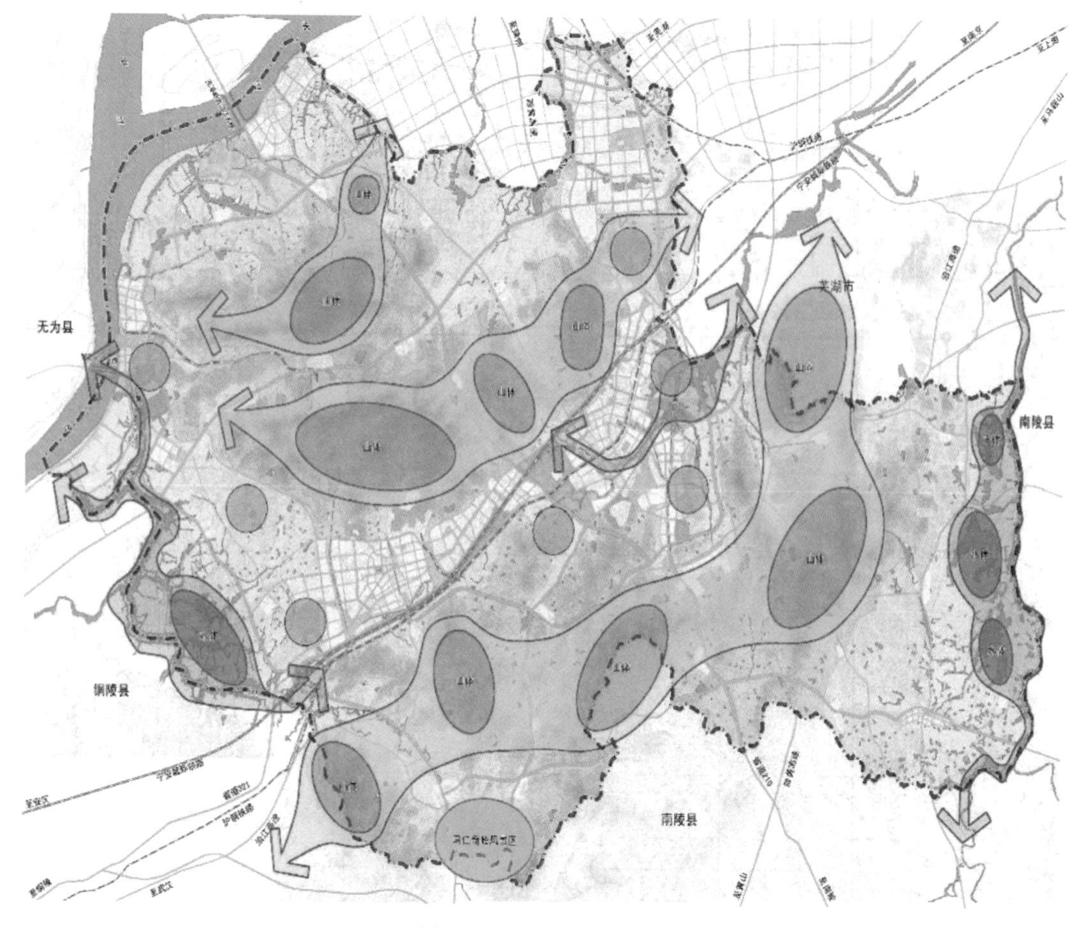

图 3-7　城乡生态结构图

规划形成“三山三水多节点”的生态结构，包括三条横向山体廊道、三条水系空间廊道以及生态体系的关键节点。此类节点是区域生态体系的关键点，主要是县域范围内的湖泊、风景旅游区、生态公园等关键要素，保障整个生态网络的有效运转。

繁昌县区域环境容量、资源承载力是城市环境合理优化的重要限制因素。同时，悠久的皖南文化为城市发展注入了浓重的历史内涵，山水环境、历史文化在现代城市功能形成中将成为举足轻重的因素，“水聚群山前，城居山水间”，尽显秀丽山水与历史文化是城市环境与文化建设的重要内容（图 3-8）。

图 3-8 城区重点区域效果图

（四）加强规划政策引导与实施保障

城乡规划作为公共政策，其有效实施必须结合现有管理体制，协调与整合相关城乡，统筹土地和建设政策，结合覆盖城乡户籍、社保、就业与用工管理、教育和医疗卫生、农村土地改革等多项公共政策，以空间规划为平台对产业发展的功能布局、结构调整、公共服务设施布局等方面进行城乡区域整体统筹，建立城乡平等的社会制度，才能整体推进使得城乡统筹改革。

城乡统筹政策制定必须基于繁昌县发展现状：繁昌属于中部地区经济快速发展的县，虽然已有一些工业基础，但是经济实力仍有待提高，需要通过快速、高效的工业化和城市化实现“量”的增长以满足城乡居民日益增长的物质文化需求。在此过程中同时面临着保护自然环境与实现社会公平的双重压力。因此，繁昌城乡统筹政策必须以发展为基础，以民生为核心，以改革为动力，以民主为保障，努力做到“突出一个重心，把握两个重点，力求三个突破”。

突出一个重心：坚持突出工业强县这个工作重心，做强工业经济，以工业化带动城镇化，促进农业产业化，夯实发展基础，着力增强工业反哺农业、城市支持农村的能力。

把握两个重点：以统筹规划为重点，推进工业企业集聚化、土地经营规模化、农村居住社区化；以制度创新为重点，推进公共服务均等化、公共管理民主化、组织保障制度化。

力求三个突破：一是重点区域突破。县城区、新港、荻港等主要城镇整体展开。二是关键环节突破。紧扣农民向城镇转移的培训、就业、安居三大关键环节推进改革，提高城镇化率。三是主要矛盾突破。突破城乡居民收入存在差距和城乡社会保障体系不健全等主要矛盾，构建城乡和谐关系。

基于以上原则，繁昌县应综合协调土地、户籍管理、城乡住房、财税金融、公共服务和社会保障政策，以形成政策合力，有效实现城乡统筹发展规划、产业体系、基础设施、社会事业和社会保障的整体目标。

对以上规划政策将通过法律、体制及经济等保障机制实施监督，以确保城乡规划的正常运行。

第四章　县城规划区划定

第一节　县城规划区划定的发展演变

一、县城规划区划定的发展回顾

（一）县城规划区的发展与我国城市化的大背景息息相关

20世纪70年代末，重启中国城市化进程。1978年党的十一届三中全会开始了拨乱反正，中国的城市建设也开始了一个新的历史时期，并走上了良性发展的轨道。在1980年召开的全国城市工作会议以及住宅制度改革等重大历史事件的推动下，中国的城市化进程重新开启。

20世纪80年代末，土地财政试点与规划区概念的提出。20世纪80年代后期，“土地财政”逐步登上历史舞台，中国的城市化进入了一个全新的发展阶段。当时，深圳、厦门等经济特区通过出让城市土地使用权，为基础设施建设融资，并取得了良好成效。之后，一些较为发达地区的县级城市便开始了以出让土地为目的的规划编制工作。为了便于土地出让，规划区的概念也逐步推广开来，这一时期的县城总体规划中都开始将规划区范围的划定作为规划的必要内容。

20世纪90年代初，土地财政全国推广与县城总体规划的大量编制。随着1989年版的《中华人民共和国城市规划法》的颁布和1994年的分税制改革大幕的拉开，土地收益逐渐成为地方政府的主要收入来源，“土地财政”的制度基础得到进一步完善，土地市场开发大行其道。这一时期，城市建设进入快速发展期，城市规划区也得到包括县在内的各级城市政府的高度重视，大量的县城总体规划开始编制并实施。

21世纪初，城市建设空前繁荣与县城规划区范围的频繁调整。急剧膨胀的“土地财政”帮助政府以空前的速度积累起原始资本，城市建设空前繁荣，基础设施遍地开花[1]，成百上千的县级城市也拔地而起。县城总体规划的修编和县城规划区范围的调整已然成为县级政府在城乡规划管理工作中的常态。

2008年，《城乡规划法》的颁布与县城规划区的内涵变化。随着城市的迅猛扩张，城乡发展不平衡的问题也逐渐显露出来。2008年，国家正式颁布《中华人民共和国城乡规划法》，取代了《中华人民共和国城市规划法》，将城乡统筹发展的相关要求以法律的形式确定下来。[2] 这一时期，县城规划区范围的划定开始不再局限于建设用地本身，而是开始兼顾城乡，相关部门也开始在更大的空间范围内行使规划管理的权限。

---

[1] 赵燕菁.土地财政：历史、逻辑与抉择［J］.城市发展研究，2014，（1）：1-13.

[2] 石楠.论城乡规划管理行政权力的责任空间——写在《城乡规划法》颁布实施之际［J］.城市规划，2008，（2）：9-15.

2010 年至今，新型城镇化发展战略实施与县城规划区进入新发展阶段。经过二十多年的飞速发展，我国城镇化率已超过 50%，但区域发展不平衡、城市产业发展缺乏可持续性、资源过度消耗和环境破坏等问题日益突出。基于此，十八届三中全会提出了新型城镇化的发展战略，也成为今天县城发展所面临的重要机遇，规划区的发展也进入了一个全新的阶段。

（二）县城规划区的阶段性特征

由于我国幅员辽阔，东西部发展差异较大，不同地区县城所处的发展阶段往往存在较大差异。但总体上来说，伴随着土地财政的逐步深入，各地县城都经历了较为相似的发展历程，县城规划区的划定也体现出较为明显的阶段特征。本文结合相关研究成果，将县城规划区的发展分成三个阶段。

第一阶段：县市发展初期，规模较小，城镇与乡村空间界限明显，规划管理职权泾渭分明，分别归属于大建委下的城镇股和村镇股。这一时期，对县城规划区的关注度不是很高，规划区在规划管理工作中的地位也是无足轻重，所以规划区的划定也相对简单，基本上就是全县域或者是县城建成区。

第二阶段：在土地的市场利益推动下，紧邻县城的乡村区域，自发性建设越发频繁，建成区范围不断扩张，建设混乱、布局不合理等问题日益突出，急需加强规划管理。规划区的划定成为控制建成区无序蔓延的重要手段，明确了城乡接合部的规划管理权属，明确了管理部门内部的职责分工。规划区划定的范围从县城扩展到与其紧邻的乡镇镇域，同时将影响城市发展的重要基础设施、重要的生态和文化资源纳入规划区管理。这时期的城市规划区划定以未来城市发展的可能规模作为划定规划区的主要依据，给规划管理部门明确了管理范围，引导了城市的健康发展。

第三阶段：城市与区域的关系更加复杂，各级行政管理部门间皆存在利益博弈，区域协调的难度逐渐加大，城乡规划管理工作涉及更大的管理范围和更复杂的管理内容。县城规划区的划定也跳出了城市建设的单一视角，而是从城乡统筹发展、区域经济联系、资源开发利用以及生态环境保护等多个方面予以探索，规划区范围逐渐扩大，所包含的要素逐渐增多，对非建设用地的重视程度也逐渐提高，并且依照县城各自的发展特点而有所侧重。[1]

二、县城规划区的表述形式

本研究以全国 15 个省的 268 个县的总体规划资料为基础，可归纳出目前在规划实践中所采用的规划区划定的四种主要表述形式，分别是描述四至、围绕建成区、围绕城关镇镇域和全县域。

（一）描述四至

描述四至是县城规划区较为常见的一种表述形式，这种形式的特点是通过河流、山体、建构筑物以及高速公路等空间实体作为规划区的边界，在空间上往往脱离行政边界的限制，具有一定的独立性。

以河南某县城市总体规划（2005—2020 年）为例，将规划区的范围划定为：东至京

[1] 刘维超，曹荣林，张峰. 城市规划区划定研究——以山东省邹城市为例 [J]. 华中建筑，2010，(4)：124-127.

珠高速公路以东 3 公里、汤东断裂带以西，南到壶台铁路以南 100 米，西至汤阴县行政辖区西北部边界，北到汤阴县行政辖区北部边界（图 4-1）。

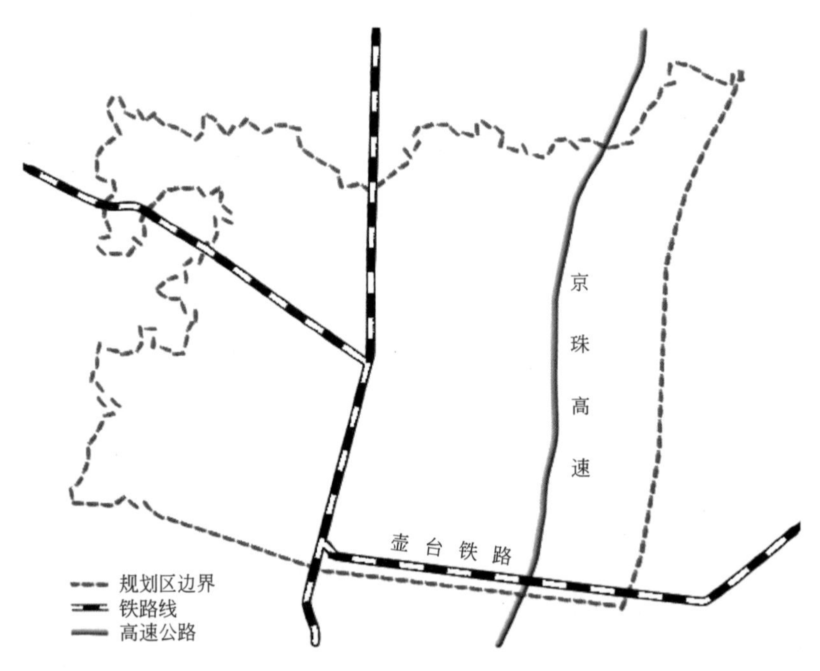

图 4-1　规划区表述举例——描述四至

（二）建成区及其他

围绕建成区展开的规划区表述与《城乡规划法》中的要求最为接近，规划实践中通过“县城”“县城城区”“中心城区”“镇区”等词汇来表述，其实都是规划建成区的意思。在建成区的基础上，增加其他要素，形成一个较为完整的规划区表述，诸如各类设施、产业区、旅游区、周边乡镇及村庄、水源保护区等。从空间上来看，这种形式为城镇建设留足了空间，并在规划区范围内划分出建成区和郊区、主城区和产业集中区等空间层次，一定程度上考虑了建成区周边的生态建设和城乡统筹内容。

以福建某县城市总体规划（2008—2025 年）为例，规划区范围为：县城和与县城发展密切联系的旅游区（图 4-2）。

（三）围绕城关镇

围绕城关镇展开的规划区表述也是较为常见的一种形式，这种形式以整个城关镇的行政辖区作为规划区的主体，增加其他要素，形成一个较为完整的规划区表述，诸如设施、产业区、周边乡镇及村庄、水源保护区等。当城关镇镇域较小，与规划建成区相差无几的时候，这种表述形式在空间上与第二种方式基本相当；但也有一些与建成区形成较为悬殊的面积对比，涵盖了大片的乡村区域。

以广东某县城关镇城市总体规划修编（2010—2020 年）为例，规划区的范围为城关镇全域。某县所处区域城市化水平较高，整个城关镇镇域范围基本都是城市建成区的控制范围，所以虽然是以城关镇全域划分了规划区，但其实质仍是基于建成区的控制范围而划定（图 4-3）。

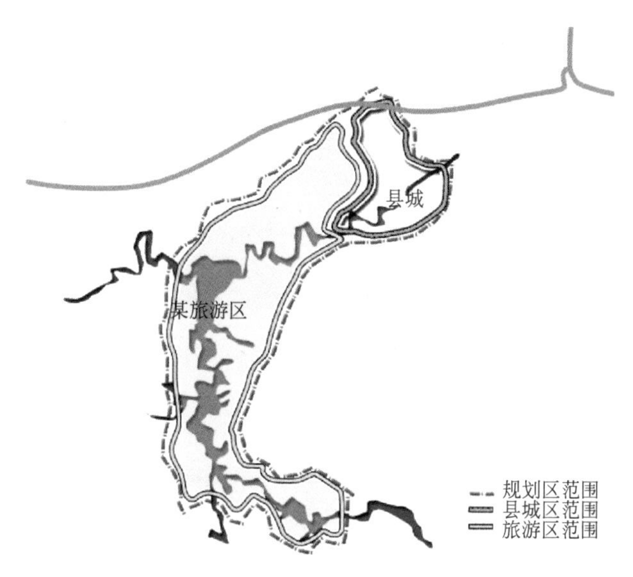

图 4-2　规划区表述举例——建成区及其他

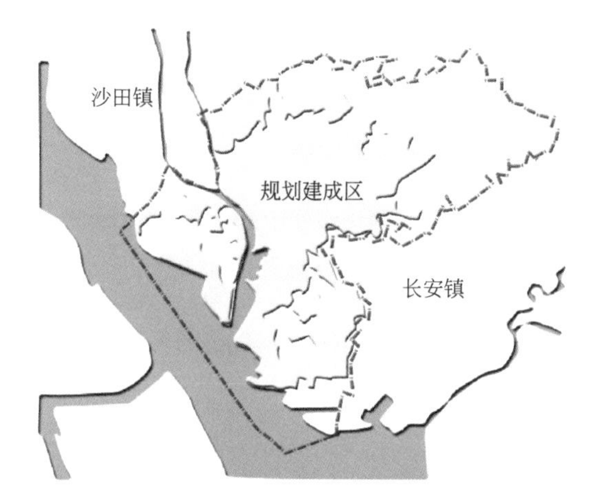

图 4-3　规划区表述举例——围绕城关镇 1

以河北省某县城市总体规划（2006—2020 年）为例，规划区范围为：城关镇全部，以及向北至新盖房分洪道、向东至大步村东界、向西至行政区划界限。此县城规划区的划定就是以城关镇为基础，向外有所扩张，规划区与建成区具有较为悬殊的面积比（图 4-4）。

（四）全县域

全县域作为规划区也是一种较为常见的形式，在一些县级市的总体规划中使用较多。近年来，城乡统筹成为总体规划的重要任务，“城市总体规划”也演变为“城乡总体规划”，其中县域规划内容越来越受到重视，规划区逐渐分为县域和县城区两个层次[1]，所以几乎所有的县级城乡总体规划都将“全县域”作为县域这一层次的规划区范围，将县城规划区划为全县域的做法在实际工作中往往不具有现实的指导意义，也起不到规划区应有的

[1] 蒋林，王芳，易峥，等. 城乡统筹规划在我国县级层面的改革实践 [J]. 重庆建筑，2013，(9)：11-14.

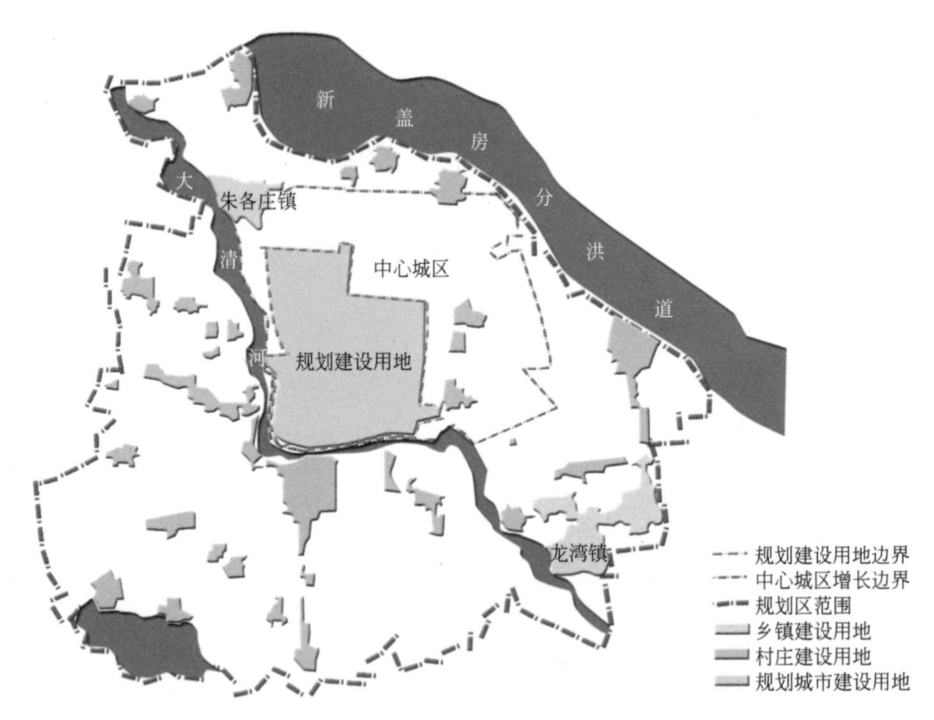

图 4-4　规划区表述举例——围绕城关镇 2

作用，所以应慎重选用。

以赵县县城总体规划（2006—2020 年）为例，考虑本次规划为县级城市总体规划，应将城区建设和县域城镇发展统筹考虑，因此将全县域作为本次城市规划的规划区范围，总面积为 675 平方公里（图 4-5）。

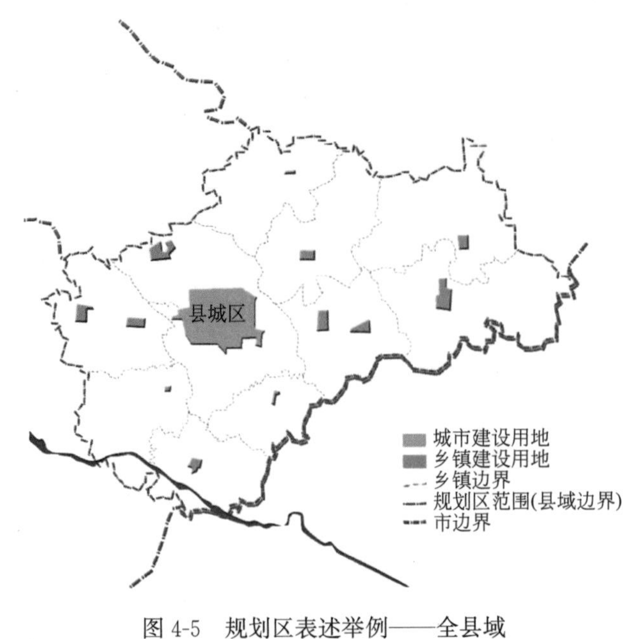

图 4-5　规划区表述举例——全县域

以上四种表述方式在县城规划区划定的规划实践中使用得较为普遍，并且常常结合使用，不同的表述方式也一定程度上体现出了规划区划定的不同标准，可以作为今后规划区划定的参考。

三、目前县城规划区划定存在的主要问题

通过总结分析国内 15 个省的 268 个县的总体规划中规划区划定的相关内容，对目前存在的主要问题进行总结。

一些县城为了减轻规划行政管理的责任，或为了规避规划管理，尽量缩小规划区的范围，只将建设用地所涉及的范围和部分需要保护和控制的区域划为规划区，导致出现城乡割裂产业区发展与城市拓展出现冲突，城区周边地区私搭乱建得不到及时管控等问题。

一些县城重发展，轻保护，规划区的划定只单纯地强调为城市建设留足发展空间，却忽视对重要的生态、景观、旅游、文化资源的保护，以及对保障城市发展的各类基础设施的规划管控。

一些县城对城乡统筹的相关要求理解不到位，将原来局限于县城区外围的规划区迅速扩大至城关镇，甚至全县域的行政区划范围，这种划分方式虽然在空间上为城乡统筹创造了条件，却由于“大而全”的全覆盖而掩盖了同一行政单元内部的空间差异，导致城乡统筹工作失去重点、规划管理工作任务繁重等问题的出现。

一些县城在对生态敏感地区的判定上缺乏详细分析，只是以保持周边村庄的行政边界完整性来划定空间范围，对于生态腹地的保护作用明显不足，很难广泛适用于诸如山区、河谷等生态敏感地区的规划区划定。

四、县城规划区的发展趋势

（一）多规合一与规划区的划定

我国现有规划体系涉及发改、环保、林业、住建、规划、教育、旅游、水务等众多部门，主要规划类型包括国民经济发展规划、主体功能区划、环境保护利用规划、林业保护规划、城市总体规划、其他各类专项规划等。由于各部门权利条块分割，且缺乏有效衔接，导致多种规划各自为政，规划内容相互重叠，结果相互矛盾，尤其是空间管控边界和空间结构不一致的冲突较为明显。

近年来，多规合一的呼声越来越强烈，多规合一也成为国家推进市县规划体制改革的切入点。2014 年 12 月召开的中央经济工作会议中，明确要求“加快规划体制改革，健全空间规划体系，积极推进市县多规合一”。2014 年国家发展改革委等四部委联合发布《关于开展市县“多规合一”试点工作的通知》。随着多规合一工作的不断推进，县城规划区的内涵也将更为丰富，规划区的划定方法也将随之发生改变。[1]

（二）行政区经济向功能区经济转变的重要手段

我国现行的以行政区为基础的区域管理政策无法解决跨行政区的区域发展问题，反而会导致以行政区为边界的地方保护主义的形成，很大程度上阻碍了市场经济的发展，使跨

[1] 尚嫣然，余婷，冯雨，等. 欠发达地区县级多规合一规划实践与研究［J］. 北京规划建设，2015，(6)：40-42.

行政区的区域经济协调发展诉求难以得到解决。

为了加强县域经济的整体性，避免县域内各乡镇各自为战，有必要划定合理的功能区统领区域经济发展。县城周边地区是县域经济发展的重点，通过划定县城规划区的形式来引导功能区的建设，可以很好地突破行政区的束缚，推动地方经济管理理念的转变，强化区域管理的广度和深度。

“以功能区为基础的功能区经济”是以功能区内部共同的发展问题为导向，可以有效突破传统行政区的约束，把大量跨乡镇的发展问题纳入统一的管理范围，引导区域间的合理分工，提高发展效率，促进区域的科学协调发展。这种“以功能区统筹行政区”的原则将成为县城规划区划定的重要发展趋势。[1]

（三）定性分析与定量分析相结合的发展趋势

规划区划定对城乡统筹、生态保护等方面的考虑越来越多，其划定的方法也应跳出行政限制，在实体空间上做文章，从自然、生态、社会等多方面入手，并逐步由定性分析转向定性与定量分析相结合的道路上来。

规划区应保障县城发展所需的“核心区域”均能受到直接、有效和动态的规划控制，而以定性分析为主的“核心区域”判定工作往往存在范围过大、边界不精确、管理效率较低、科学性较差等问题。近年来，地理信息技术等计算机技术的发展为城市规划工作提供了强有力的定量分析工具，从区域经济到生态敏感性分析都有较为成熟的分析方法，将成为规划区划定的重要发展趋势。

第二节　县城规划区的划定方法

本研究以全国15个省的268个县的总体规划资料为基础，将其中涉及规划区划定的部分按照以下六个方面进行梳理，分别是规划基年全县国民生产总值、规划区面积、规划建成区面积、规划城市建设用地面积、规划区范围、规划区划定方法。通过对各要素进行归纳、总结、对比以及关联性分析，可以得到规划区划定的一般规律和常规方法，用以指导县城的总体规划编制。

一、县城规划区划定的定性分析

（一）定性分析的主要考虑因素

定性分析的主要考虑因素包括：经济发展因素、城市空间拓展因素、重要基础设施因素、生态保护因素、城乡统筹发展因素和规划实施因素。

1. 经济发展因素

本研究对全县国民生产总值和规划城市建设用地面积做相关性分析，得出二者关系为中度相关，相关性系数为0.5。也就是说，规划基年的经济实力越强，其对规划期末建设用地的需求就越旺盛。同理，对国民生产总值和规划区面积也进行了相关性分析，相关性系数仅为0.2，为低度相关（图4-6）。

---

[1] 占思思，盛鸣，樊华．城乡统筹视角下总体规划中“规划区”划定方法探讨——以驻马店市为例［J］．城市规划学刊，2013，(6)：76-83.

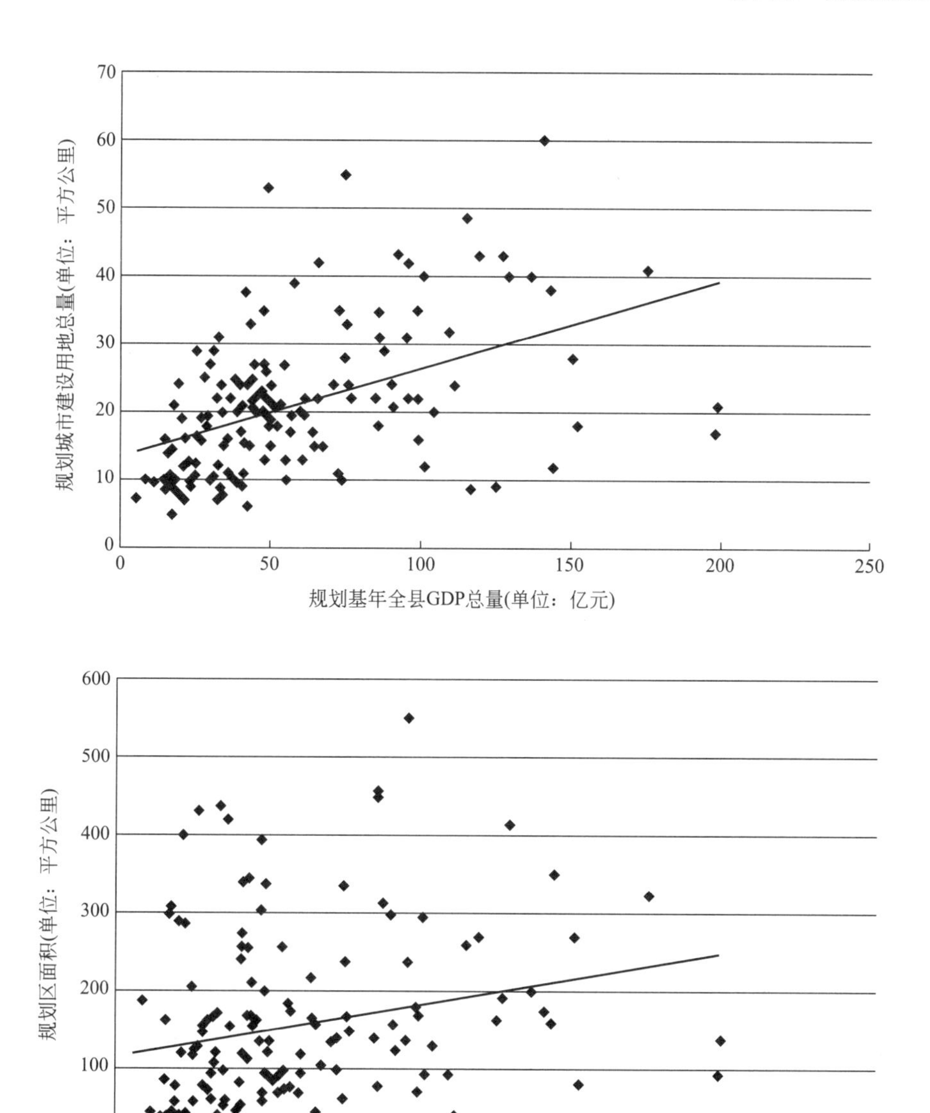

图 4-6　县经济发展水平与规划区的划定

这一现象表明，地方的经济实力和行政管理水平往往会对规划区的划定产生较大影响。一般情况下，较强的经济发展水平为政府提供了稳定的财政收入，促进了政府行政管理水平的提高，也刺激了相关部门对土地和空间的管理欲望，所以经济实力越强，规划建设用地面积也就越大。不同的是，规划区划定的考虑因素要远多于建设用地，除经济实力外，还需兼顾生态保护、区域协调等，在实践中也会因保持行政区划的完整性而影响规划区的划定。

但是，从经验来看，经济发展水平落后的县城，受限于较低的行政管理水平，其规划区的范围不宜太大。以河北省某县总体规划（2013—2030 年）为例，在讨论规划区划定时，甲方明确提出规划区过大会造成人防等管理成本的增加，超出地方政府的行政管理能力，也会给相关部门带来较大的监管压力，不利于规划管理工作的有效开展。

2. 城市空间拓展因素

规划区的提出首先就是为了解决城市建设发展的规划管理问题，规划区内就是县城建设的主体区域，这一点毋庸置疑。在城市总体规划中，决定城市发展空间的原因有很多，单从空间角度来看，比较重要的要素有：城市拓展方向、城市发展规模与远景发展备用地的选择等。

（1）城市拓展方向

城市用地发展方向应与城市形态演化的趋势相一致，使城市用地布局方式与城市形态演化特征相吻合。城市规划区的划定要认真分析城市形态的历史演变、现状特征和未来趋势，使规划区范围与城市用地的发展趋势保持一致。

以湖南省某县城市总体规划（2006—2020 年）为例，首先考虑河流廊道是县城历史的发展轴，未来县城的发展也依托这条轴线，因此规划区范围首先从未来县城的发展方向着手，结合城关镇的自然山水走向进行划定。然后，规划研究确定了县城的远景发展方向和发展备用地的选择，为城市的发展留足空间。规划区的划定也将远景发展需求一并考虑，将涉及的区域划到规划区范围里来（图 4-7）。

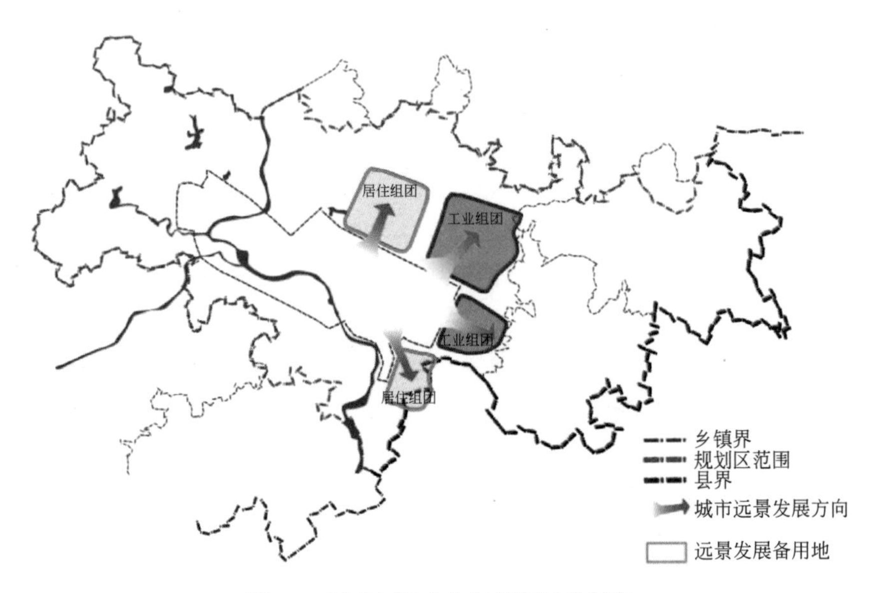

图 4-7　城市拓展方向与规划区的划定

（2）产业区

县城的发展必须以产业经济为基础，我国除少数东部发达地区县城外，绝大多数县城的产业经济还处于起步阶段，尤其是中西部地区对产业园区的建设需求较为旺盛，这一部分用地往往独立于城市建设用地之外，对县城未来的发展起到非常关键的作用。所以，在规划区划定阶段，应充分考虑县城未来产业经济发展的需要，预留发展空间，落实产城融合的相关要求。

以河北某县城市总体规划（2008—2020 年）为例，将县城南部的经济园区划入规划区内，并考虑产业园区的远景发展，将经济园区北区也划入规划区内。规划区范围包括县城、老城区、经济园区南区、经济园区北区及其中间和外围地带（图 4-8）。

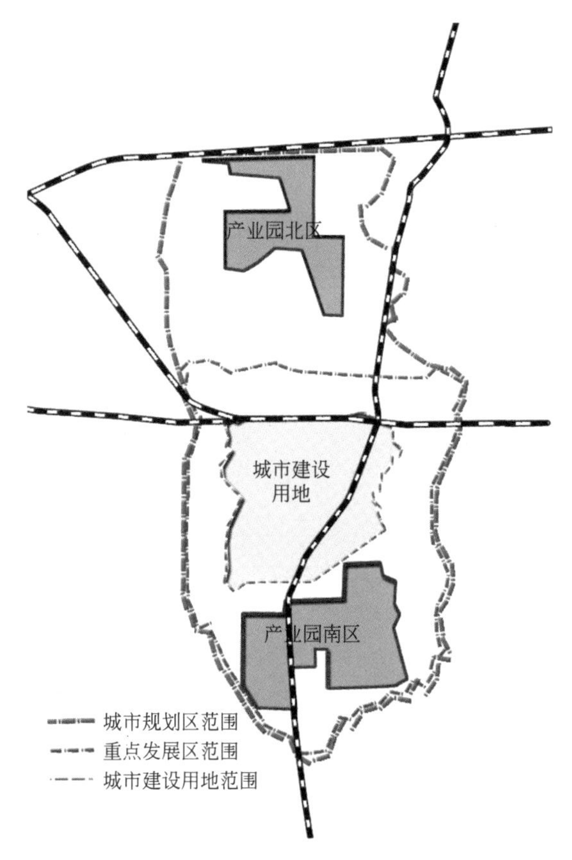

图 4-8　产业区与规划区的划定

（3）矿区

矿区资源是重要的发展资源，对于个别资源依赖型城市来说，矿区资源是城市发展的命脉，为避免矿区内出现非法建设活动，以及保证矿产资源的合理开发，有必要将部分矿藏范围划入县城规划区范围内。

以河北某县城市总体规划（2008—2020 年）为例，将县域范围内重要的资源所在地纳入城市规划区界定范围内，以保证对各类资源有序、合理、科学地进行统一管理和开发。规划区范围为：包括城关镇管辖的全部范围，两条过境高速公路控制范围和南水北调调蓄水库控制范围，以及南、北两个矿区控制范围（图 4-9）。

（4）旅游度假区

县城的发展除需依靠工业产业以外，第三产业的发展也尤为重要，其中旅游业的贡献不容小觑。规划区应将县城周边重要的文化旅游资源划入，为县城旅游产业的发展打好基础，主要控制要素包括：风景名胜用地、重点文物保护单位、自然保护区、旅游景区等。

以吉林省某县城市总体规划（2002—2020 年）为例，县城规划区范围以城关镇镇区为中心，包含三个近郊风景点，风景点控制区面积分别为 2 平方公里、0.54 平方公里和 0.5 平方公里。

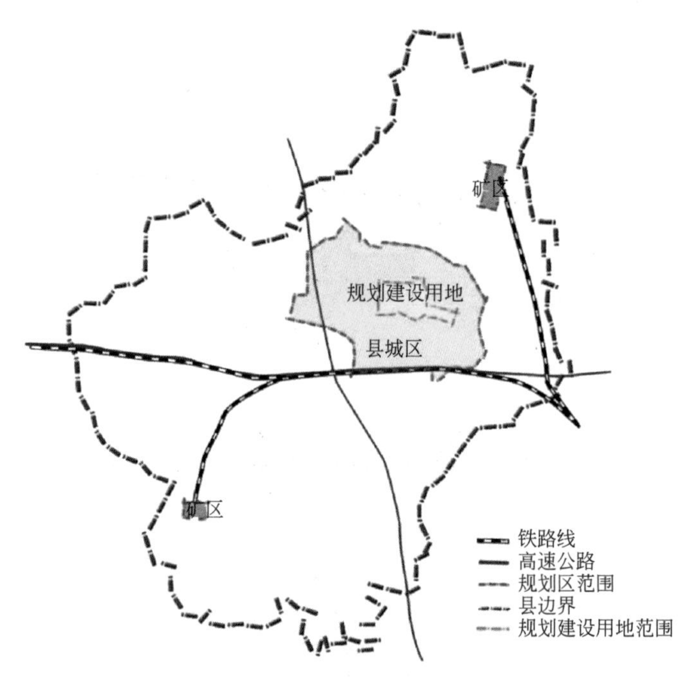

图 4-9　矿区与规划区的划定

3. 重要基础设施因素

城市的发展需要各类基础设施的配套支撑，在城市建设之初有必要将城市未来发展中需要配置的重要基础设施予以空间预留和管控；此外，区域内重要的交通设施往往是县城发展的重要推动力，在城市规划管理中也应一并予以考虑。

（1）交通设施

县城是区域交通网络中的一个节点，一个城市的发展离不开发达的区域交通体系，对于县城来说，更是如此。一条铁路、一条高速公路、一条国道，甚至是一个铁路站场都可以提升县城的发展环境，极大地推动县城的发展。因此，在规划区的划定阶段，应将那些影响县城发展的区域性交通设施划入规划区范围内。具体的设施包括：机场、港口、铁路及枢纽区、高速公路及其出入口、国道及其出入口、各类区域交通场站、高速服务区等。

以福建某县城市总体规划（2007—2020 年）为例，规划区划定中由于铁路在南城区设有火车站，使原有南城区规划用地扩大，规划范围也随之进行了调整。随着高速公路开工建设，在县城东、西设有两个互通口，带动周边工业发展，致使规划区需进一步向东、向西南延伸（图 4-10）。

（2）市政设施

县城的发展离不开支撑城市运转的市政基础设施系统，但有些基础设施可能离城区较远，或者因为经济实力限制而暂时没有建设，在规划区划定时都应予以考虑，尽可能全面地将各类大型基础设施诸如水库、污水处理厂、垃圾填埋场、电厂及大型变电站、危险品仓库、殡葬设施用地、公共墓地等，一并划入城市规划区进行控制和管理，保障城市未来发展需要。此外，水源地是保障城市生存和发展、保障各类城市经济活动和社会活动顺利

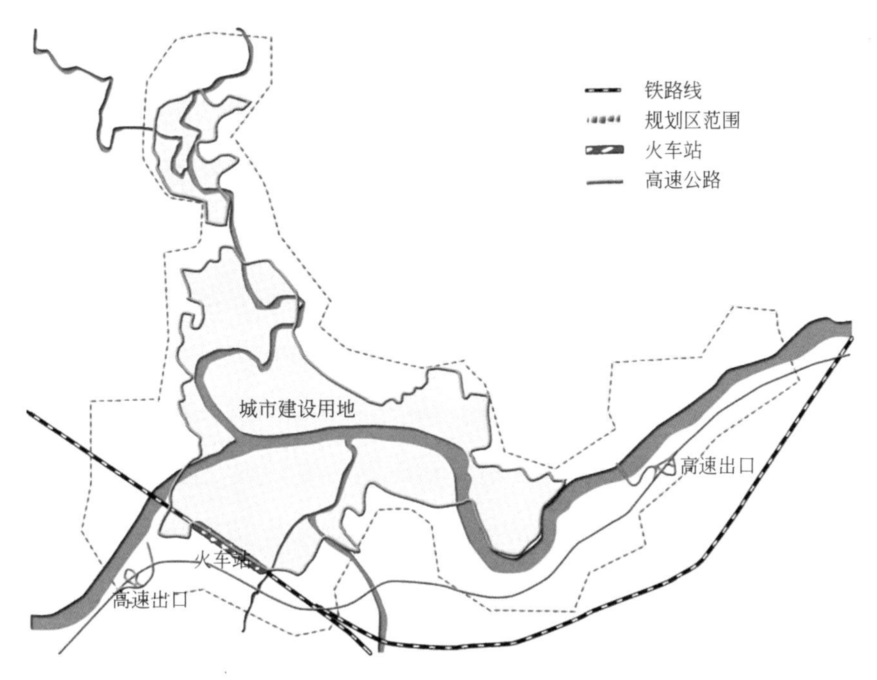

图 4-10　交通设施与规划区的划定

进行的工程性基础设施，也必须划入县城规划区范围内。

以福建某县城市总体规划（2009—2020 年）为例，水口库区、水口电站作为区域重大基础设施，对该县的发展具有较大的影响，有必要将其划入规划区范围内予以规划控制。该县城市规划区范围包括三个城市组团、两个坝区和水电站，以及根据生态保护要求，需要统一协调控制的区域（图 4-11）。

4. 生态保护因素

在城市建设用地之外，与城市环境密切相关的非城市建设区域也至关重要，它和城市建设用地共同构成城市的生存系统，在城市规划和管理上必须将其与城市建设用地视为一体进行统一控制管理。县城区所处的自然生态环境是其健康发展的重要保障，对县城区周边较为敏感的自然区域应划入县城规划区中来予以管理和控制。规划区范围应有利于城市防洪的协调调度，应包含煤炭采空区的控制范围以及一些地质灾害多发地区和自然灾害敏感地区，同时也应将一些对生态系统具有重要意义的生态敏感区域一并划入。

以河北省某县总体规划（2007—2020 年）为例，考虑到县城周边水系丰富，自然环境敏感脆弱，防洪要求较高，所以在规划区划定时充分考虑生态保护和灾害防治的综合要求，将周边自然环境划入城市规划区中来。规划区范围包括现状和规划建成区，垃圾处理场及污水处理厂等市政项目选址用地，大洋河、西洋河、南洋河及沙河四条主要河流，西洋河水库，农田、水源地保护区，北部、西部和南部山林保护区（图 4-12）。

5. 城乡统筹发展因素

城市的发展离不开农村的支撑，在城市建设过程中需对部分农业生产功能予以保留。首先，对于已经确定为基本农田的用地，不应划入城市规划区范围内。此外，在城

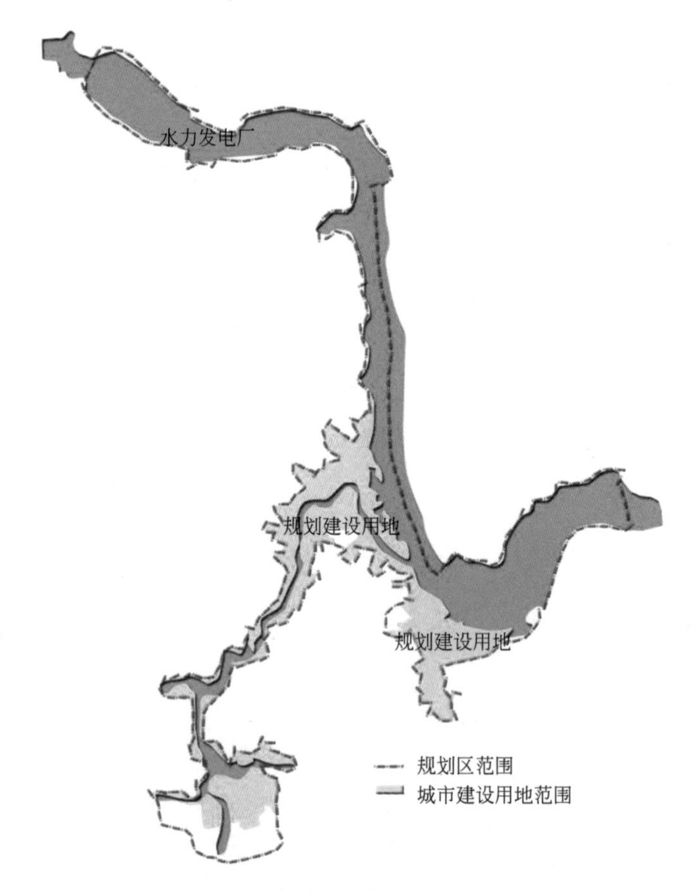

图 4-11　市政设施与规划区的划定

市周边还应保留一定的城市蔬菜、副食品以及苗圃生产用地，有利于近郊区蔬菜基地和农产品基地的建设，保障城市的供给，这些用地应属于县城规划区范围内，便于规划管理。

县城区周边乡镇由于距离较近、产业联系紧密、基础设施共享以及功能互补等原因，与县城区有趋同发展形成组团城市的可能性，所以应在充分论证后，根据周边乡镇与城区联系的密切程度，以及相互之间的依赖程度，将其划入县城区规划范围中来，实现统一管理。

对于受到县城区建设影响的农村地区，也必须划入城市规划区统一管理。通过控制周边乡村，一方面将周边乡村建设纳入城市建设管理中来，避免出现建设标准不统一，以及因缺乏监管而出现私搭乱建等现象；另一方面，为城镇化的长远发展留有余量，同时也将周边乡村的非建设用地作为城市的自然基底，纳入城市管理中来。

以河北某县县城总体规划（2006—2020 年）为例，考虑到县城周边的几个乡镇与城区的距离十分接近，且功能上存在互补，完全有条件发展形成组团城市，所以将其一并划入规划区范围。规划区范围包括：西至西陵镇西侧的清西陵保护范围边界，东至高陌乡的县界，北至梁格庄镇最北端，南至凌云册乡解村。涉及易州镇、白马乡、梁格庄镇、西陵镇、高陌乡、大龙华乡、安格庄乡、桥头乡、高村乡、裴山镇和凌云册乡（图 4-13）。

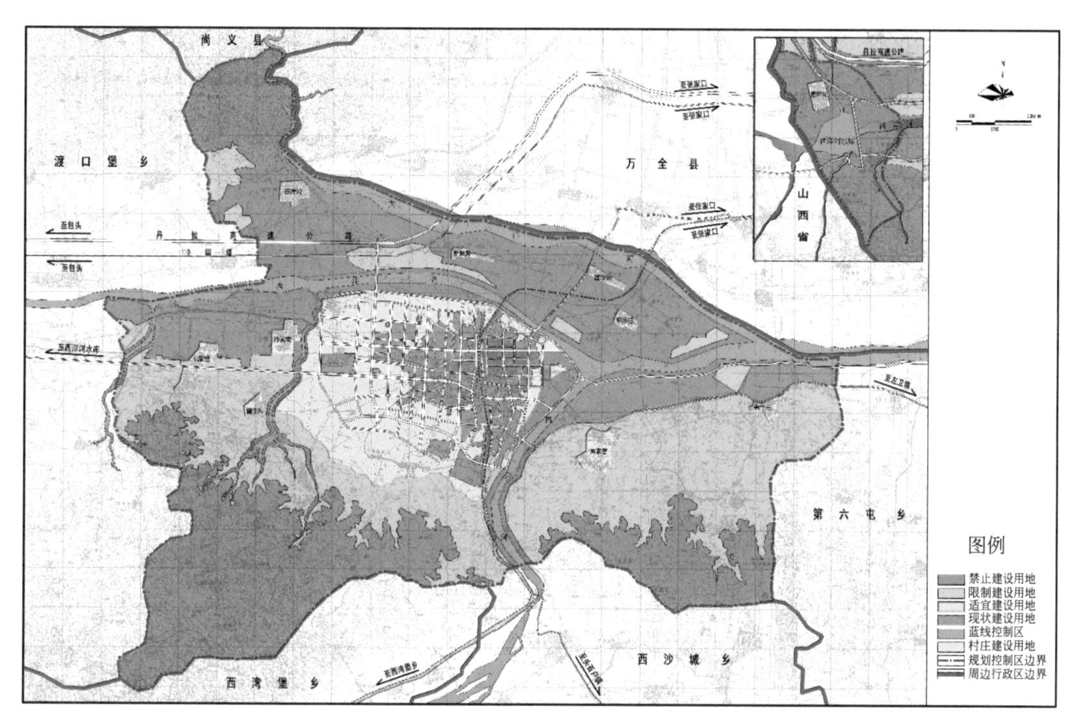

图 4-12　生态保护与规划区的划定

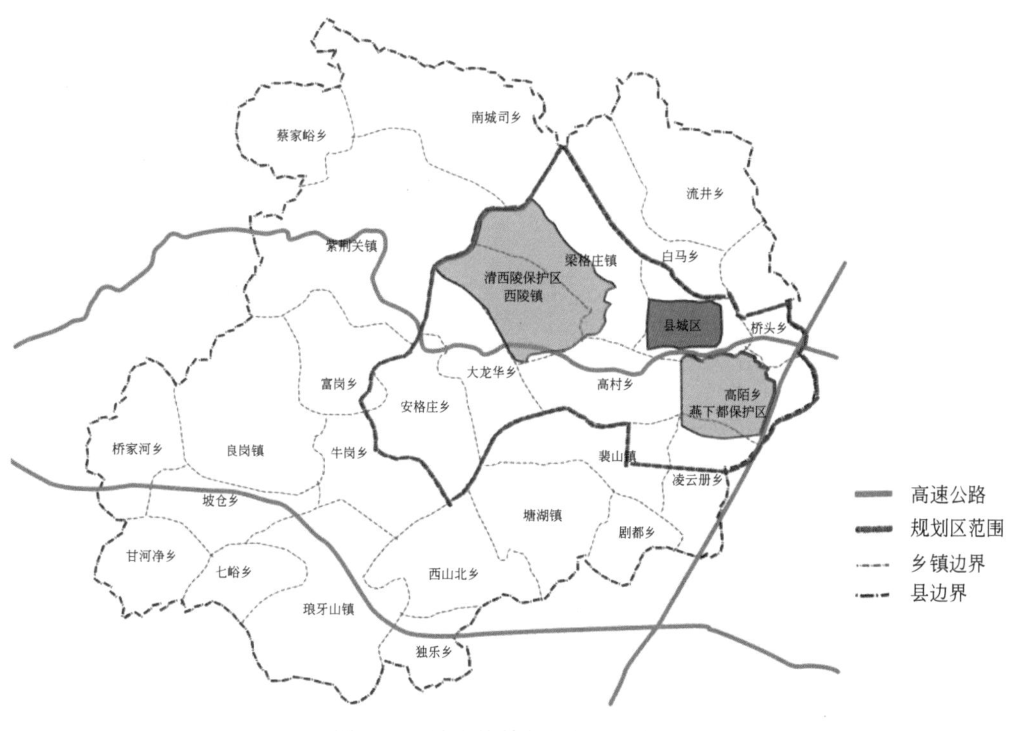

图 4-13　城乡统筹与规划区的划定

6. 规划实施因素

从行政管理的角度来说，县城规划区范围须与城市政府事权的空间范围相衔接，规划区界线可以延用行政村一级的行政界线，以便于规划的操作和实施。

从保证规划的延续性角度来说，规划区范围应总体维持上轮总规的大致格局。规划区的划定，需要充分考虑上轮城市总体规划中规划区的划定依据、背景，以及面临的新问题，在充分论证上轮规划区范围的优缺点后，结合当前县城的发展和保护的需要，在考虑规划的延续性基础上，对规划区范围予以调整。

根据《中华人民共和国城乡规划法》的精神，应避免同一行政区内出现二级管理体制，规划区以内的各乡镇不应另行划定规划区；而规划区范围以外的各乡镇可依《中华人民共和国城乡规划法》要求，在编制乡镇规划时，另行划定规划区。

（二）定性分析的划定步骤

县城规划区的定性分析方法基本上分为三个步骤：

首先，以预测的规划期末人口和经济发展水平为建设用地规模确定依据，通过对各类发展要素的充分论证，确定规划建成区的边界范围，作为规划区划定的最核心层次。在这一层次内规划管理的主要任务是进行现有用地的合理调整和再开发，合理安排和控制各项城市设施的新建和改建。

其次，通过对远景发展需求、设施控制要求以及产业发展等要素的综合分析，将建成区周边独立地段，诸如产业区、自然保护区、水源保护区、风景名胜和历史文化遗迹地区、各类设施等划入规划区内，作为规划区划定的中间层次。在这一层次内，规划管理的主要任务是保证各项用地和设施按照规划的要求有秩序地进行开发建设。

最后，通过对生态要素、城乡统筹要素的分析，将与城区关系密切的生态敏感地区、乡村地区划入规划区内。从保持行政边界的完整性角度出发，对以上内容所涉及的村庄，按照完整的行政边界划入规划区内，作为规划区划定的最外一层。这一层次内的农村集镇和居民点要进行的一切永久性建设，都必须经过城乡规划管理部门批准后才可进行。

（三）几种特殊类型县城的规划区划定

1. 旅游县城

以发展旅游为主要特点的县城规划区划定时，为了便于管理，需将县城区周边重要的旅游景区划入规划区范围中来，规划区的面积受旅游区的影响，一般都比较大，规划边界的选取也可以采取行政边界与自然山水边界相结合的方式。

以湖北某县县城总体规划修编（2006—2020年）为例，将县城的城市性质定位为：县政治、经济、文化中心，武汉城市圈南部生态旅游板块重要的综合服务中心，以发展加工业和旅游服务业为主，具有鄂南山地水乡风貌特色的现代化小城市（图4-14）。

为保护山地城市的风貌环境特色和创建旅游城市，县城规划区应保留相当的控制范围，即使县城置身于广阔的绿色空间与山水环境之中，亦为县城提供足够的发展余地，并把县城周围的建设纳入总体规划的轨道。规划区应该包含郊区风景名胜地，如林科所、浪口温泉等，既为城区提供近郊游憩地，同时也为发展旅游业、建设旅游城市创造条件。城市规划区边界的划定宜以建制村或建制镇边界、自然山水边界和区域性道路为准，以便于

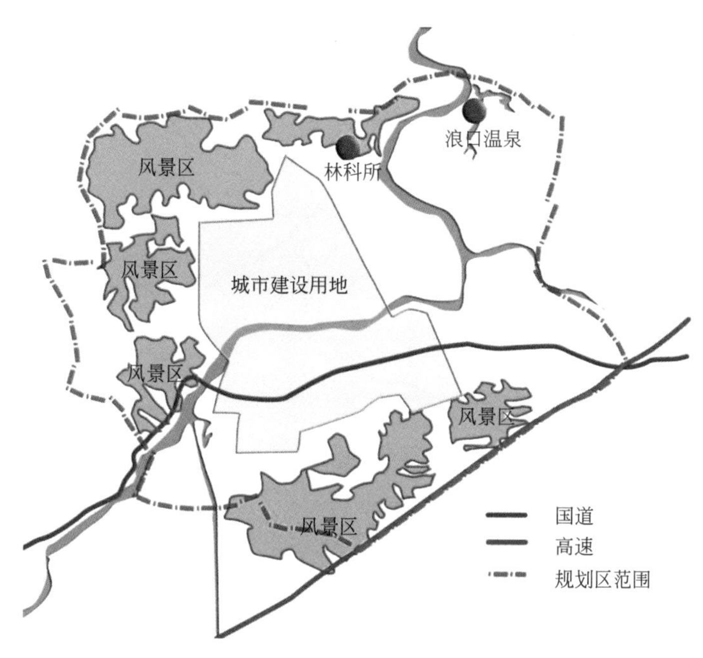

图 4-14　旅游县城规划区的划定

规划管理操作。

2. 工业县城

以发展工业为主要特点的县，县城周边一般会有工业园区的分布，工业园区与县城区具有一体化建设的需求，其自身规划建设管理的工作量也较大，需要从建设之初就加强规划控制。目前，虽然很多地方工业园区的规划管理工作由管委会来承担，但是都是以县城乡总体规划为管理依据，所以有必要将其划入规划区内统一管理。

以福建某县城乡总体规划（2007—2020 年）为例，县城城市性质为以轻型加工业、建材和旅游为主导产业的山水生态城市。县城总体规划确定的城市规划区范围，主要控制县城可发展地区包括经济开发区和周边重要的景观和环境资源。规划区内包括两个景区、经济开发区、高速公路连接县城的互通立交、铁路火车站以及城市水源地等地区（图 4-15）。

3. 山区县城规划区划定特点

山区县城建设空间有限，快速和无序的城市扩张对县城周边生态环境造成不小的压力，如何才能引导山区县城的合理扩张是一个亟待解决的问题。所以，在山地县城规划区划定中，建成区边界是最为核心的环节，也是城市建设用地增长的控制边界，科学地划定增长边界可以有效管控山地县城区建设的无序扩张现象。目前关于城市增长边界的相关理论和实践已较为丰富，应作为划定山地县城规划区的重要方法。对于周边自然环境和景观资源条件较好的山地县市，应适当扩大规划区范围，便于加强周围自然山水环境的保护。

以湖北某县城总体规划（2007—2020 年）为例，为了避免城市扩张对自然环境造成破坏，首先划定了城市建设用地范围，明确县城增长边界，作为规划划定的基础区域。为了更加有效地保护县城周边自然环境，规划区将外围山地以包含完整村庄行政边界的形式

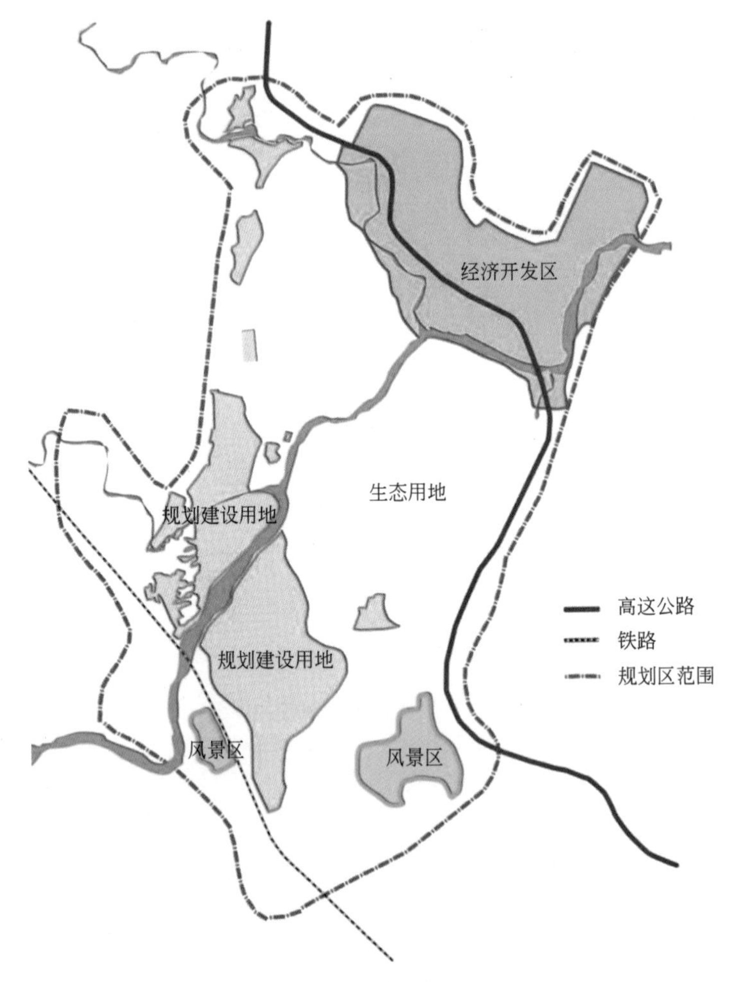

图 4-15　工业县城规划区的划定

纳入县城规划区范围中来，便于建设管理工作和保护工作的顺利开展（图 4-16）。

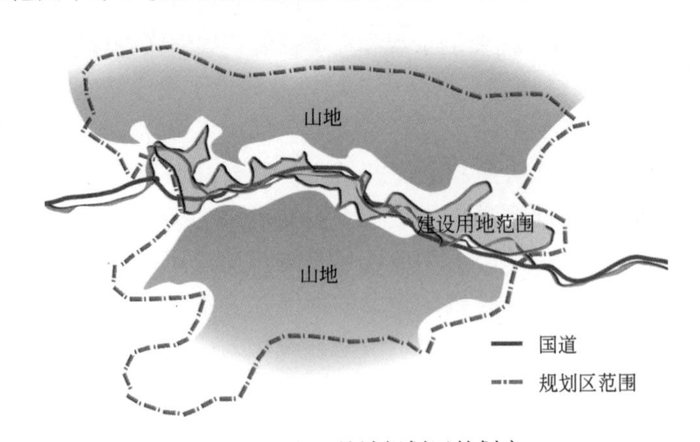

图 4-16　山区县城规划区的划定

4. 大城市周边县城的规划区范围划定

大城市周边县城受大城市辐射影响，往往具有较好的发展条件，无论从产业发展基础，还是城镇密集度来看，都优于普通县城。因此在划定县城规划区时，本地城乡规划管理部门往往会有较强的管理意愿，希望将尽可能多的城镇建设区域囊括到规划区内，有些甚至将整个县域都划作规划区。规划实践中，应充分考虑县城区与周边乡镇的区域经济联系，以保持功能区的完整性为主要依据，兼顾县城乡规划管理部门的管理能力和管理水平，划定适合当地实际的规划区范围。

以北京周边某县城总体规划（2009—2020 年）为例，考虑到该县独特的区位条件，受京津地区经济辐射强等客观现实，县域产业园区蓬勃兴起以及旅游开发涉及区域重要河流水体等客观因素，规划确定城市规划区范围为：该县县域范围，面积为 458 平方公里（图 4-17）。

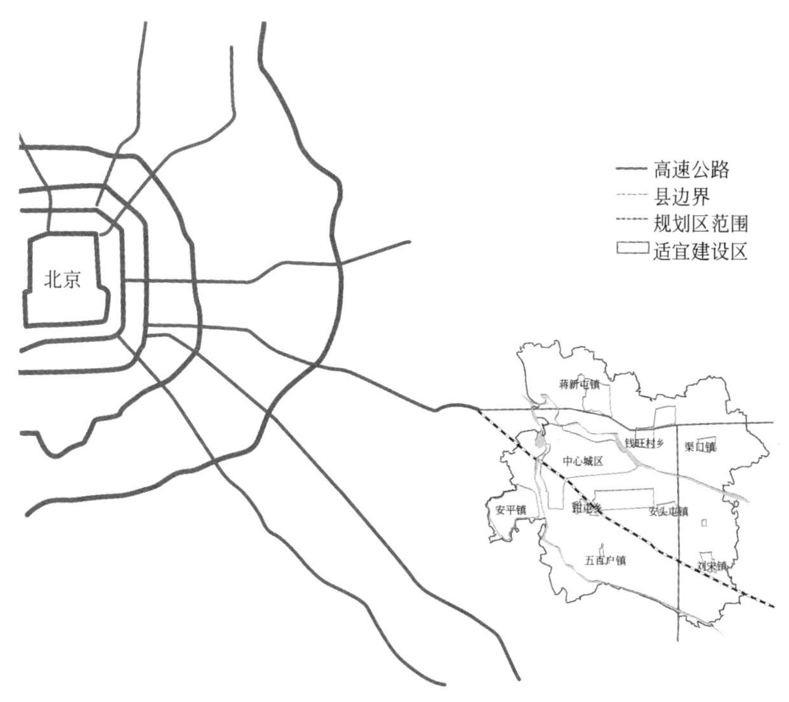

图 4-17　大城市周边县城规划区的划定

二、县城规划区划定的定量分析

（一）基于建城区规模的规划区划定方法

本研究收集、整理了全国 15 个省（自治区）的 268 个县的县城总体规划资料，在对规划区划定方法进行总结归纳的基础上，对相关数据进行统计分析，得到规划区面积与建成区面积的一般数量关系（表 4-1）。

县城规划区研究涉及地区统计表　　　**表 4-1**

序号	省（自治区）名称	市（个）	县（个）
1	河北	8	36
2	河南	7	19

续表

序号	省（自治区）名称	市（个）	县（个）
3	内蒙古	3	11
4	辽宁	10	16
5	吉林	5	7
6	安徽	7	12
7	福建	5	18
8	湖北	11	25
9	湖南	4	24
10	广东	11	17
11	广西	10	20
12	贵州	5	18
13	云南	8	16
14	甘肃	4	12
15	青海	9	17
合计		107	268

如图 4-18 所示，根据研究数据，可以看出建设用地范围与规划区范围的面积比主要集中在 50％以下区域，50％以上区域逐渐减少，90％以上区域基本没有。

那么，从目前的规划实践经验上可以看出，规划区的大小与建设用地范围最好保持一个合理的比例关系，以不小于建设用地范围的两倍为宜。从新型城镇化的要求来看，无论是开展城乡统筹还是生态保护工作，仅局限在建成区的范围上划定规划区已经无法满足需求，规划区的划定不宜过小已成为一种趋势。

此外，由于不同地区、不同县城区的特点不同，类型复杂，规划区面积的上限没有一般的规律，例如河北省易县县城规划区的划定受自然保护区的影响，达到了 739 平方公里，规划建设用地面积只有 15.25 平方公里，规划区面积是建设用地面积的 48 倍。

（二）基于空间增长边界理论的建成区划定方法

建成区是规划区的核心区域，如何科学地确定县城未来的建成区规模和形态是合理划定规划区的重要一步。目前，空间增长边界理论的发展已经较为成熟，可以成为规划区划定的一种重要的定量分析手段。

设定城市增长边界（Urban Growth Boundary，简称 UGB）是西方国家应对城市蔓延过程提出的一种技术解决措施和空间政策响应，最初于 1958 年在美国莱克星顿市提出并应用，现已成为美国控制城市蔓延实现精明增长最成功的技术手段和政策工具之一。2006 年，建设部颁布的《城市规划编制办法》第 4 章第 29 条和第 31 条中，已明确提出“空间增长边界”的概念，要求在城市总体规划纲要及中心城区规划中要研究中心城区空间增长

建设用地与规划区面积比(%)

◆ 建设用地与规划区面积比(%)

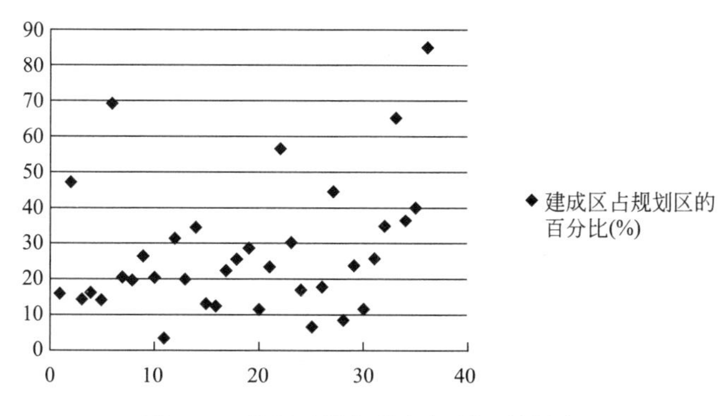

图 4-18　县城建设规模与规划区的划定

边界，合理划定建设用地规模和范围。❶

目前划定城市增长边界的技术方法大致可分为两种类型，一种是“规模预测—框定指标—空间布局—设定边界”模式，以城市建设用地边界的划定方法为代表；另一种是城市动态空间增长模拟的方法，以约束性元胞自动机（Cellular Automata；简称 CA）空间模型为代表。❷

（三）基于海绵城市理论的规划区划定方法

近年来，海绵城市逐步成为城市建设的热点，国务院办公厅已于 2015 年 10 月印发了《关于推进海绵城市建设的指导意见》，部署推进海绵城市建设工作，县城规划区的划定也应该紧密结合海绵城市的相关建设要求，从便于雨洪管理的角度出发，规划区应覆盖县城所处的雨水流域汇水区范围，并保持流域的完整性，为海绵城市的规划管理和建设工作奠定科学基础。

❶ 王玉国，尹小玲，李贵才. 基于土地生态适宜性评价的城市空间增长边界划定——以深汕特别合作区为例 [J]. 城市发展研究，2012，(11)：76-82.

❷ 龙瀛，沈振江，杜立群等. 生态视角下的城市增长边界划定方法——以杭州市为例 [J]. 城市规划，2011，(12)：83-86.

城市总体规划中，城市雨水流域汇水区是指按地形的实际分水线划分的排水流域，是把地形作为主要影响因素，以分水线、汇流网络为界线划分的第一级汇水区域。按照海绵城市的相关要求，城市雨水流域汇水区应作为开展海绵城市相关规划管理工作的重要基础。目前，基于地理信息系统的流域分析和判定方法已经较为成熟，可以作为划定城镇所处流域的重要定量方法，在GIS等软件的帮助下，县城规划区的划定可以变得更为客观和严谨。❶

新型城镇化背景下，城市规划应合理借鉴发达国家先进的城市规划理念，发挥后发优势，开展符合国内实际的规划实践活动。“绿色基础设施”是指一个相互联系的绿色空间网络，由各种开敞空间和自然区域组成，包括绿道、湿地、雨水花园、森林、乡土植被等，这些要素组成一个相互联系、有机统一的网络系统。这一网络系统在为野生动物迁徙和生态过程提供起点和终点的同时，可以自然地管理暴雨，减少洪水的危害，改善水的质量，节约城市管理成本，是实现海绵城市理念的重要技术手段。规划区的划定可以在绿色基础设施的空间网络判定的基础上，从便于管理的角度，选取合适的空间范围，作为县城区生态保护的重点区域，从而提高规划区划定的科学性。❷

（四）基于区域联系紧密度的规划区划定方法

新型城镇化背景下，县城规划区的划定更强调县城与镇、乡村之间的统筹发展，如何科学地判定与县城区具有一体化发展趋势的乡镇就是一个亟待解决的问题。

目前，针对区域联系的定量分析方法多应用于县域镇村体系规划之中，规划区划定中可以对相关方法予以借鉴，较为常用的定量方法包括：

针对实际情况选取适宜的城镇空间相互作用模型（引力模型、场强模型），利用GIS技术，定量分析县城区与区域内乡镇、村的相互作用，并总结空间结构特征和发展趋势，作为划定功能区的主要依据。

以采用首位度理论进行定量分析为基础，并结合地理环境，引入“分形”的数学分析方法，定量化分析城镇空间联系。

以安徽省南部某县城市总体规划（2005—2020年）为例，依据2002—2004年该县各乡镇全年总收入的平均值、镇区人口、镇区面积三因素的加权统计权重分别为0.6、0.3、0.1，以及与城关镇的距离可以得到近远期各乡镇对城关镇的影响系数图，据此判断出各乡镇与县城区联系的紧密程度，并将其联系较为紧密的乡镇划入规划区范围中（图4-19）。

规划区范围包括两个层次，第一层次为直接控制区，范围主要包括城关镇行政范围；第二层次为城镇协调区，根据周边乡镇与规划建成区的相互关系，确定的范围为与县城区联系紧密的五个乡镇的行政区域。

---

❶ 张书亮，孙玉婷，曾巧玲等.城市雨水流域汇水区自动划分［J］.辽宁工程技术大学学报（自然科学版），2007，(4)：30-32.

❷ 张红卫，夏海山，魏民.运用绿色基础设施理论，指导“绿色城市”建设［J］.中国园林，2009，(9)：28-30.

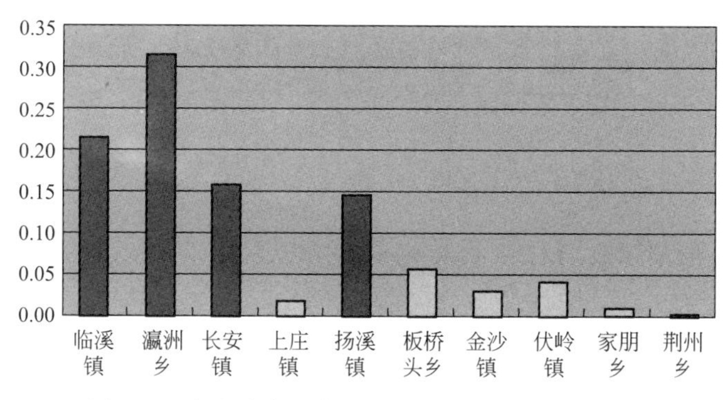

图 4-19　规划举例：各乡镇对城关镇的影响系数图

第五章　县城空间特色塑造

第一节　县城现状空间特色解析

一、研究对象界定

（一）县城空间特色

1. 县城空间特色概念

“特色”即个性，是“事物所表现出独有的风格”。“特色”在词典中的直接含义是“与其他事物的内容、风格、形式存在明显的差异，受限于事物生存的物质和精神环境所决定的，是其独有的属性”。

“县城空间特色”就是指“县城在格局、构成和形态上不同于其他县城的性格和特点”。这种包含精神和物质两方面的个性在县城格局的演变和民众的认知中逐渐表现出来。

2. 县城空间特色内涵

县城空间在精神层面的表达包括政治经济、民俗文化、城市功能等对人产生感性认知的方面。物质环境层面，主要影响人的直观视觉等方面，包括空间格局、自然环境等。两个层面共同构成了县城空间特色，是自然生态、历史文化、空间形态的综合表达。

县城空间特色是长期变化的过程，随着经济发展而更新。县城空间特色集中了精神层面和物质层面的所有要素表达出来的空间特征，是以县城物质环境为载体的景观风貌。

（二）总体规划编制阶段城市空间塑造

我国现行的城乡规划编制体系主要为总体规划部分和详细规划部分。其中，在总体规划编制阶段主要确定城镇性质、目标、规模等，偏重城乡总体发展的全面协调和统筹安排，其中涵盖一部分空间布局的内容。在详细规划编制阶段，主要确定土地利用的指标体系以及对城镇空间环境进行塑造，城市总体设计也是这一阶段的主要任务成果。总体阶段的城市空间特色塑造区别于单独编制的城市总体设计，属于总体规划编制的专项内容，是对城镇整体空间格局的把握与控制引导。包括山水格局与空间布局的协调、生态廊道的控制、开放空间结构体系等。

二、我国县城空间建设现状

（一）调研综述

中华人民共和国成立以来，县城的经济建设一直在持续发展，根据经济发展水平的高低，其城镇更新速度不一，县城空间不断在改变，也显现出千百种风貌，发展出各自的特征。从空间发展上有新旧并置、新旧混置、单一型等，从职能类型上有农业型、工业型、商贸型、旅游型等。这些特征和要素极大地影响了县城空间建设。

本专题选取典型的县城作为调研对象和研究案例，对其空间现状进行实地勘察调研，分析我国县城空间建设特征并解析建设中的主要问题和矛盾。本调研一共涉及 5 个市的 9 个县城，主要分布在河北省、安徽省、浙江省、广西壮族自治区。包括有坝上草原风貌的沽源县和尚义县、历史文化名城凤阳县、以竹文化著称的国家生态县安吉县、具有千岛湖风景名胜的淳安县、集红色文化与壮乡文化于一身的田东县等。从地形地貌、自然资源到民俗文化差异都较明显，形成了具备不同风貌特征的空间形态（表 5-1）。

调研一览表　　**表 5-1**

调研地点		县城特色要素	特色空间结构		
			特色区域	特色廊道	特色节点
蚌埠市	怀远县	淮河/白乳泉风山/临淮而建	——	禹王路	大禹广场
	凤阳县	历史文化名城/中都遗址	鼓楼片区 新城片区	花铺廊街	鼓楼广场
杭州市	淳安县	千岛湖/排岭山/旅游强县	老排岭风貌区	新安大街	秀水广场 千岛湖广场
	桐庐县	富春江/最美县城/快递之乡	——	迎春南路 滨江生态公园	生态广场
	安吉县	国家生态县城/中国竹乡	昌硕片区	——	昌硕公园
宁波市	宁海县	文化之乡/山岭重叠	老城风貌片区 城隍庙风貌区	徐霞客大道 滨江公园	潘天寿广场 柔石公园城隍庙
张家口市	沽源县	天鹅湖湿地/青年湖湿地/草原县城	青年湖滨水区	——	文体广场
	尚义县	草原县城/民族文化	尚义森林公园	鸳鸯河	——
百色市	田东县	右江/红色文化/民族文化	老城风貌区	——	生态广场

（二）县城空间建设现状

在调研中发现，多数县城具备优秀的自然生态资源和历史人文要素，空间形态在一定程度上仍保留传统的县城格局。但随着县城的扩张建设，新的县城空间形态对生态环境、历史文脉、城镇肌理以及空间格局都有一定的冲击。在现阶段县城空间建设的主要目标仍在城市扩张与新区建设上，导致空间形态呈现两极化的态势，对县城整体的空间意象考虑不足，一方面县城内部出现空间和文脉的割裂，另一方面县城空间与周围自然环境不协调。

在县城空间建设和实践中，尽管暴露了许多问题，但仍有一些县城的空间建设把握住了其空间结构的特征，有效运用了地域资源要素，是值得借鉴和学习的案例。值得肯定的是，这些县城在最新一轮的城市总体规划和总体城市设计中都有意强调了这些本地资源要素与空间格局的关系。以下选取四个典型的县城案例，简要分析其县城空间格局演变以及空间建设特点。

1. 淳安县

淳安县隶属于浙江省杭州市，整座城市依山而建三面环水，湖光山色，是国家级风景区千岛湖所在地。县城建设最初集中在排岭山上，以十字街为县城中心，是名副其实的山城。20 世纪 90 年代的淳安县旅游业开始兴起，县城从老排岭向外湖沿线推进。

2007 年，淳安县确立了“以湖兴县、融入都市”的发展战略。在总体规划中，以旅游服务为主要职能，重点打造沿湖观光道路，承担城市形象和旅游服务功能。城市对内服务功能向老排岭片区集聚，而旅游服务功能向环湖外沿疏解，形成良好的功能板块划分。同时在风貌控制上和景观塑造上，有效利用了当地山、湖、林、岛等自然资源，依托生态本底，通过公共空间打造，有效加强了城市形态与旅游资源的接驳和对话，突出县城山地景观和水域特色，设计手法多元，空间形态丰富。此外，生态技术、绿色交通等理念也是淳安县公共空间在建设和管理中贯彻的主要原则。

2. 安吉县

安吉是浙江省北部一个极具发展特色的生态县，为著名中国竹乡，是国家首个生态县、全国生态文明建设试点县。安吉县城最初为现城区北侧的安城古城区，城镇规模较小；1958—1980年以“递铺巷—递铺路”为轴，集中发展，呈现沿河的带状结构；20世纪80年代到1990年，县城向周边纵深方向逐步拓展，出现集中式布局。1990年以后，建成区逐步向外围扩展，形成“中心区＋组团式”的结构。

安吉县外部空间建设现状从规模尺度到空间形态呈现两极化的态势。一方面在新的行政中心，依托规整的路网和地块，建设了尺度较大的行政广场；另一方面在旧的城市中心利用自然资源改造出新的公共空间。这两种方法展现了我国多数县城在面临规模扩张时的建设思路。在新一轮的安吉县总体城市设计中突出了“优雅竹城”的主题，在公共空间体系规划中强调“递铺溪”这条城市水系的景观作用，穿插了一系列的公共空间节点，如古驿站广场、生态博物馆、1985商业街等。

3. 田东县

田东县位于广西壮族自治区西部，为百色市辖县，有“红色之乡”的美誉。优越的地理位置，成就了田东自古以来的桂西文化中心的重要地位，呈现了文化多元性和民俗多样性。田东县是历史上桂西少数民族地区设置的第一个实体县，商贸文化底蕴深厚。县城沿河街区还依旧保留着民国后期的街巷格局，沿街风貌保存较好。

田东县目前处于单中心辐射结构，主要道路为东宁路与庆平路。远期规划充分挖掘了田东山水生态资源，结合周边右江、龙须河、百谷河及睡佛山、马鞍山景观资源，规划以水串城，引绿入城，形成廊道环城的“山水城林”一体的空间结构（图5-1）。

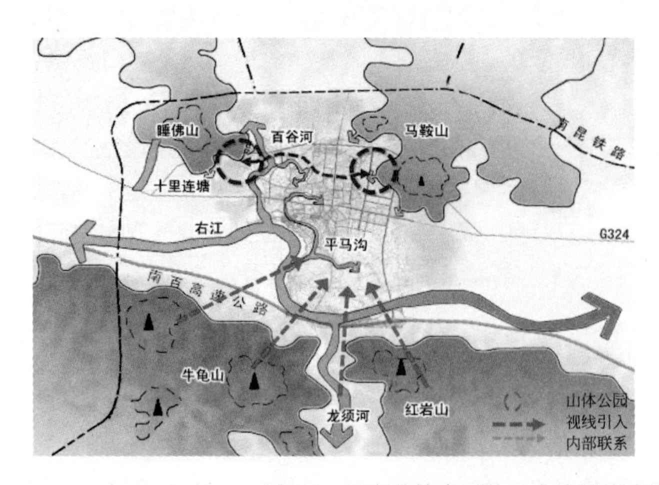

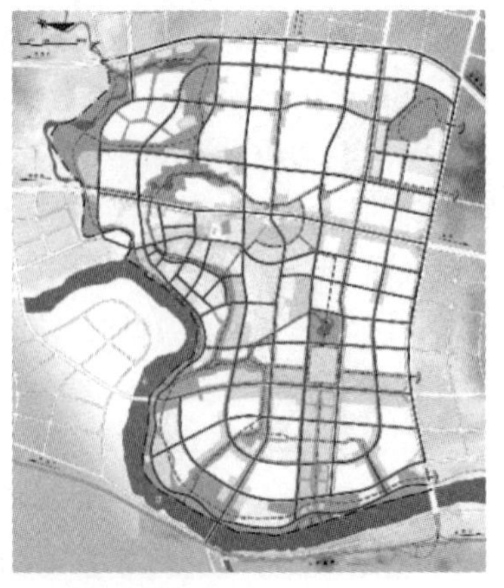

图5-1　田东县结合现状山水格局形成公共空间体系

4. 凤阳县

凤阳县位于安徽省东北部，淮河中下游南岸，距离蚌埠 100 公里，古有“帝王之乡”“明皇故里”之名。其中有以中都城、明皇陵、鼓楼为代表的明文化，1990 年凤阳县被批准为省级历史文化名城。2002 年版凤阳县总体规划对城市结构做了调整，县城新区选址于明中都城遗址西侧，与古都、凤阳旧城成“品”字形结构，老城区重点保护和延续现有风貌，维护历史文化名城的空间格局和巷道肌理；在古城区以明中都遗址保护范围为核心，着重打造明中都皇城遗址公园；在新城区建设新的行政中心，拓展县城功能以适应新时期县城的发展，实现“老城、新城、古城”三区分置的格局。

三、县城空间发展特征

（一）空间发展自组织机制显著

县城空间形态发展是由自上而下的规划控制与自下而上的建设补充共同作用的。对于大中城市，城镇空间塑造主要是靠自上而下的控制机制，而对于中小城镇来说，城镇空间的演变主要是依循自下而上组织。这种生长方式有赖于生态自然环境，呈现出自然有机的生长模式，更容易凸显其本地风貌特征。但是经济发展的低水平和专业人才的缺乏也限制了县城空间建设，规划管理力度不强，更直接影响了县城整体风貌特色的构建。

广西壮族自治区田东县以集中设置的圩亭、码头和联通圩亭与码头的商街为主要发展空间，形成街、圩并进的空间拓展模式，并最终形成沿河街区和圩亭街区双中心的空间形态（图 5-2）。

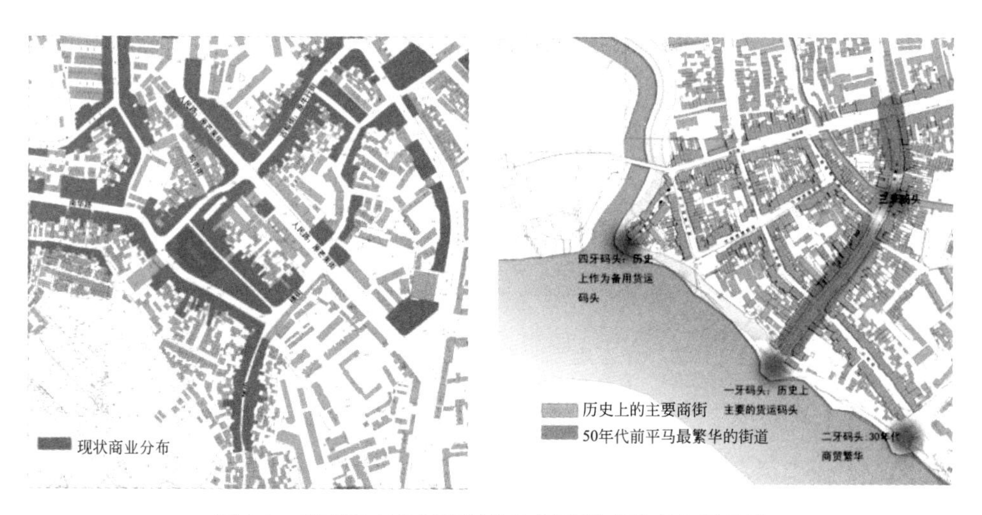

图 5-2　广西田东县围绕码头和圩亭形成城市空间格局

（二）区域根植性强，地域特色明显

县城往往与自然山水环境有更为密切而显著的联系，具有建设宜居城市的空间优势和条件，也是县城之所以呈现与众不同的景观面貌的根基。县城长期在与周边环境相互作用中形成了和谐共融的关系，县城空间格局的生成更多地依赖于自然环境，能够形成与自然融洽的和谐关系。

县城的空间和社会尺度有限，经济发展稳定，环境要素对空间格局的影响具备持续性和独特性。此外，县城中的社会结构简单，空间单元规模小，通常保留了多样的地方文化遗存和地域特征，人文气息浓厚，容易创造出独特的人文景观风貌（图 5-3）。

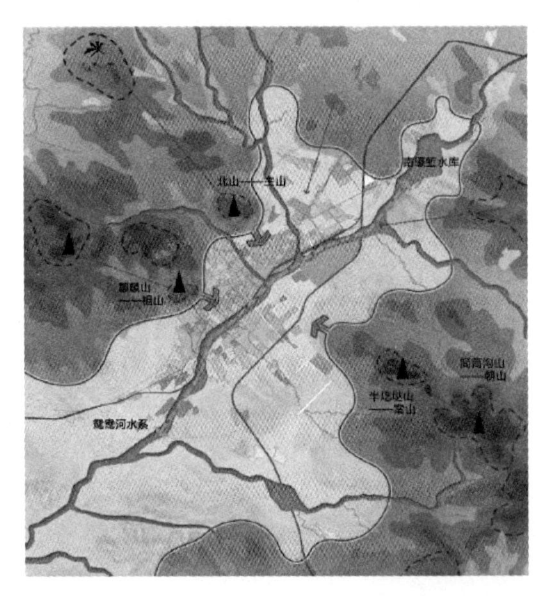

图 5-3　河北省尚义县城市与山水格局示意

河北省尚义县周边山体相互簇拥，天际线柔和委婉。城区四周的山体景观与穿城水系相互映衬，构成了“城在景中，景在城中”这一独特的城市山水格局。

（三）尺度小、规模小、功能单一，但交叉符合度高

县城用地和人口规模适中，属于慢行尺度。在这样的空间尺度下，居民对县城整体空间的感知和意向更强，对于环境细部的认知度也更高，因此人性化的设计需求和细腻的空间营造是适应县城居民情感体验和日常要求的空间形态，也是县城独有的空间类型。特别是县城开敞空间的集聚功能和活动交叉复合度高，其表现在同一空间在一天中不同的时段，甚至一年中不同的节庆日里承担不同的功能和任务。在这种条件下，有效利用现存空间资源，合理组织空间功能是县城建设中需要探索的新思路。

（四）与乡村关联度较高，乡土特色明显

作为介于城镇与乡村之间的生产生活集聚空间，县城是伴随产业分化在空间上衍生的形态。其基本脱离了乡村地区的空间形态，但仍保持一部分乡村社会的特点。一方面，县城作为城镇化的领头兵在经济建设和社会文化上逐步向城市靠拢，另一方面县城作为区域内政治经济文化中心也对农村发展起着引领和指导的作用。相比较其他级别的城镇，县城与周边乡村在经济、空间、文化上保持着密切联系，是其生产和服务的中心，具有过渡性，是乡村外部的重要空间核心。因此，受乡村空间影响，县城也具备乡土的人文、历史、民俗等特性。这种影响同时体现在自然风貌和人文风貌上。

四、县城空间特色的现实困境

（一）快速城镇化背景下县城空间特色的缺失

在快速的城镇化进程中，县城已是重要的劳动力转移地。城市化直接促进了县城的现

图 5-4　尚义县北部村庄与农田有机融合
（摄于 2013 年）

代化更新，同时也对县城的本土文化产生了巨大的冲击。由于县城经济条件和认识水平的制约，许多县城的建设都面临极大的困惑，相似的发展模式和文化价值取向使得县城的地域特色逐渐丧失，趋同化现象日益严重。在追求“现代化”的过程中，历史文脉出现裂痕，与县城原有的特色风貌呈现差异，出现“千城一面”“千楼一型”的特点。

县城新建空间的尺度追求宏大、气派，过大的广场与过宽的道路成为县城更新的趋势，这种尺度跨越破坏了县城空间特有的宜人尺度和细腻肌理，无根基的视觉效果和美学特征使县城新老空间无法融合共生。忽略县城本土的资源要素和文化底蕴，使传统的县城风貌受到挑战。而在经济利益驱动下的旧城更新则切断了县城的原有脉络，导致县城的传统空间特色和地域特色丧失殆尽（图 5-4、图 5-5）。

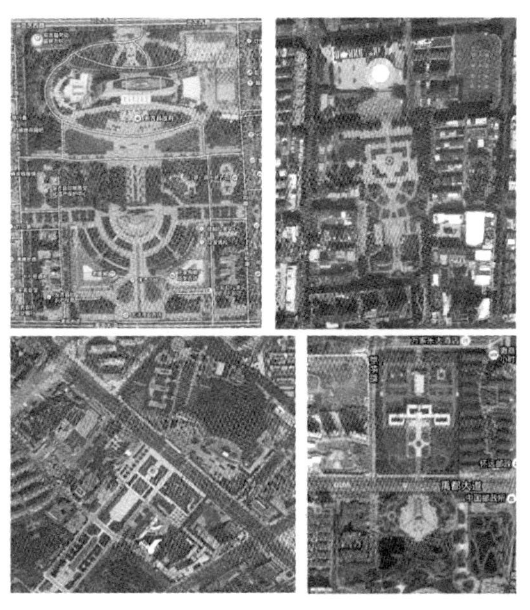

图 5-5　缺乏识别性的广场形态
来源：谷歌地图

（二）空间碎片化，缺少整体把控

县城空间建设对大城市存在盲目的模仿，导致尺度空间失调，出现肌理拼贴的现象，建筑与县城空间缺乏整体性和统一性，不同风格、不同时期的建筑集聚使得外部空间支离破碎。外部空间的碎片化导致县城历史文脉出现断层，空间不再与外部环境发生对话，空间结构逐渐脱离了自然本底。县城空间在粗放发展的情况下出现了建设无序、新旧混置的冲突与矛盾，没有统一清晰的空间特色，忽略了与县城发展的内在关联，导致县城空间在形态和功能上的碎片化，不利于形成具有可达性和视觉连续性的空间系统（图 5-6、图 5-7）。

图 5-6　宁海县拼贴式的县城肌理

来源：谷歌地图

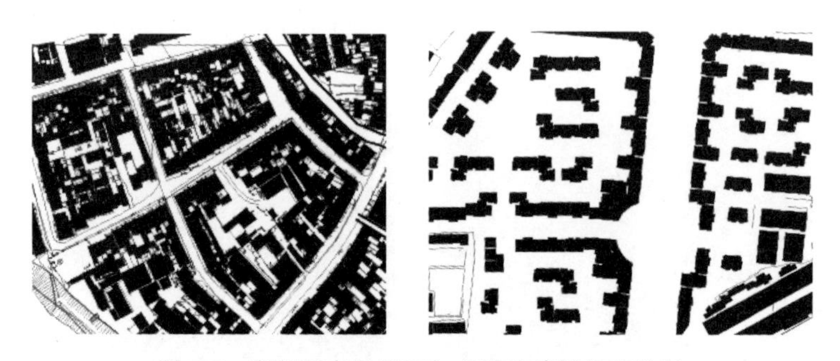

图 5-7　广西田东县新区与老城的建筑肌理差异

（三）空间无序扩张，破坏了县城与自然环境良好的共生关系

人口集聚、土地利用不集约、工业污染和生态破坏是近年来伴随县城发展出现的严重问题。盲目的县城扩张和工业区建设导致环境破坏、土地利用粗放、资源浪费现象严重，侵蚀了县城自然的生态环境和外部空间，可持续发展问题凸显。县城空间无序扩张，致力于兴办工业园区等各种产业集聚区。县城空间缺乏合理的引导和管控，出现了新建建筑体量、高度等未考虑与周边自然环境的协调关系，破坏了县城原本优美的天际线，阻挡了景观视线通廊，滨水空间利用不足等一系列问题。县城空间规划应连接城乡自然环境，顺应山水自然格局，成为维护县城生态安全的纽带（图 5-8）。

图 5-8　县城扩展侵占自然环境

来源：谷歌地图

（四）县城规划编制缺乏对空间特色的引导和控制

在县城总体规划层面，规划编制偏重于土地使用的功能合理性与经济有效性，对县城构建空间特色、塑造和谐的环境关注度不高，缺乏从整体层面把握和控制县城空间形态，形成富有特色的空间环境。

第二节 县城空间特色塑造路径

一、空间特色塑造框架

（一）县城空间特色塑造的目标

由于县城空间与自然环境关系紧密、地形地貌丰富、生态环境良好。因此县城空间特色规划的首要任务是保护县城的山水格局和生态安全格局，引导县城空间格局与自然生态格局相适应，实现空间发展的可持续性。其次，应针对县城的山水风貌特征，提出相应的空间塑造策略，突出空间特色风貌。

（二）县城空间特色塑造的原则

1. 因地制宜、顺应自然

县城空间具有乡土性和植根性的特点，建成区外部空间与乡村环境联系紧密。生态宜居是未来县城空间环境建设的首位原则，也是新型城镇化建设的重要内容。同时，县城空间还承载着县城生态安全格局的重要作用，其生态属性对县城空间可持续发展有着重要的意义。因地制宜、顺应自然应该成为县城外部空间营造的主导思想。县城空间特色塑造应依托自然环境条件，合理利用地形、水系等自然资源，依山就势，避免大挖大填。同时，与县城周围广袤的农村地区相结合，形成更大格局的生态网络，保证城乡间的生态连接。

2. 体现差异、彰显特色

县城空间是承载历史的重要空间载体，应当注重传统文化的延续性，坚持文化的多样性，挖掘历史文化差异，利用建筑元素、符号特征等营造具有独特地域气质的空间场所。利用县城中的文化资源，对应不同的空间形态，加强城市空间文化意向。

3. 文化多元、以人为本

应尊重地方文化的多样性，利用不同的表现手法表达不同的文化特征，符合居民的生产、生活、审美需求和习惯。通过人文景观和文化建筑表达县城的历史文化传统，增加居民的认同感。此外，县城空间应回归为居民服务的核心轨道，体现以人为本的核心理念，注重使用者的舒适度和便利性。

4. 统筹规划、整体布局

县城空间是一个有机整体，涉及宏观层面的空间结构，需要统一的形象特征。县城空间特色塑造应与县城整体空间格局相适应，构建系统的县城空间特色体系。从整体到分区分层级对县城空间资源进行整合、控制与引导，建立清晰有序的结构。同时应通过生态环境、功能业态和历史文脉的特色分析，准确定位县城空间结构、强化山水格局，打造自然生态的县城空间形态。

（三）县城空间特色塑造的主要内容

县城空间特色塑造是依据总体规划而形成的研究框架，是城市总体规划阶段对外部空间形态的深化。首先应对县城特色资源要素进行研究，结合总体规划的定位和目标，分析县城外部空间现状并进行相关案例研究。

在进行充分的基础研究后，应明确县城空间特色的目标和定位。从山水格局、交通空间、开放空间系统、建筑风貌、文化资源五个角度制定相应的规划策略，指导构建特色空间体系。

根据规划策略，结合总体规划中的结构布局，对县城外部空间结构进行统筹规划和分级控制。在体现“因地制宜、彰显特色、以人为本、统筹规划”的原则下，以引导与控制为主要手段，落实在县城空间的区域、路径、节点上，维护县城空间山水格局，搭建生态廊道，控制山体周边空间建设以及引导滨水界面塑造等。

最后，县城空间特色塑造应结合总体规划的编制任务，确定空间特色规划的实施路径，引导与控制县城空间特色建设与管理工作。

（四）技术路线（图 5-9）

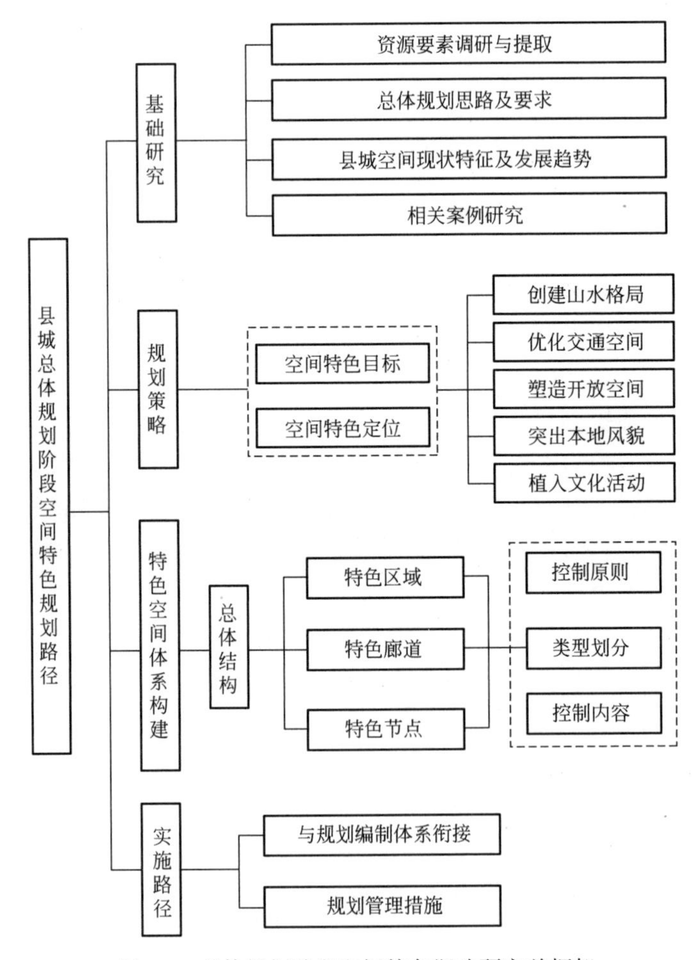

图 5-9　总体规划阶段空间特色塑造研究总框架

二、县城空间要素构成

（一）县城空间特色的构成要素

县城空间特色是不同要素以物质空间为基础形成的空间系统。在县城发展过程中，受到诸如气候条件、经济发展、外来文化等不同因素的作用形成自己的特征。最终表现为可以被居民认知、熟悉的空间特征，比如县城街道、县城景观等。然而，县城空间特色也是一个动态的过程，是稳定而又不断发展的，在不同的时间、不同的视角，甚至不同的历史时期所表现得也不同。因此系统地了解县城空间特色构成有助于塑造县城空间特色形态。

县城空间特色的要素多种多样，根据县城不同的文化、经济等差异，可以划分为自然环境、人文历史、空间形态三大类。每一类都包含了不同的特色内容（表 5-2）。

县城空间特色要素构成　　表 5-2

要素类型	要素内容
自然生态环境特色	有形：地形地貌、山体河湖、农田作物等； 无形：气温、湿度、风向、日照、雨量等
人文历史环境特色	有形：历史街区、历史街道、历史建筑等； 无形：地方传说、事件、方言、节庆习俗、宗教文化等
空间形态环境特色	街道界面、绿地景观、县城广场、县城色彩、建筑形态等

县城空间特色规划应通过对县城空间现状的实地调研、背景研究和要素分析，综合考虑城市空间发展特征及趋势，为县城空间特色塑造提供依据，并制定具体的目标及策略。

（二）自然生态环境特色

相比较城市而言，县城与山水自然环境的联系更紧密。山水条件是县城空间特色的重要组成部分，是先于县城建设的自然产物，是人工不可塑造的自然本底。老子所述的“道法自然、天人合一”的宇宙观及哲学观揭示了人类居住生存环境与自然的密不可分，提出要“心存敬畏，和谐共存”的理念，县城建设同样应该遵循自然的规律。我国古代传统的部落、村庄、乡镇乃至县城在布局结构上都是依循当地的山水特点规划的。因此保护山水环境、塑造山水与县城共生的空间是构建县城空间特色的重要措施。

生态自然环境可分为有形和无形两个层次。有形的自然环境包括地形地貌、山体河湖、农田作物等，作为自然生态本底构成县城空间，县城空间也因此各显特色。无形的生态自然环境包括气温、湿度、风向、日照、雨量等。不同的气候条件影响不同的县城布局甚至建筑形态。

淳安县隶属于浙江省杭州市，千岛湖镇是淳安县政府所在地，千岛湖是 1959 年建造新安江电站拦坝蓄水而形成的人工湖。整座城市三面环水，素有“一城山色半城湖”的美誉（图 5-10）。

（三）历史文化环境特色

历史文化是体现居住文化丰富性和多样性的延伸，与县城空间特色密不可分。不同的历史地域文化差异构成了空间形态的差异，是县城集中反映文化内涵、历史积淀的表征，

图 5-10　淳安县山水空间格局
（摄于 2015 年）

是县城文化的标志。基于对地方历史文化的尊重，将文化特色反映到县城建设及空间特色中有利于发扬和延续文化传统，弘扬民族文化。

历史人文特色分为有形和无形两个层次。有形的历史人文环境包括历史文化名城、历史文化保护街区、历史文化保护街道、历史文化建筑等多个层次的物质遗产，这些有形的遗产不局限于国家颁布的名单中，例如庙口、街道、集市等也是当地居民重要的活动空间，承载着重要的文化意义。无形的历史人文环境包括地方传说、事件、方言、节庆习俗、宗教文化等非物质文化遗产。这些无形的事件、活动和礼仪加强了地方居民之间的联系，是县城社会交往的纽带，具有重要的社会属性。

凤阳县位于安徽省东北部，淮河中下游南岸，距离蚌埠 100 公里，古有“帝王之乡”“明皇故里”之名。县城遗留有中都城、明皇陵、鼓楼等文化遗址，1990 年批准为省级历史文化名城（图 5-11、图 5-12）。

图 5-11　凤阳鼓楼
（摄于 2015 年 ）

图 5-12　凤阳明中都皇城遗址
（摄于 2015 年）

（四）空间形态环境特色

县城空间形态中最重要的人工环境是由建筑风貌和空间环境共同表现的，其中包括街道界面、绿地景观、县城广场、县城色彩、建筑形态等多种要素。这些要素共同组成了县城空间特征，自然环境特色和非物质环境特色共同塑造了县城形态和魅力。针对这些人工环境要素，分门别类地提出不同的空间设计和规划策略，对县城创建特色空间有清晰明确的指导意义。

县城空间形态环境特色受自然环境和历史人文共同作用的影响，是县城在长时间的发展建设中形成的外部空间环境，在历史的长河中保留着各个时期的印记，是动态发展的过程。

淳安县最初搬迁集中在排岭山，是一座山岭排排的小镇，以十字街为县城中心，是名副其实的山城，直到现在仍维持着20世纪80年代的山地特征县城风貌，保留着传统县城的街巷肌理、公共设施和传统建筑（图5-13）。

图5-13　淳安县城排岭片区风貌

（摄于2015年）

三、县城空间特色规划策略

（一）县城空间特色定位

在对县城空间各种特色资源要素细致分析的基础上，进行选取、整合以及提炼。结合县城空间发展现状，综合考虑总体规划中对县城的功能结构、用地布局、交通组织、景观特色等要求，提出县城特色建设目标，确定城市空间特色定位。城市空间特色建设目标应贯彻“生态优先、以人为本、文化多元”的原则，其空间特色定位应当主题突出、内涵丰富、特征鲜明、简明扼要。

（二）空间特色规划策略

县城空间特色体系受空间结构、控制要素等因素影响，相互交叉制约。空间结构是县城宏观层面空间的基本单元类型，由面域、路径、节点所构成的结构系统，在空间特色体系中演化成特色片区、特色路径及特色节点；控制要素包括建筑高度、建筑形式与体量、空间界面、公共空间等，是展现空间特征的基本要素。

根据基础分析中总结的空间特色资源，统一规划并落实在空间结构中。通过特色廊道联系和打造重要景观节点，并留出景观视觉通道，空间与山体、水体建立对应关系，强化山水形态的特征。同时加强对节点和廊道周围的空间环境控制与引导，构成特色片区，最终构建出点、线、面的城市空间特色结构（图5-14）。

1. 创建山水格局

梳理山、水、城关系，从县城空间发展演变入手，构建县城空间格局；

打造河岸、山体周围景观，选取重要节点营造核心景观节点；

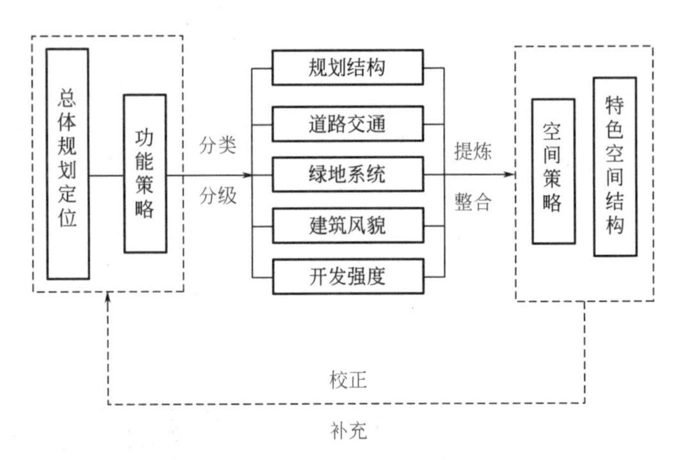

图 5-14　县城空间特色规划策略导向

打通城市视线廊道，形成山城、山水、山山呼应的空间形态。

2. 优化交通空间

依据城市交通体系，构建县城慢行系统和人行系统，增加路边活力；

依据道路类型，强化景观、游憩和生活服务功能，打造空间节点。

3. 塑造开放空间

结合山体、水系等自然环境，规划公园、广场、绿地等公共空间，形成公共空间系统；

结合公共空间，设置体育、游憩、休闲等服务设施，提升空间品质；

规划人行步道和自行车道等慢行路径、串联游憩系统。

4. 突出本地风貌

分区进行建筑风貌、高度控制，形成有序和谐的空间环境和城市轮廓；

在重点地区、重要节点规划和设置体现本地特色的地标建筑；

强调本地建筑材料在建筑、景观设施上的运用，体现地方特色。

四、县城空间特色体系构建

（一）特色片区

1. 控制原则

县城特色片区是在外部环境上具有一定统一性和连贯性的空间单元。不同的特色片区承载着县城不同的风貌特征和人文特质，具备不同的精神内涵，是县城空间特色的重要载体。针对控制区内不同的特色定位，进行控制和引导，保持片区内的统一性和完整性，并突出片区的风貌特色。

2. 类型划分

县城特色区域具有多重的属性，由功能结构、历史文态、景观风貌、地形地貌等因素叠加而成，规划应根据该片区资源特征及功能结构特点，提取具有代表性的特色要素，确定该片区的空间特色类型。根据不同类别的划分方法，其最终显现的特征属性有可能是单一的，也有可能是复合的（表 5-3）。

特色区域类型划分　　表 5-3

功能分区法	建筑风貌分区法	地形地貌	级别
居住片区	传统建筑风貌区	滨水风貌区	核心控制区
商业片区	特色建筑风貌区	山地风貌区	一般控制区
工业片区	现代建筑风貌区	草原风貌区	
历史文化片区	民族建筑风貌区		
自然生态保护区			

3. 控制内容

明确特色片区的特征属性和整体空间控制的目标；

确定特色片区规模、边界、控制范围和级别；

明确特色片区内主导功能及空间结构；

明确特色片区内的高度分区和建筑风貌、建筑色彩；

对特色片区内的景观风貌提出引导措施。

（二）特色廊道

1. 控制原则

空间特色廊道是承载生态、景观、交通、文化等功能的城市线形空间。包括特色街道、滨水界面、城市边缘、绿廊绿道等多种空间类型。空间特色廊道串联了城市中重要的空间节点，是认知空间特色的重要路径，也是展现县城风貌的重要通道。

2. 类型划分

特色廊道根据功能可划分为视线通廊、绿廊绿道、自然界面、风貌带、特色街道，规划应根据该线形空间的主要特征要素确定其空间特色类型（表 5-4）。

特色廊道类型划分表　　表 5-4

生态功能	绿地景观	地形地貌	街道功能
通风廊道	景观轴线	滨水界面	生活型街道
生态廊道	视线通廊	沿山界面	交通型街道
防护绿地	休闲绿道		景观型街道
	防护绿地		历史文化街道

3. 控制内容

特色廊道控制应包含以下内容：

明确特色廊道的特征属性和空间控制的目标；

确定特色廊道路径、规模、控制区域及影响范围；

明确特色廊道主导功能、空间结构和主要节点；

明确特色廊道两侧的建筑高度、建筑形态；

确定特色廊道控制范围内空间界面的断面类型及比例尺度。

（三）特色节点

1. 控制原则

县城空间特色节点是能够体现县城空间特色的重要空间环境，代表县城空间形象，对这些地区的控制和引导，有利于彰显县城空间特色。

2. 类型划分

县城特色节点包括重要构筑物、大型公共建筑、历史文物古迹、重要交通节点、重要开敞空间等（表 5-5）。

特色节点类型划分　　表 5-5

标志性建筑物	人文景观节点	开敞空间	交通节点
文化中心 体育中心 广播电视塔	历史文化建筑 纪念碑、塔 重要雕塑	城市广场 城市公园 社区公园 街头绿地	火车站 滨水码头 重要交叉口

3. 控制内容

明确特色节点的特征属性；

明确特色节点的位置、规模、控制范围及影响范围；

明确特色节点周边的主导功能和景观风貌；

明确特色节点周边建筑高度与体量；

对控制节点及周边景观设施提出引导措施。

五、县城空间特色实施路径

（一）与规划编制体系的衔接

县城空间特色体系规划与城市总体规划工作同时展开，在城市总体层面上传承和塑造城市空间特色的专项规划，也可作总体城市设计的重要组成部分。

将空间规划策略融入总体规划当中，通过空间特色规划控制体系对县城的整体空间特色进行深入的研究，建立总体空间骨架，在宏观层面对县城空间特色和山水格局进行控制，对县城的空间特色进行整体性的控制引导。确定县城空间特色保护与塑造的总体构想，将县城划分为若干空间特色分区。研究各空间特色分区的控制要素，提出控制的原则及方法，制定针对县城空间特色分区的规划编制计划。

（二）规划管理措施

1. 实施公众参与

建立完善的设计审议制度和严格的程序，建立“公众参与、专家评选、部门审核、政府决策”的决策流程，对空间特色规划成果进行审核把关，并进行最终决策。充分发挥公众参与在方案征集阶段的作用，在公众参与方案征集的基础上由专家进行设计方案的专业评选，形成系列推荐方案；专家推荐方案在通过相关行政管理部门的会商机制后形成报批方案。

2. 强化媒体宣传

采取多样化的公众宣传方式，将地方传统文化教育作为基础文化教育的组成内容，加强民众对地方乡土文化、历史遗存、山水特色、重大事件场所等文化特色和文化场所的认知。编订体现具有地方特色的规划建筑知识的宣传材料，充分发挥社交网络的传播优势，形成县城特色空间保护的公众意识。

第三节　县城空间特色塑造

本节从突出县城自然山水风貌特征及维护县城生态安全格局角度出发，在空间结构、特色廊道、特色节点三个空间层次共选取县城外部空间特色塑造的四个控制要素进行讨论，包括山体景观特色塑造、滨水界面景观控制、街道界面景观控制和广场景观特色塑造，分别提出相适应的控制要求和引导策略。

一、山体景观特色塑造

（一）山体景观要素构成

山体景观是多数县城都具备的生态本底特征，是不可再生的自然景观资源，对县城空间特色有重要意义。同时山体对县城生态安全、形态风貌有着重要意义。在县城格局中与山体相互作用，形成特定空间特色。可分为以下三类：

1. 构成县城背景的延绵山体

这类山体往往在县城外围，作为县城背景而存在，是天然的生态屏障，也是影响县城天际线景观的重要因素。在县城空间控制中，应考虑县城建设高度与之相协调，以及保持眺望视线的通畅。

2. 与县城建设相连接的山体

此类县城中，山体作为自然屏障划定了县城边界，是构成县城空间格局的主要要素，也是影响县城天际线、控制县城眺望点的基本因素。在县城发展建设中常对山体生态环境和自然面貌产生侵蚀和破坏。因此在空间形态控制中，除了进行高度控制，也应加入生态边界控制等内容。

3. 县城内部的山丘

此类型的山体对县城格局影响最大，在规划设计中是需重点考虑的自然要素。县城中的山丘除了作为自然生态景观的一部分，也常因为近距离的交通优势成为县城居民休闲和发展旅游的重点场所，同时兼具自然与人文两方面特点。❶

（二）山体周边空间控制规划技术

1. 山体生态保护——控制线划定

为保护山体生态格局，需根据山体界面划定控制范围，进行生态培育和保护性开发，保证县城山体生态资源系统的稳定性和可持续性。对生态安全影响较大的地区可将其纳入绿线控制范围。山体控制性应划分三个层面，包括核心保护区、山脚控制区及外围协调区（表 5-6）。

核心保护区：包括山体主体，作为生态自然保护区，主要保护山地动植物资源。核心区内应严格控制开发，以休闲游憩设施为主。

山脚控制区：包括山体山脚线外 30～50 米范围，该区域以防护功能为主，应限制开发，可配套部分旅游服务设施。

---

❶ 赖剑青，张德顺. 浅谈城市扩展过程中的城市自然山体的保护及对策 [J]. 安徽建筑，2012，(4).

外围协调区：包括山体山脚线外 50～100 米范围。该区域内的构筑物高度不应遮挡山体，以实现视线通廊的可达性。

山体保护——控制性划定　　表 5-6

控制性划分	控制范围	主要功能	开发量控制
核心保护区	山脉主体	生态涵养区	严格限制开发
山脚控制区	山脚外 30～50 米	防护功能	限制开发
外围协调区	山脚外 50～100 米	风貌过渡	适度开发

2. 山体景观渗透——视线廊道划定

视线通廊的保护包括山山、山水、山城等视线路径。视线通廊常用眺望控制法，以山体的特定范围为眺望对象，选取适合的眺望节点，按照一定的山体敞露程度和视线通廊宽度，确定视线廊道范围内的城市高度控制值。❶

根据所确定的眺望点和视角范围，以水平视角 45 度的扇形区域为界，不同眺望点的视野范围各不相同。为判断出研究范围内不同区域对眺望点观测效果的影响程度，可以对各眺望点的视野范围进行叠加分析，根据其视野重合度的高低，来划分其视线廊道的覆盖影响程度区域，从而确定不同的高度控制分区（图 5-15）。

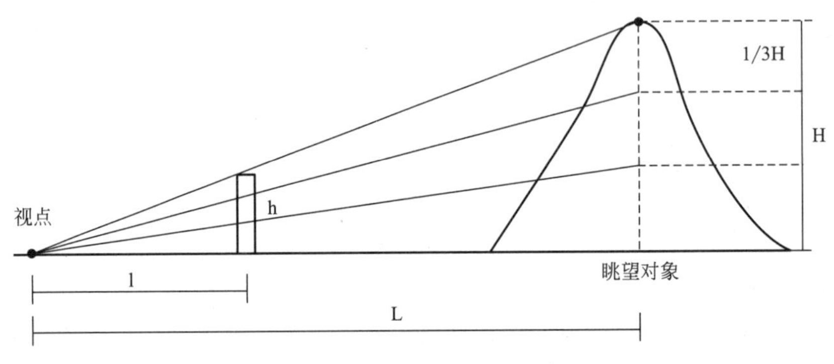

图 5-15　眺望系统控制示意

明确眺望对象：选取县城主要山体上的景观制高点或标志性构筑物作为眺望对象。

确定眺望点：眺望点包括县城重要的公共空间节点，如滨水公园、城市广场、站前广场等。

建立视线通廊：通过交通主干路建立视线通廊路径，保证眺望点能从城市不同的方位满足被观赏的要求。根据眺望点的重要性，其视线通廊可划分为多个等级，分别适应不同的控制要求（表 5-7）。

高度控制：视线通廊水平视角的最佳观察范围为 45 度，眺望的最佳距离是眺望对象高度的 4 倍，一般从视点看眺望点应至少看到总高度的 1/3，因此视线通廊是一个楔形区域。

H 为眺望点高度，h 为视线廊道内建筑物的高度最大值，l 为视点至建筑物的水平距

❶ 景阿馨. 浅丘地区城市内自然山体保护与利用研究 [D]. 重庆：西南大学，2014.

离，L 为视点到眺望点的水平距离，A 为控制系数（$0<A\leqslant 2/3$）。

根据比例关系，$h=H\times(l/L)\times A$。当 $A\leqslant 1/3$ 时，眺望对象可以被观测到大部分，为一类控制区域；当 $1/3<A<2/3$，眺望对象可以被观测到地面 1/3 以上，为二类控制区域；当 $A=2/3$ 时，眺望对象可以被观测到总高度的 1/3，为三类控制区域。

视线廊道分级控制　　表 5-7

控制性划分	眺望点特征	观测原则	高度控制
一类控制区	重要公共空间或节点	大部分山体	严格控制
二类控制区	次级公共空间或节点	山体以上 2/3 部分	限制开发
三类控制区	次级公共空间或节点	山体以上 2/3 部分	适度控制

· 案例——尚义县景观眺望系统

尚义县位于河北省张家口市西北部，于胡焕庸地理分界线上，是中国宜居与非宜居的分水岭，是农耕文明与游牧文明的交叉点，是华北平原与内蒙古高原的地貌转变地。整个县域地貌由草原、山地、内陆河构成，生态本底优秀。

在眺望系统方面，分为山体景观眺望和县城景观眺望两个类型。分别指自四周山体的景观眺望点向城区俯视，以及自城区内人流集中的场所向周边山体眺望，自县城入口向县城内部眺望，以及自县城中心制高点，向县城俯瞰。打造眺望系统的目的主要在于在不同角度、不同高度眺望的视线范围内，塑造县城风貌的序列感和整体性。同时规划将利用景观视线组织对县城建设进行控制，让新建县城支路与绿廊绿带的周围山体保持良好的对景关系，使道路成为景观视线走廊，把山体景观引入城区。同时在视线通廊区域，控制相应的建筑高度（图 5-16、图 5-17）。

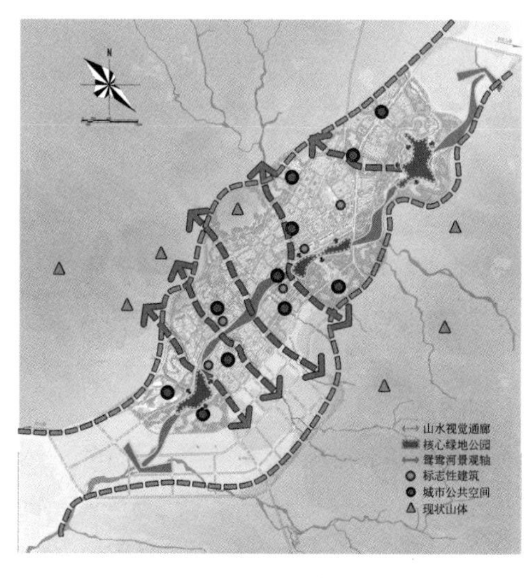

图 5-16　视觉通廊系统图

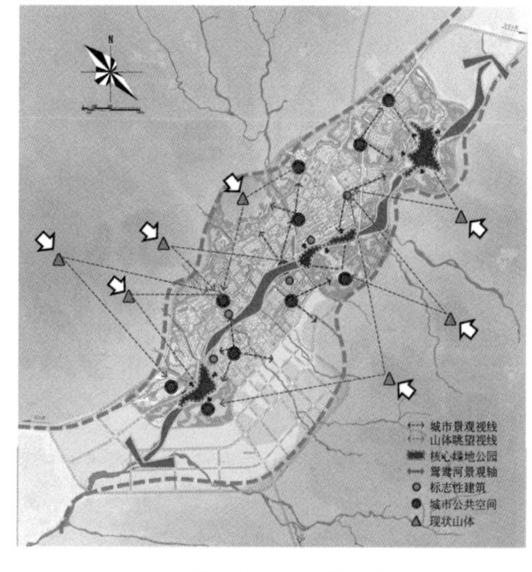

图 5-17　眺望系统规划图

山体景观眺望：规划在周边山体上设置主要俯视县城的眺望点，让游客与市民游山时能欣赏到独具魅力的尚义全景。

县城景观眺望：规划同时在县城内部主要结合广场、南岸滨水区域设置眺望周边自然山体的眺望点，并控制相应的建筑高度。

3. 景观风貌延续——天际线控制法

对于城市天际线的控制，主要有三种处理形式：建筑高度显著突破山体背景控制的冲突型、建筑高度和体量与山体背景协同变化的顺应型、建筑高度和体量与山体背景的保护型。前两种天际线类型在大城市较为普遍，例如重庆的两江新城，高地高建的模式。第三种保护型天际线轮廓是适应县城规模和高度的类型，即建筑物高度和体量应严格控制在山体背景变化范围内（图 5-18）。

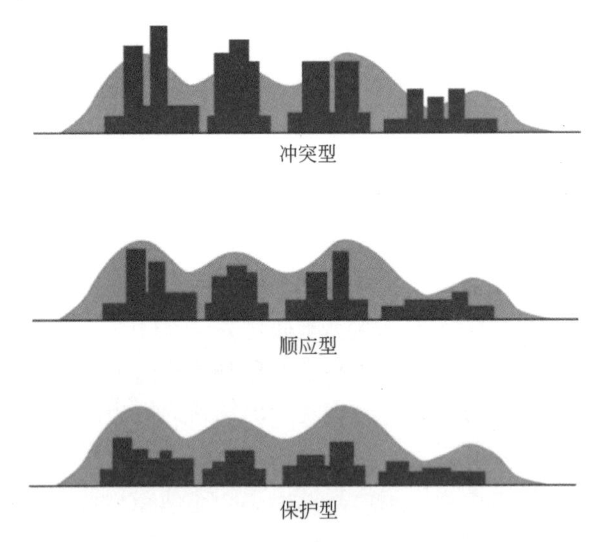

图 5-18　天际线控制的三种类型

• 案例——尚义县城天际线控制

尚义县从城市南侧主观景点半圪垯山看城市天际线，城市北部的麒麟山和北山构成主要的自然景观天际线，老城区整体建筑高度控制在 18 米以下，向西向城市边缘方向逐渐降低，东北部新城区可适当放开建筑高度要求，高层建筑应作为城市的景观标志之作，集中选址（图 5-19）。

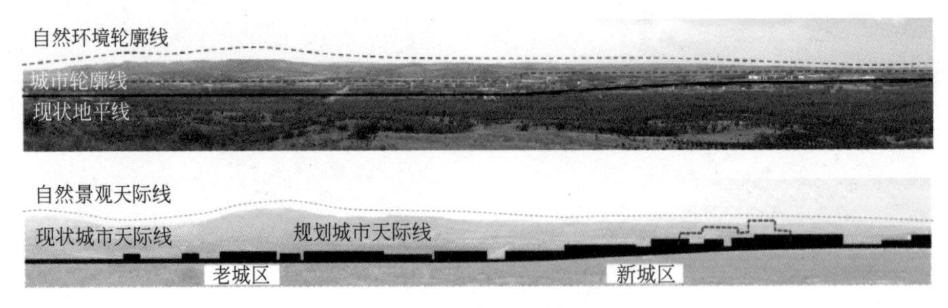

图 5-19　尚义县城南侧天际线现状与控制

从城市北侧主观景点半圪垯山看城市天际线，区别于半圪垯山与城市存在一定距离，北山观景点毗邻城市边缘，是构成城市景观的要素之一；城市南部的半圪垯山、筒筒沟山和远处的大青山构成主要的自然景观天际线，县城老城区部分与山体背景关系紧密，应严格控制建筑高度，县城区东北部背景山体逐步趋于平缓，建筑高度受自然山体影响减小，可适当放开建筑高度要求，但仍不宜超过山体轮廓线（图 5-20）。

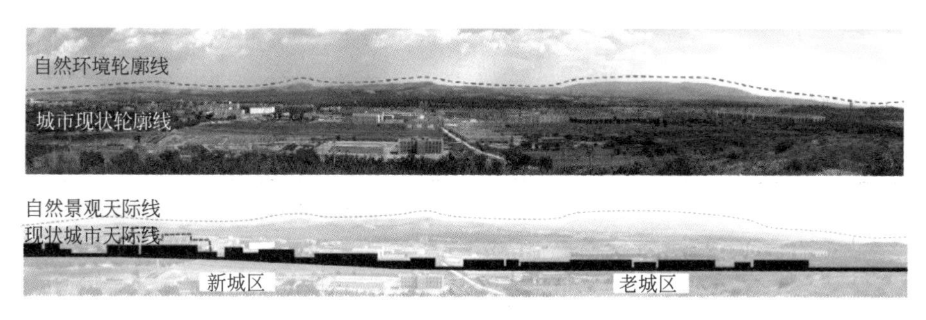

图 5-20　尚义县城北侧天际线现状与控制

• 案例——繁昌县天际线控制

繁昌县根据城区空间现状，在塑造天际线中制定了以下三个原则：天际线与建设用地相对应、善于借用周边自然山水要素、注重建筑的体量与屋顶形式。

（1）繁阳大道—芜繁路沿线

繁阳大道—芜繁路西至长途汽车站，北达中纬二路，是繁昌县重要的主干路和景观大道之一。沿线空间以行政商务区为核心，芜繁路、繁阳大道呈两翼展开，呈现“多层—多层、高层结合—高层（制高点）—高层、多层结合—高层”的空间序列（图 5-21）。

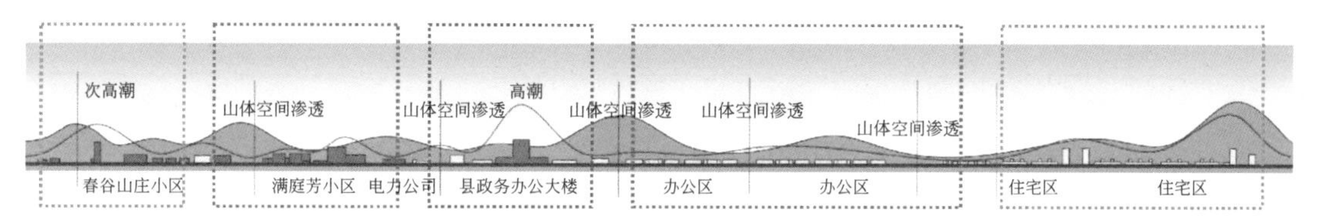

图 5-21　繁昌县芜繁路沿线天际线控制

（2）南新路沿线

南新路始于零公里环岛，向东跨过峨溪河折向南直至高速公路入口，是繁昌县重要的城市主干路和景观大道之一。城市天际线控制路段始于城市门户节点，沿线空间呈现“高层（次高点）—小高层、多层结合—高层（制高点）”的空间序列（图 5-22）。

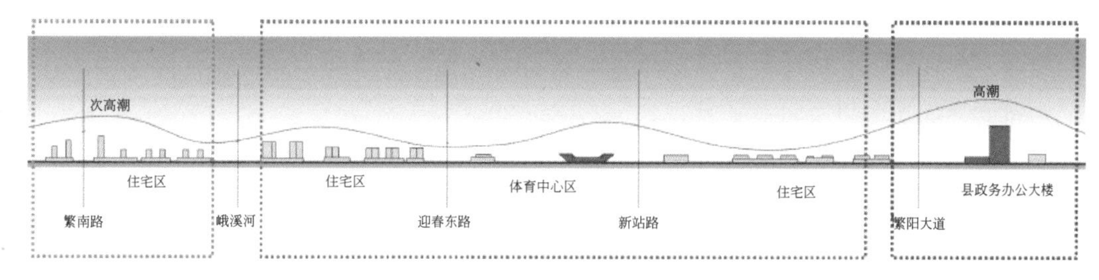

图 5-22　繁昌县南新路沿线天际线控制

（3）峨溪河沿线

峨溪河沿线建筑以住宅为主，城市天际线始于阳光城市花园，向北至湿地度假村结束，沿线空间呈现“高层—多层、小高层结合—低层—多层、小高层结合—低层”的空间序列（图 5-23）。

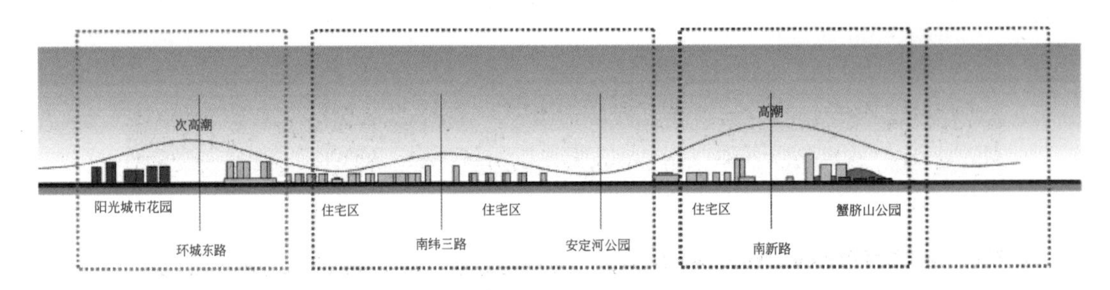

图 5-23　繁昌县峨溪河沿线天际线控制

二、滨水地区特色塑造

滨水界面应强调城市空间与水系的亲和性，研究水体与道路、岸线、构筑物以及绿地之间的关系，对沿线构筑物的体量和高度、开敞空间位置等要素提出控制和引导要求。滨水地区是指“与河流、湖泊、海洋毗邻的土地或建筑；县城临近水体的部分”。它既是陆地边沿，也是水体边缘。根据县城空间与水域空间的关系，县城滨水空间可以分为以下几种（表 5-8）。

滨水空间分类　　表 5-8

水体性质	滨海	滨江、滨河	滨湖
水系格局	沿水型	环水型	水网型
水道宽度	大尺度	中尺度	小尺度

（一）水体特色要素构成

1. 水体性质

根据水体性质及种类，县城滨水区可分为滨海、滨江河、滨湖三种类型。

县城海滨空间中的海水通常作为县城图底，伴随日出日落静态地展示着县城的风貌与特色，海天一色的蓝色背景对县城颜色、建筑风貌都有影响，规划中应重点考虑县城风貌与海面的协调。

县城滨江、滨河的空间则能感受到水体的速度，水体作为动态的展示同时承担交通运输的职能，横跨两岸的桥体以及航运的轮船都共同展示着县城的空间风貌，规划中应注重江河两岸的界面形态以及对应关系。

县城滨湖空间是环绕型静态的水面，县城空间均围绕湖面展开，规划中应注重滨湖与县城接驳的开敞空间设计和临湖界面的高度控制。

2. 水系格局

根据陆地板块与水体的相对关系，滨水区可分为沿水型、环水型及水网型。

沿水型：此类河道具有较长的景观界面，应通过河道与陆地相连接的功能划分不同特色的地段，按区块进行空间特色控制及风貌主题协调，做到主次有序。

环水型：包括湿地、中小型湖泊等与陆地形成环状接驳的统称为环形水系格局。其特点为在水岸的各个角度看，景观界面呈环状全部映射在视野中，形成一组水城相接的空间形态。此类水岸应注重大尺度空间格局的控制，包括高度控制、天际线控制等。以视野内所能目及的空间为设计对象，形成错落有致、疏密相宜的空间界面。

水网型：此类型水系通常以小尺度的河道宽度交织在县城中，除了具备景观功能，同时具备城区泄洪及排水功能。在空间特色塑造上应与县城公共空间相结合，突出河道节点设计，打造特色景观空间。

3. 水道宽度

根据水道宽度，滨水空间分为大、中、小三种尺度关系。

大尺度：此类型水面由于河道较宽，两岸联系空间不多，是县城空间的一道自然边界。在功能上多承载航运、防洪等功能，且由于防洪要求，多采用硬质堤岸，亲水性较差。与陆地空间多接驳码头、港口、桥梁等功能空间。在空间特色控制中，应多注重功能型，如安全防护、仓储与运输功能接驳等。以此形成的功能性空间将具备自身的景观特色属性，塑造与众不同的县城特色空间。

中尺度：此类型水面宽度适中，两岸有视觉联系，水面具备一定隔离效果。同时也起到景观空间联系的作用，因此河流域两岸是县城最主要也是最佳的天然休闲场所，是县城的景观名片。通过制定河流域两侧景观专项规划，统一控制建筑形态、空间布局，并且通过修建亲水平台或亲水建筑营造“亲水空间”。

小尺度：小尺度的滨水空间河道较窄，两岸空间联系紧密，水面成为两岸联系的纽带。通常作为县城小尺度的公共空间打造，以丰富的亲水空间，形成活泼多元的公共场所。

桐庐县城与富春江的关系属于大尺度滨水空间，县城内平均河道宽度为600米。

大溪从宁海县城南侧蜿蜒而过，平均河道宽度120米，与县城形成中等尺度的滨水空间。

安吉县县城空间与递铺溪、西苕溪和浒溪形成三河六岸的空间格局。主城区河道平均宽度为50～80米，与县城两岸形成小尺度的滨水空间。

长兴县位于太湖西南岸。县城内水网交错，河巷交织，为水网型滨水空间。

淳安县紧邻千岛湖，县城依山而建，呈半山半湖格局，属于环水型水系类型（图5-24）。

（二）滨水空间控制规划技术

1. 滨水区域开发——分区控制

滨水区域是水域与陆地衔接的空间。“一般情况下，滨水区的空间范围包括200～300米的水域空间及与之相邻的城市陆域空间。其对人的诱导距离为1～2公里，相当于步行15～30分钟的距离范围。”[1] 滨水空间与岸线的不同距离的空间特点，呈现明显的层次性。根据不同的距离，在空间特色规划中应划分为亲水区、近水区、远水区三个层次（表5-9）。

亲水区：距离水体30～50米，应注重水体的生态保护、防洪安全、开敞空间以及滨水界面的连续性。

近水区：距离水体50～100米，应充分挖掘亲水区的外溢效果，注重亲水廊道、景观廊道的建设，通过建筑高度、体量控制最大限度地分享亲水区的滨水效应。

远水区：距离水体100～200米，为滨水效益延展区，主要通过廊道连接水域界面，加强区域内功能体系与景观体系的构建，提升土地价值。

[1] 胡平凡. 基于地域性的滨水建筑设计策略研究［D］. 长沙：湖南大学，2013.

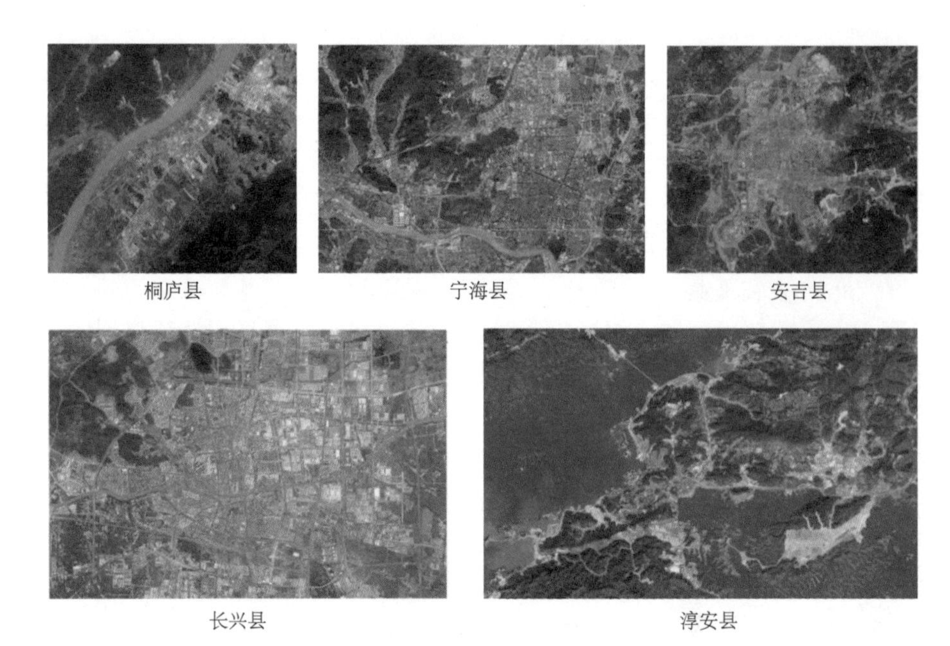

图 5-24　滨水空间关系

与水体不同距离滨水区特点　　　　**表 5-9**

滨水分区	水体距离	主体功能	空间控制	空间特点
亲水区	30～50 米	休闲娱乐	岸线控制	低密度
近水区	50～100 米	文化商业	高度控制、界面控制	中低强度
远水区	100～200 米	生活居住	景观延续	中高强度

• 案例——田东县老城区滨水区控制

田东老城历史悠久，是桂西少数民族地区设置的第一个实体县；南宋时成为岭南和云南地区各族人民的经济交流中心；唐、宋、元三朝，都是右江地区的政治、经济中心，交通和军事要塞；民国后期，承接南宁市的工、商业资源，达到空前的繁荣。历史上沿河街区以现平马沟、右江、二牙和四牙码头围合而成的区域为主，是重要的商贸活动中心。

规划充分利用老街巷原有格局，形成步行尺度的公共空间。在水系两岸由内到外划分了水景观区、文化展示区、特色居住区三个层次。同时通过联通街巷空间与水系的景观视线，实现特色居住区的景观渗透（图 5-25）。

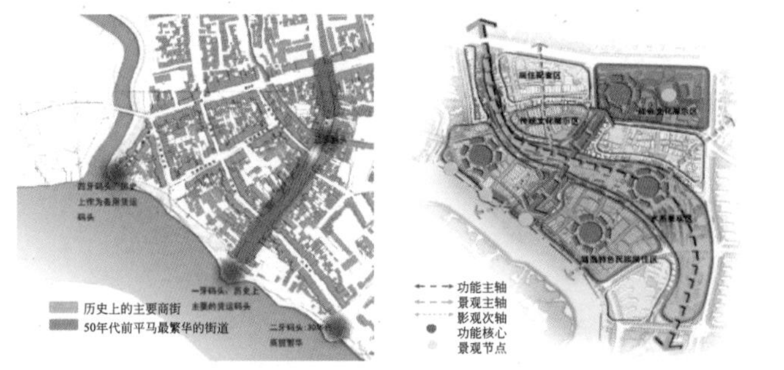

图 5-25　田东老城区滨水空间控制

2. 滨水界面利用——滨水驳岸控制

水域驳岸是县城陆地与水域交接的重要界面，其岸线类型受水系特征、岸区功能、交通等影响主要涵盖以下四种类型。在塑造滨水区空间特色时应针对不同功能、风貌特征规划不同形态的岸线（图 5-26）。

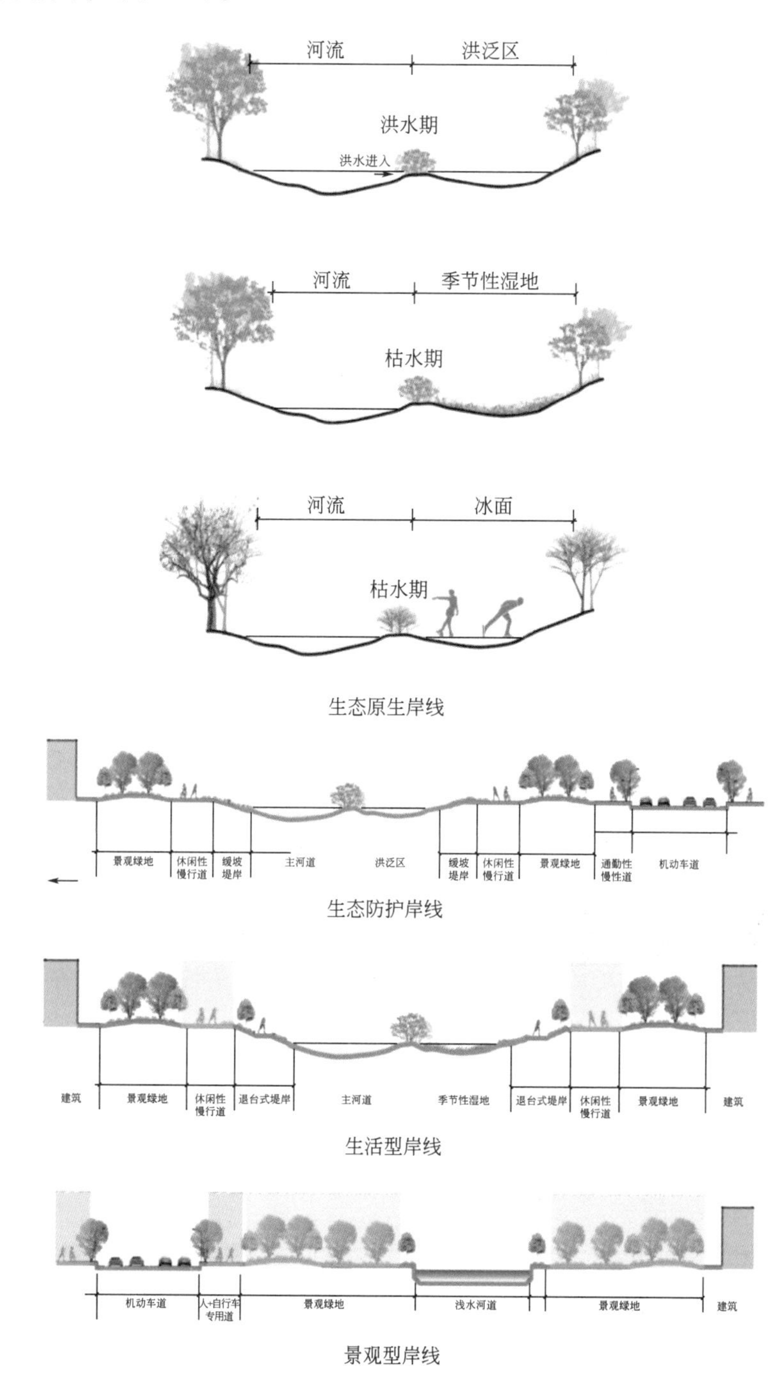

图 5-26　四种滨水岸线类型

(1) 生态原生岸线

生态原生型岸线以护岸处理体现自然式湿地植物种植的特色，主要有自然原生式、木栈道式、植物式岸线、石材岸线等多种驳岸处理形式，保障水域与陆地直接的互通性。通过水生植物与旱生植物搭配，生态原生岸线应同时满足地区季节性水位变化，提供调蓄、净水等功能。

(2) 生态防护岸线

生态防护型岸线以自然缓坡的生态型岸线为主要形式，通过模拟自然岸线形态，保障水系安全及生态安全的同时可以提升河道景观效果。增加堤岸坡度为市民提供开敞的视野，同时扩大了河道的视觉宽度。大面积的绿化为沿岸提供了丰富的绿化空间，形成在喧闹城市中安静的绿色走廊。

(3) 生活型岸线

生活型岸线主要以生活景观型河道两侧营建的沟通各静态水体的景观河道护岸，护岸以结合道路绿化的自然式护岸形式为主，主要有人工重力式护岸、台阶式护岸、低位混凝土护岸、木桩及沙石等护岸类型。

(4) 景观型岸线

景观岸线主要是指流经县城重要功能区段的景观岸线，以多层人工重力式护岸作为主要岸线形式；岸线布局应布置滨水的、连续的步行系统和集中的活动场地，突出滨水空间特色，塑造城市形象。

• 案例——沽源县青年湖岸线控制

沽源县位于张家口北部，是农耕文明和游牧文明的交错带，也是坝上地区的核心，独特的地理环境造就了多样的生态环境。沽源县地表水资源丰富，葫芦河由南向北从县城内穿过，并在县城区段形成青年湖水库。“葫芦河—青年湖”两岸是沽源县城主要发展轴与建设重点区域，也是最主要的公共空间。规划根据河岸两侧功能划分了生态护岸、生活型、景观型三种断面类型（图 5-27）。

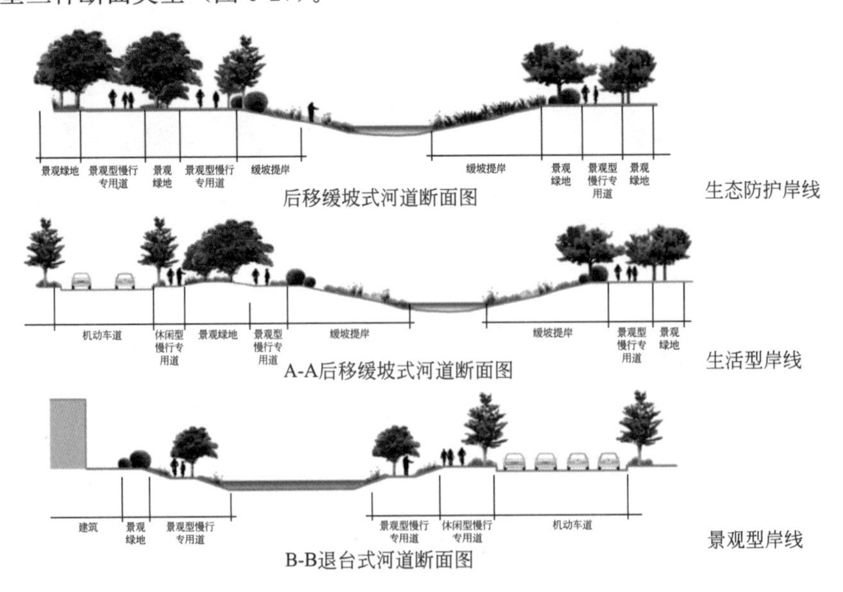

图 5-27　沽源县青年湖岸线断面类型

3. 滨水区景观渗透——高度控制

对应于滨水地区的县城，以控制滨水空间界面高度为主，研究县城天际线与周围环境关系，合理处理水面、建筑与背景的关系。“天际线控制法”一般是运用在海岸和河岸滨水空间的景观保护中，眺望点在对岸。它没有绝对的高度数值上的限定，所以在控制上没有定量的限制，有一定的局限性。[1]

滨水建筑在具体设计中应注意与蓝线的退让关系，即保持建筑距离蓝线的最小距离。建筑后退蓝线应大于建筑高度，即 D>H，对于不同尺度的水体宽度，要规定不同的最小后退宽度。一般认为 D/H 在 2～3 之间时，视觉感受较为舒适。

三、街道界面控制

（一）街道景观界面要素构成

“街道”一词包含了“街”与“道”两个概念。两者都是基本的城市线形开放空间，“街”更强调生活交往的场所，服务对象以人为主，而“道”则主要承担交通运输任务，服务对象以机动车为主。在凯文·林奇的《城市意象》中，街道被认为是最主要的城市感知意象。他认为，道路的方向、连续性、结构性等都是构成街道认知的重要空间要素。

街道空间由街道的界面构成，是限定街道的范围界面，由顶界面、底界面和侧界面构成，三个界面相互作用形成了整个街道的体量，其中侧界面主要是建筑主体，因此其表现力最强。

（二）街道界面控制技术

由于城市的规模较大，需要大量的交通来满足生活工作需求，因此城市中的街道等级结构往往很复杂，且服务对象以机动车为主。在这样的情况下，为满足车行要求，街道尺度替代了原有舒适宜人的人行尺度，街道作为公共空间在大城市中逐渐凋零。而县城街道空间等级结构相对简单，且功能复合度高，街道功能除了交通功能还是居民日常生活社交重要的公共场所。县城的规模也决定了居民出行多以慢行交通为主，很多的社交文娱活动是以街道空间为场所进行的。

街道通过路径、节点、设施等线形空间的设计组织空间形态。其主要设计要素由空间构成、比例尺度、空间序列以及空间节点构成。这四个要素之间的组合决定了主要街道的空间形态及行人感受。

1. 街道比例尺度控制

在芦原义信的《街道的美学》中运用空间理论来分析街道的比例尺度，主要参照物为街道界面宽度（D）与临街建筑高度（H）。

“D∶H<1，空间有压迫感，两侧建筑相互干扰；D∶H=1，产生内聚，安定但不压抑的感受；D∶H=2，空间感觉宽敞适中；D∶H=3，空间的界定感减弱，呈现离散感；D∶H >3 时，建筑之间不产生联想，空间逐渐失去闭合感，出现不安全感。”（图 5-28）

在这种情况下，20～25 米的街道基面尺度最为适宜。10 米以内会感到更加亲切。同时，街道的连续不间断长度上限大约是 1500 米。根据街道两侧不同功能类型，可分为三种主要界面类型。

---

[1] 赵则. 基于视线分析的城市公园周边建筑高度控制规划研究 [D]. 长沙：中南林业科技大学，2013.

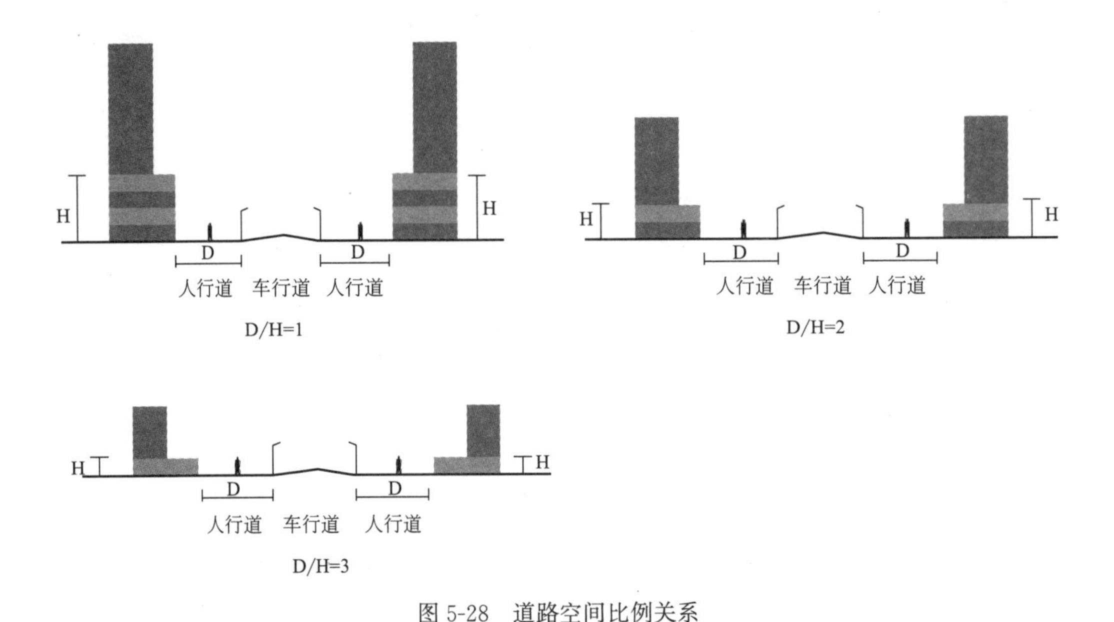

图 5-28 道路空间比例关系

• 案例——尚义县街道界面规划控制

尚义县城街道界面以建筑为主体，按照不同的功能性质和两侧建筑高度组合关系，将街道界面划分为五大类，分别为：商贸综合型街道界面、以建筑景观为主的交通型街道界面、教育科研型街道界面、生活型街道界面、工业型街道界面。

商贸综合型街道：属于人车共同主导的景观界面，需同时考虑一次街廊和二次街廊的街道尺度。本次规划的一次街廊高度比例为 1.2 左右，二次街廊高宽比例为 2.5 左右。街道界面以中高层节奏连续型街廊和中高层断续型街廊为主，由建筑底层商铺形成连续界面，高层塔楼形成序列（图 5-29）。

图 5-29 商贸综合型街道界面控制示意

生活型街道界面：属于人行主导的景观界面，因此以一次街廊为主控制街道尺度。本次规划的街廊高宽比例为 1 左右。街道界面以多层节奏连续型街廊和完全连续型街廊为主，通过建筑底层商铺形成连续界面，为人们提供舒适的心理感受（图 5-30）。

以建筑景观为主的交通型街道界面：属于车行主导的景观界面，因此以二次街廊为主控制街道尺度。本次规划的街廊高宽比例为 2 左右，街道界面以中高层节奏连续型街廊和多层节奏连续型街廊为主。通过建筑高度的节奏变化，改善视觉疲劳，同时高层建筑也是

图 5-30　生活型街道界面控制示意

县城重要的地标（图 5-31）。

图 5-31　建筑景观街道界面控制示意

• 案例——淳安县新安大街街道界面控制

新安大街主要分为两部分，一是县城最初建设时的主要干路，在老排岭片区，最早可以追溯到 20 世纪 60 年代，以东西向的坡路为主，区段总长约 1.5 公里，分为四段，连接城市内湖与外湖，西侧以商业广场为端点，东侧以千岛湖广场为端点。道路断面双向两车道，道路红线约 22～24 米。两侧建筑多为 20 世纪六七十年代建设，以多层建筑为主，街道高宽比介于 2∶1～1∶1 之间，街道界面以多层节奏连续型街廓和完全连续型街廓为主，通过建筑底层商铺形成连续界面，为人们提供舒适宜人的心理感受。这一区段是淳安县城主要的商业街区，也是淳安最具历史气息的街道，具有明显的山城风貌特征和老县城气质（图 5-32）。

图 5-32　新安大街老城区段与沿湖段比较
（摄于 2015 年）

沿湖区段总长约 900 米。道路断面双向两车道，道路红线约 22～24 米，东西与梦姑路与新安北路相连，是核心区西侧沿湖新改建的新安大街，道路北侧临千岛湖外湖，串联一系列公共开敞空间和城市地标，包含绿城公寓、纪实碑广场、江滨公园、游船码头，道路南侧则以连续的底层商铺为主，构成延续的商业空间。街道高宽比介于 2∶1～1∶1

图 5-33　淳安新安大街

之间，街道为双向单车道，沿道路两侧设置了自行车道、游步道等绿色交通设施，行道树以梧桐为主，是淳安县城最重要的景观道路和观光道路（图 5-33）。

新安大街作为淳安县城的重要街道，既具备景观功能又具备生活性交往功能，无论是老城区段还是沿湖区段，双向单车道的断面设置都减弱了机动车的存在感，自行车道及较宽裕的步行空间设置增加了友好的慢行空间，提高了街道的整体活跃度。有效利用城市资源塑造空间节点，调节街道界面节奏，加强街道的舒适性与美观性。

2. 街道空间序列控制

街道空间由不同序列的片段组成，通常以 50～200 米为间隔，产生街道中重要的节点。在凯文·林奇的表述中，街道是由一系列节点所激活的路径。这些街道空间的片段通过临街建筑的高度变化、铺地材质的变化、景观植物的高低、线形的转折等打破重复单调的格局，为外部空间带来节奏感。通过转折、扩张、凹凸、交叉等变化产生了空间节点，成为认知街道最主要的空间意向，使街道更富于层次和活力。

·案例——凤阳县花铺廊街

古花铺廊街是凤阳县城内一条较繁华的商业街，位于凤阳鼓楼广场北侧，正对鼓楼广场，交相辉映。2008 年，凤阳县政府对古花铺廊街进行大规模修缮，现已改造成为商业步行街，成为凤阳县城内著名的旅游景点和商业街区（图 5-34）。

图 5-34　凤阳花铺廊街

花铺廊街全长约 250 米，街道宽度为 8～12 米，局部有宽窄变化，两侧商铺为 2～3 层，平均高度为 8 米，宽高比为 1～1.5，空间尺度令人舒适。街巷两侧设有标志性的牌楼。整体风貌呈徽派建筑风格，柱廊大胆地采用了红色。两侧商铺底层设有连续的骑楼，是花铺廊街独有的人文景观，既满足了传统商业集约、灵活的经营需要，又构成了特色鲜明、整体感较强的街道景观。骑楼底层柱廊相互串通，形成相对独立的步行空间，保障人在其间的自由活动不受车辆干扰。街道立面廊、柱、门、台、窗等建筑细部多以花雕和浮雕作为装饰，体现了南方建筑的细腻与精巧。

四、开敞空间控制

（一）广场空间

广场是最早意义上的公共空间，起源于地中海地区，被解释为和气候条件导致的户外活动有关。现代城市广场以满足现代生活功能需求为主，有以下特征：层级多（包含市级、区级、社区级等）、类型广（如行政广场、文化广场、交通集散广场、商业广场）。同时城市广场分布呈网络化，具备合理的服务半径，功能特征明显。

县城中传统的广场空间其实是街巷空间节点的扩大，如结合寺庙、城楼、戏台等。现代县城广场空间多结合城市功能布局以植入式的形态呈现。以市民广场为主，功能复合度高，具备文化、行政、集散、纪念等多种功能，是代表城市形态最重要的公共空间。

（二）广场界面控制技术

1. 空间形态

广场的形式多样，在《街道与广场》一书中，克里夫·芒福汀按空间形态划分有五种原型。封闭的广场，其空间是独立的；支配型广场，其空间是直接朝向主要建筑的；中心广场，其空间是围绕一个中心形成的；组群广场，其空间单元联合构成更大的构图；无定型广场，其空间是不受限制的。❶

鼓楼广场位于凤阳县政府中心，始建于1375年。鼓楼由台基和楼宇两部分组成，1989年被列为省级重点文物保护单位。凤阳鼓楼广场属于支配型广场。

千岛湖秀水广场位于淳安县，毗邻千岛湖外湖，占地9万平方米，呈椭圆形，与千岛湖相连，四周无公共建筑物，呈无定型广场，是举行大型活动的场所（图5-35）。

图5-35　凤阳鼓楼广场与淳安千岛湖广场
（摄于2015年）

2. 围合方式

围合是界定空间的基本形式，也是广场的先决条件。广场的围合街道取决于角部的处理，角部越开敞，广场围合感就越弱；建筑物越多或者越高，围合感就越强。在西方小城镇中，三面或四面围合的广场是常见的类型，这种休闲广场与居民日常的行为最为紧密，具备良好的稳定性和隐蔽性，同时与城镇建筑空间之间有良好的过渡和衔接。

3. 比例尺度

广场的比例尺度主要由广场尺度和周围建筑物高度决定，同时建筑物的“有效高度”和空间宽度也是评判广场氛围的标准。当高宽比过大时，会产生压抑的感觉，而如果太小，则又会有失去重心的不安全感。一般看清一座建筑物的最大角度是27°，如果广场高度和宽度的比例是3∶1，则可以使观察者轻松转动并欣赏到空间内所有的界面。假如观赏者需要欣赏广场墙面的全部构图，观赏距离就应是建筑物的三倍，即高宽比为6∶1。根据

❶ 克利夫·芒福汀.街道与广场［M].张永刚，陆卫东，译.北京：中国建筑工业出版社，2004.

相关文献总结，D∶H<1 是安全内向的感觉，建筑空间氛围浓烈，需要抬头才能看到建筑物的整体，有时会感到建筑物的压迫感；1<D∶H<3，空间感觉适中，可以舒适地看到建筑物的整体和基本面貌；当 D∶H 大于 3 时，空间开阔舒畅，只能看到建筑物的大轮廓，一般只能感受到浅薄的环境印象（图 5-36）。

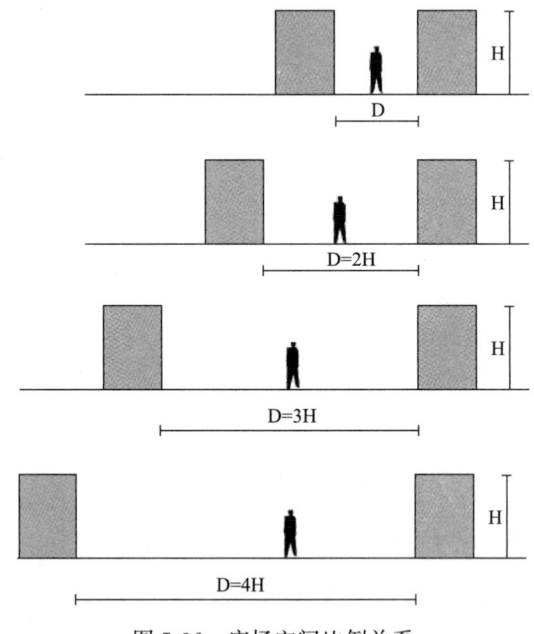

图 5-36　广场空间比例关系

在适宜的比例条件下，广场的基面尺寸通常介于 0.5～2 公顷之间。当广场的基面尺寸超过 1 公顷时，广场已经开始变得不亲切，超过 2 公顷时，广场则显得规模过大。根据经典的理论分析结合县城的空间特征，20～25 米的广场基面尺度是最宜人的，75 米为正方形广场平面的最大值。

• 案例——宁海县潘天寿广场

宁海县政府为纪念我国近现代的一位艺术大师潘天寿，兴建了潘天寿广场，塑有潘天寿铜像。1986 年正式开放的潘天寿广场已成为人们文化体育的休闲场所，是宁海县最早也是最大的市民文化休闲广场。广场位于中山中路北侧，面积约 2.8 公顷，绿化率约 37%。广场形态为支配型与组合型相结合，主要背景建筑为青少年活动中心。广场平面为不规则形状，边长约为 100 米×200 米。三面被建筑围合，D∶H>5，广场空间比例相对开阔。广场由三个部分组成，南侧小游园，以绿化为主，中部的潘天寿广场以纪念性为主，西侧的中式小庭院以景观为主。潘天寿广场所展露出特有的文化气质与其空间布局和功能类型脱离不开，与其他县城广场以县政府为背景不同，从广场中间向北望去透过潘天寿雕塑，正对的大体量公共建筑是县城青少年活动中心。这种以文化建筑为背景的广场空间，给人以特有的轻松活泼的亲切感，更贴近市民日常活动的氛围。

尽管潘天寿广场采用了中轴式的对称布局，且规模较大，但从设计之初便围绕文化体育休闲的定位，通过主轴线两侧不同功能区的划分，设置了不同类型的文化休闲场所。此外广场内休闲设施多样，形态丰富，多配合植物景观搭建，包括潘天寿艺术中心、文化廊、小游园、健身园等，形成外向的、积极的空间场所。东南角和西北角水系的植入配合中式园林的景观形态，形成灵动丰富的园中园，有效地平衡了轴向对称的仪式感和庄重感（图 5-37）。

图 5-37　宁海县潘天寿广场一角
（摄于 2015 年）

案例一：广西壮族自治区百色田东县核心区城市设计和控制性详细规划

一、项目概况

项目位于广西壮族自治区百色市田东县中心城区的核心位置，规划面积 11.8 平方公里。规划范围内人口 15.5 万人。

田东县处于中国—东盟自由贸易区通往大西南的主要通道，“桂西资源富集区”的中心位置，右江河谷城镇群的重要城市（图 5-38、图 5-39）。

图 5-38　整体鸟瞰图

图 5-39　商业中心鸟瞰图

二、主要指标体系

规划设计范围位于县城区的核心位置，规划面积 11.8 平方公里。主要承载上位规划中县城行政中心、商业中心、公共服务、旅游、居住等城市核心功能，规划范围内人口 15.5 万人。

三、规划亮点及创新

(一) 规划构思及空间布局

项目构思：处理好城—水—山的关系。山水环境是城市形象塑造的灵感源泉，更是提升城市土地价值的天然资源；协调好过去—现在—未来的城市建设关系，实现古今交融，相映生辉的设计目标；开发有序，疏密有致，合理布局城市功能，规划城市腹地的合理建设步骤。

空间布局：两轴引领，三核驱动；一脉贯通，三区协同的城市空间布局结构（图 5-40）。

(二) 创新与特色

特色 1：生态安全，生态优先

城北，近山低，远山高，马鞍山、卧佛山等高度适中，适合融入城市景观，成为市民公园等；右江南岸山高林密，自然风光甚好，应作为城市视线景观通廊的主要依据；百谷河、排洪渠为城市提供了天然的水系景观资源，将右江水、百谷河引入城中，结合平马沟，形成内外双环的水系结构，形成丰富的城市公共空间（图 5-41）。

特色 2：时空连接，文脉相承

在规划区范围内对有迹可循的各类文化资源予以空间落位，对城市中各时期发展的时空脉络进行梳理，并在功能上赋予新的内涵。规划对老城区不同分区赋予新的功能，使城市有价值的历史遗存在发展中得到更好的保存。在建筑形态上，采用古今相融的手法，围

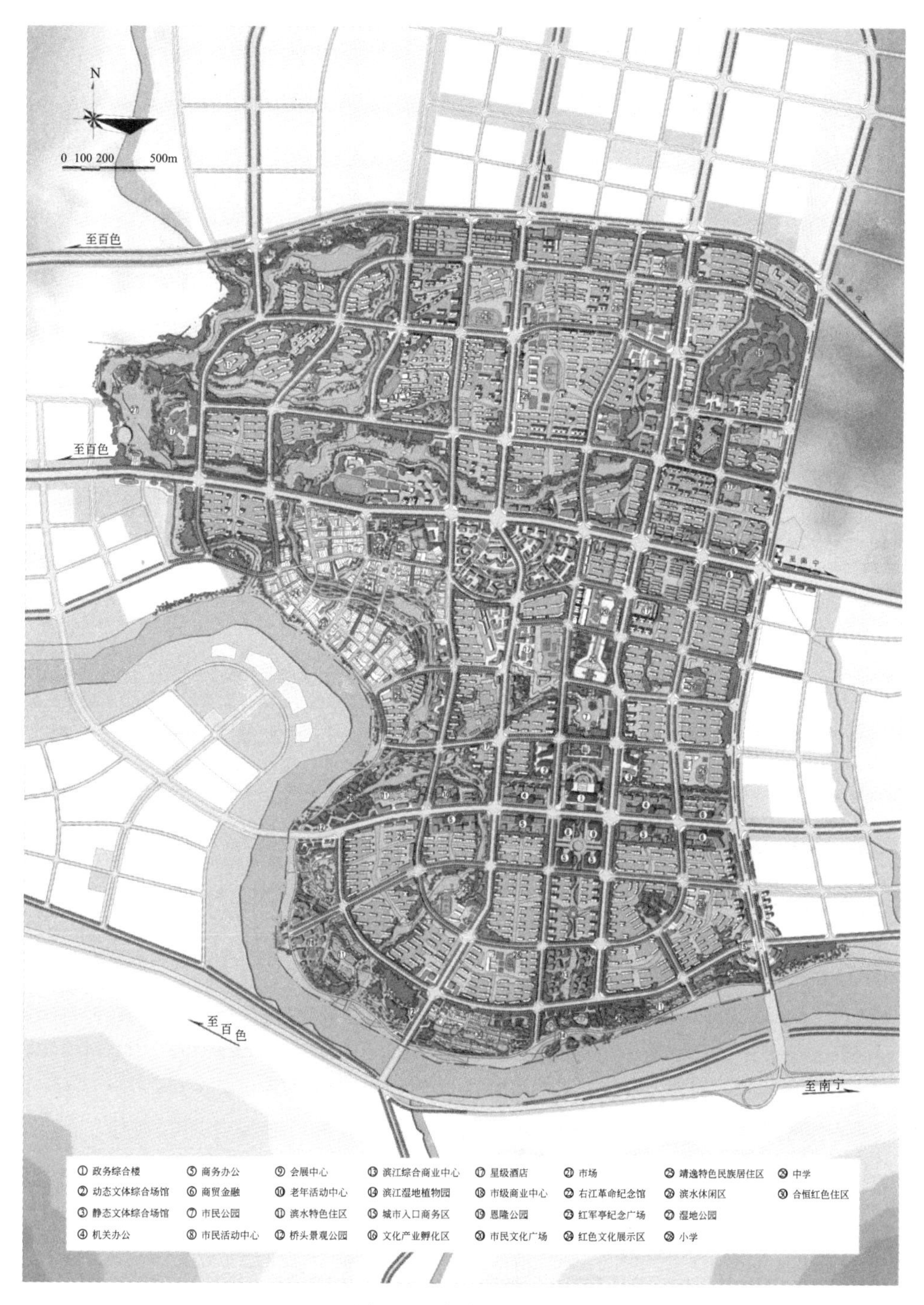

图 5-40　规划总平面图

绕平马排洪渠，整体提升老城形象。

为老城注入文化旅游这一新的发展活力，按照不同的功能将老城划分为五区：一是传统文化展示区，以中山路、乐善街和右江维护而成的老城肌理保存最为完好的传统文化展示区；二是红色文化展示区，以东港路一线进入右江工农民主政府为界，围绕红军亭、右

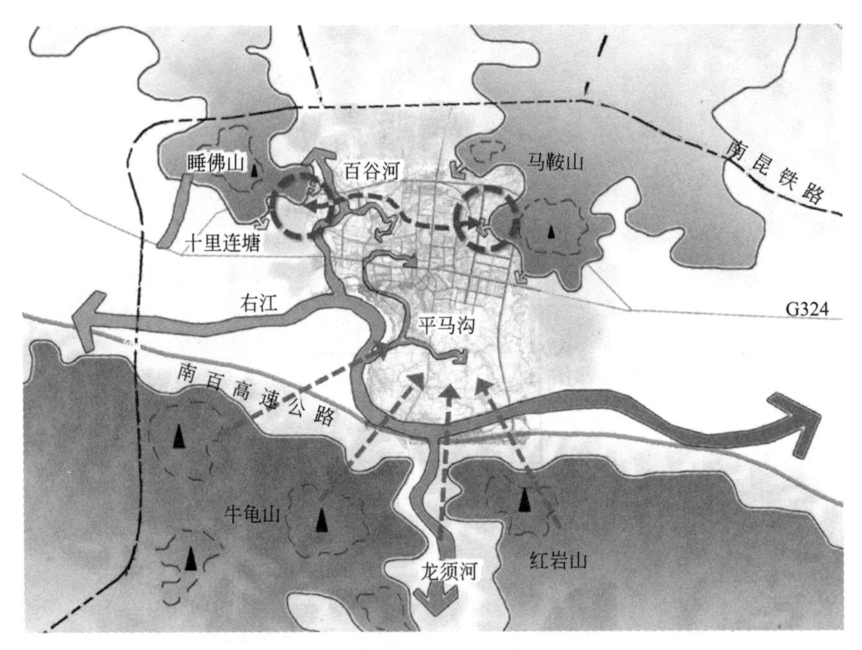

图 5-41　县城山水格局分析

江工农民主政府、雕塑广场等展开；三是民俗文化展示区：以平马排洪沟和右江之间，现状为空地，打造为民俗文化展示区；四是居住配套区，在三个展示区周边配套居住区；五是水系景观区，沿平马沟一线，通过驳岸设计，打造水系及绿化景观，形成生态景观区。

特色 3：临水聚核，红绿相融

在公益性的绿地中穿插营利性的商业设施，不仅提升用地活力，且能为绿带建设及维护提供资金平衡。右江沿岸保留改造旧造船厂房，改造红色革命村落，兼顾旅游和居住功能，开发生态低密度住区，将不同功能用地镶嵌在滨江绿带之中，兼顾滨江带用地价值的提升和景观塑造。

特色 4：土地经济性指导控规指标赋值

在现状分析中，就规划范围内的全部建设用地开发成本进行评级，用以指导规划中改造、拆迁力度。控规编制过程中，对田东土地的开发成本和预期盈利进行了整理和调研，在保证生态环境的前提下，同时提高土地的经济性，制定合理、科学的土地控制指标。

在规划范围内，将土地可利用性分为五级：一级，现状建成区外的空地，包括耕地、园地和荒地等，可利用性最大，面积约 686.72 公顷；二级，拆迁的旧工厂、仓储、市场、旧村、村庄建设用地，可利用性较大，面积约 143 公顷；三级，改变、改造的质量较差和一般的新村、老城旧住宅办公建筑及科研用地，可利用性中等，面积约 174 公顷；四级，保留、改造质量一般的中小学、医院、文化、体育设施、住宅小区服务设施、广场、公园等，有一定可利用性，但需要较高的改造成本，面积约 100 公顷；五级，保留新建住宅小区、新建公建设施、新建商业设施、市政设施用地、文保单位等。开发潜力非常小或是需要保留的用地 50 公顷（图 5-42、图 5-43）。

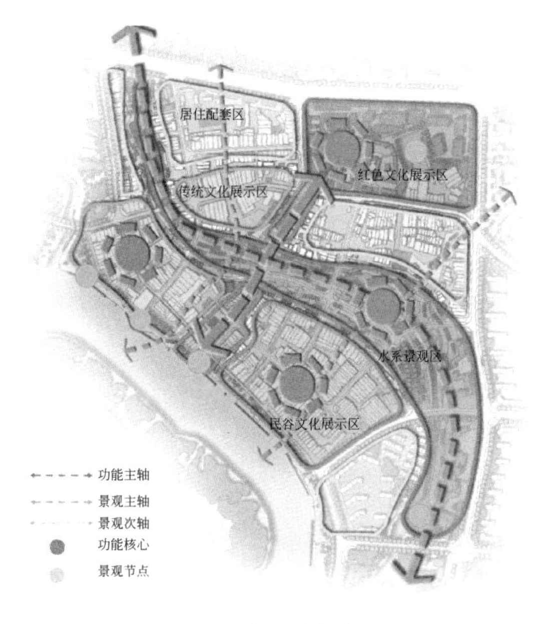

图 5-42　历史风貌控制引导图

图 5-43　土地分级开发引导图

特色 5：控规指标，刚柔并济

规划指标控制体系的制定，由传统的“通用标准控制”向“通用＋特点控制”的技术转变，由“刚性控制”向“刚柔并济”的方法转变，由“终极静态控制”向“动态过程控制”的思维转变。特别是在老城区，除去一般属性指标控制外，增加了建筑体量控制指标、连续长度指标、贴线率指标等突出老城风貌特点的引导性指标。

特色 6：紧凑城市，混合用地

紧凑用地布局，对局部地区土地的高强度开发，换取绿地和公共开敞空间，营造宜人的生活环境。土地混合使用，提高土地使用效率，增加弹性控制，进一步实现片区内居住、就业、服务的平衡。

特色 7：土地开发与公交系统相协调

控规引导城市开发时序，先着手于行政文化中心、商务中心、社区中心的建设，并将公共中心的开发与公共交通系统的构建结合起来，规划公交干线串联城区新老城区商业，环线串联居住片区中心，以适宜的步行距离划定居住片区规模，优化公交系统，增加公交出行比例。

案例二：河北省张家口市沽源县绿地系统专项规划

一、项目概况

沽源县位于河北省张家口东北部，冀、蒙两省交界处。地理坐标为东经 114°50′—116°04′，北纬 41°14′—41°56′。县城距北京 260 公里，距石家庄 600 公里，距锡林浩特 300 公里，距张家口 176 公里。沽源县东邻承德市丰宁县，南与张北、崇礼、赤城三县接壤，西与康保县交界，北与内蒙古自治区的太仆寺旗、多伦县以及河北省塞北管理区毗邻。

沽源地处“京津冀经济圈”和“冀晋蒙经济圈”两圈交集，经济区位优势明显。沽源县现辖平定堡、九连城、黄盖淖、小厂镇4个镇，共有10个乡，233个行政村，726个自然村。

沽源拥有距北京最近、保存最完好的湿地景观资源，这一独特资源为建设富有特色绿地系统提供了天然的条件。随着京津冀协同发展的深入推进，沽源县的区域生态屏障地位将更加突出，借力京张申奥，也将加快沽源休闲游憩设施建设。

规划范围包含三个层级：县域层次面积3654平方公里，泛规划区层次约93平方公里，中心城区层次规划范围14平方公里。

二、发展目标

（一）总体发展目标

县域层次以实现县域宏观生态安全保护为目标，落实沽源县总体规划城镇体系布局对绿地系统的相关要求。

规划区层次以构建规划区景观生态与游憩网络为目标，落实沽源县总体规划优化城市形态、落实空间结构相关内容。

中心城区层次以实现景观游憩与防护综合目标的绿地系统布局为目标，达到总体规划优化用地布局、促进“山—水—城—景”协调的目的。

（二）主要指标

近期指标（2013—2015年）：2015年实现城市绿地率31％，城市绿化覆盖率36％，人均公园绿地面积≥10平方米/人；

中期指标（2016—2020年）：2020年实现城市绿地率32％，城市绿化覆盖率37％，人均公园绿地面积≥10.5平方米/人；

远期指标（2021—2030年）：2030年实现城市绿地率34％，城市绿化覆盖率39％，人均公园绿地面积≥12平方米/人。

三、规划亮点及创新

规划以构建覆盖城乡全域的绿地景观系统为目标，应对沽源县在京津冀协同发展背景下沽源全域旅游蓬勃发展的时代要求，立足“三河之源”“三北防护林”“中国特色旅游最佳湿地”等区域性生态功能区特质，梳理分析山水形胜资源特色，构建“山林相依，绿网相连，城景交融”的绿地系统格局（图5-44）。

规划着力解决“宏观生态功能及绿地格局应对、全域旅游结合的绿地系统构建、面向实施的绿地专项规划编制实施”三大任务，一是探索了适于京津冀地区重要的水源地和生态功能区的全域绿地系统要素管控和规划设计方法；二是建立县域—规划区—中心城区生态安全格局，以绿廊绿道规划设计为载体融合生态要素与旅游要素；三是探索规划融合，县域及规划区层面加强与总体规划的衔接落实，分层落实绿地系统目标，分级管控生态要素，中心城区加强与控制性详细规划衔接，按照“总量不变，逐级分解，单元平衡，奖惩结合，落实权属”要求严格落实绿地系统目标。

图 5-44　县域绿地系统规划图

一是构建“县域—泛规划区—中心城区”三级绿地系统，分层落实差异化的生态功能，探索了生态敏感型草原水城绿地要素规划及控制技术路径。在县域层面，首先，通过生态敏感性分析，划定低生态安全水平地区、动物迁徙廊道保护等重点保护地区，构建县域生态保护系统；其次，依托“草原天路”“五花草甸”等重要景区，以生态承载力评估为工作基础，构建区域一体化旅游线路，解决保护生态与旅游发展之间的矛盾；最后，综合县域水文、地质、文化遗产以及生物多样性等因素，划定维系生态的水系保护区域与廊道，构建县域生态绿地系统。

二是提出泛规划区绿地系统，引绿入城将县域绿廊与城区绿道有机联系。泛规划区概念是对县域绿地景观资源和中心城区进行有效衔接和融合的重要单元。在泛规划区层面，统筹利用城区周边葫芦河、青年湖、五花草甸等特色旅游资源，通过绿道选线构建中心城区慢行系统延伸，并提出各条线路需配套设施内容和现状道路改造方案，将中心城区景观与自然景观进行串联。将人流通过慢行系统合理引入景区，减少机动车等对景区的干扰，对线路的具体实施具有较高指导意义。

三是中心城区强化多规协调，坚持存量增绿，绿地系统规划与慢性系统建设相结合。绿地布局强化中心城区与近郊“两山三湖”景观渗透，形成“一水穿城，两山相望”的城区绿地格局。基于创建省级园林县城等多重需求，探索创新县城绿地管理需求特性的绿地编制及实施程序。重点强化近期改造及建设方案，建立项目库及各年重点项目，确保规划设计与近期实施无缝衔接。将绿线管控、绿地率控制等内容与控规图则完全对接，保障绿地建设实施（图 5-45）。

本次规划突出面向实施与管理，绿地系统确定的近期建设项目基本实现，并支撑沽源

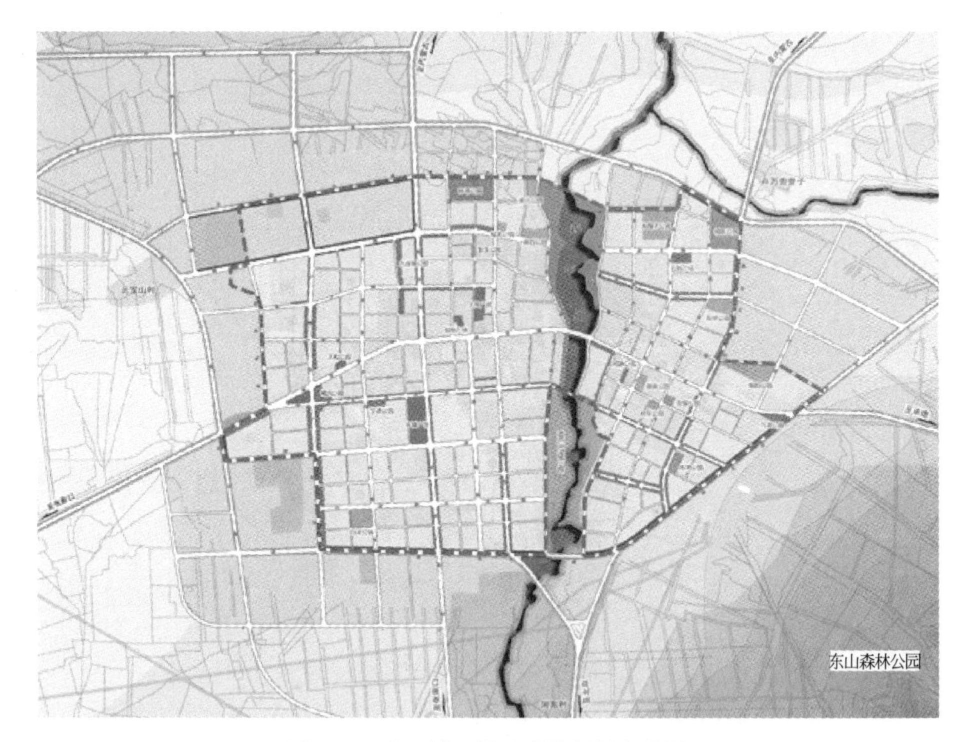

图 5-45　中心城区绿地系统规划布局图

县成功创办省级园林县城。绿地规划布局以草原旅游发展以及创建省级园林县城等多重实施需求为导向，探索基于县城绿地管理需求特性的绿地编制及实施程序。针对绿地建设滞后城市建设的问题，制定《绿地建设工作责任分解表》《近期绿地系统建设台账》等一系列措施保障项目落地实施，是将规划实施与管理作为规划设计重要前提的一次成功实践，也使得沽源县顺利通过“省级园林县城”验收。

四、规划实施情况

2015 年 11 月，《河北省张家口市沽源县绿地系统专项规划（2013—2030）》通过沽源县人民政府审批并开始实施。作为规划编制单位积极配合业主方实施规划，目前近期规划建设项目已经全部完成，多处公园绿地建成使用，绿地系统格局初步构建完成。

沽源县绿地系统规划实施以来实施效果良好，取得了以下成效：

（一）县城绿地系统质量显著提升，成功通过省级园林城市验收

2016 年底县城区绿地覆盖率达到 36.7%，近期确定的建设绿地和公园全部建成投入使用；中心城区新建滨湖公园等 6 个独具特色的公园和 21 处游园绿地，完成 21 条主次干道及小区庭院绿化改造工程，县城新增绿地面积 1500 多亩。使得沽源县当年成功通过省级园林城市验收。

（二）城市绿地可达性显著提升，街区公园大幅增加

绿地系统规划与控制性详细规划有效衔接，保障了项目落地。结合沽源县城区特色，引导政府建设重点由以前的大公园、大广场向街头绿地、小游园建设转变，增强绿地系统可达性、服务性，规划实施以来新建滨湖公园等 6 个独具特色的公园和 21 处游园绿地，

中环路、张家口桥西路取直和建设街等街头绿地改造完成，公园绿地可达性显著改善。实现了“300米见绿，500米见园”。

（三）绿廊绿道系统初步构建

县域内完成衔接“草原天路”旅游专线道路的改建，绿道系统连通，原有道路等建设项目新增生物迁徙通道，新建建设项目预留通道，保护生物多样性安全格局初步形成。中心城区慢行系统逐步实施，规划确定的中心城区沿青年湖、天鹅湖慢行系统建设完成，与泛规划区绿道相互连接，城景交融的格局初步构建。

（四）通过绿地系统建设促进了沽源旅游服务业发展

绿地系统规划实施以来，沽源绿地景观质量显著提升，沽源县游客由观光过境游向休闲度假游转变，沽源县旅游服务设施建设服务水平显著增强，留宿沽源游客显著提升，促进沽源县旅游产业发展，绿地景观系统与沽源旅游体系实现了良性互动发展。

第六章　县城公益性公共服务设施配置研究

第一节　现状特征与规划配置存在的问题

一、研究对象范围界定

县城公益性公共服务设施是指以县级政府为供给主体所提供的公共服务设施，是与县城居民日常生活较为紧密的基本服务设施，主要包括 4 个大类，18 小项公共服务设施（图 6-1）。

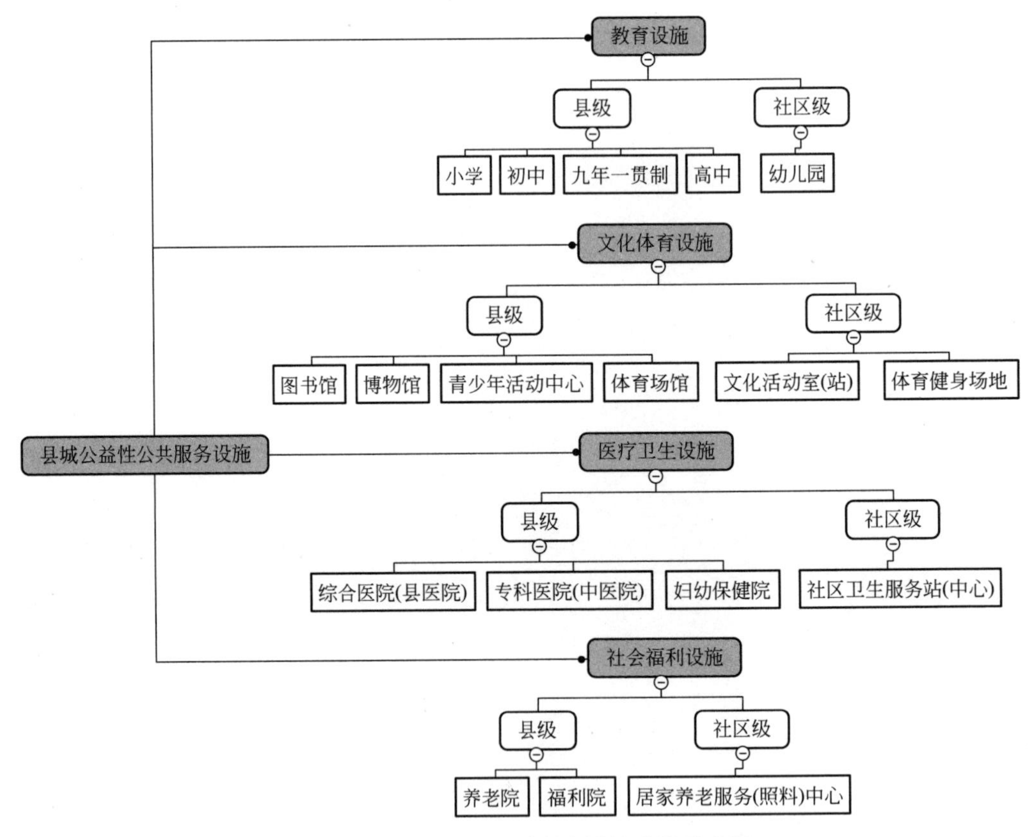

图 6-1　县城公益性公共服务设施分类示意图

按照设施的等级规模和服务半径的不同，县城公益性公共服务设施基本可分为县级和社区级两个层级。县级公益性公共服务设施规模相对较大，服务半径基本覆盖全县域；社区级设施主要是与县城居民生活密切相关的社区管理和服务、社区文体、社区医疗、社区养老等几类设施。

结合文献与实地调研情况，县城居民对教育设施和文化设施方面的使用需求最为迫切，现状需求与实际规划配置的矛盾较为突出，因此对于县级公共服务设施层面，本研究主要聚焦在以下两个方面：一是对教育设施进行现有规划技术集成与对比研究，二是开展基于使用需求的文化设施配置研究。

关于社区服务设施，虽然目前仍没有相应的国家标准或规范对“社区”概念进行界定，但近年来，许多地方规划标准在编制中逐渐用“社区”取代原来的“居住区、居住小区、居住组团”的层级配置概念。社区服务基本涵盖了行政管理、教育、医疗卫生、文化体育等内容。

近年来，社区居民快速增长的服务需求与服务供给不足的矛盾日益突出，而传统由国家或地方政策驱动进行的公共服务设施建设的管理方式较为落后，可持续发展能力较弱。因此，在社区层面，本研究主要是对县城新型社区服务中心——邻里中心的相关设施配置与运营管理进行研究，探索如何借助市场经济的力量完善与县城居民日常生活联系更为密切的社区公共服务的有效供给。

二、县城公益性公共服务设施的现状特点

（一）总体因经济水平、人口规模、建设模式等因素影响而差异较大

1. 公共服务设施用地指标地区差异较大

以《2014 年中国县城建设统计年鉴》中的数据为基础，全国县城人均公共服务设施用地为 11.86 平方米。按经济区域分组，西部地区县城人均公共服务设施用地为 13.22 平方米，显著高于其他地区。东部地区仅次于西部地区排第二，为 11.95 平方米。其次是中部地区，为 10.70 平方米。东北地区最低，人均 9.64 平方米。

在公共管理与公共服务设施用地占建设用地比例方面，西部地区县城明显高于全国平均水平，为 10.75%；东北地区县城则明显低于全国平均水平，为 7.79%；东部和中部县城的该项指标与全国平均水平基本一致（表 6-1）。

全国不同经济区域公共服务设施用地比较　　表 6-1

地区	人均建设用地（平方米/人）	人均公共管理与公共服务设施用地（平方米/人）	公共管理与公共服务设施用地占建设用地比例（%）
东北	123.72	9.64	7.79
东部	129.60	11.95	9.22
西部	122.95	13.22	10.75
中部	107.88	10.70	9.92
全国	119.06	11.86	9.91

来源：根据《2014 年中国县城建设统计年鉴》绘制

《城市用地分类与规划建设用地标准》规定“规划人均公共管理与公共服务设施用地面积不应小于 5.5 平方米/人”；《城市公共设施规划规范》规定“小城市公共设施人均规划用地指标为 8.8～12 平方米/人，中等城市公共设施人均规划用地指标为 9.1～12.4 平方米/人”（该标准中，公共设施还包括商业金融设施）。与以上两个标准相比，县城公益性公共服务设施用地的人均指标明显较高。单从用地指标的角度看，我国县城公共服务设

施配建水平基本达到了《城市公共设施规划规范》（GB 50442—2015）所规定中小城市的建设标准。

但是，县城的公共服务设施不仅服务于城区，还需要服务于广大的县域城镇与农村地区。在县城各类公共服务设施的现状使用中，实际表现为配套设施的不足和设施配建水平过低。

2. 公共服务设施建设的完善度差异较大

通过几个代表性县城案例间的横向对比发现，低城镇化率县城在公共服务设施用地比例、人均指标和设施完善度方面都普遍低于高城镇化率县城。

个别指标偏高的低城镇化率县城主要是由于办公用地与商业用地比例较高，实际其公益性服务设施的人均拥有量并不高；公共服务设施整体空间分布不均，使用效率较低。沿街服务种类齐全，但却未向城区内部渗透，居住区内部设施尤为匮乏，多为小卖铺、流动摊贩等。形成了县级机构相对完备而居住区级设施缺乏的状况，设施内容相对单一，设施发展欠均衡，尚未形成合理的公共服务设施级配网络。

浙江省几个代表性高城镇化率县城，相应的县城人口规模也较大，经济发展水平较高，其公益性公共服务设施发展较为均衡，而且有较为完善的社区级公共服务设施，基本形成了“县级—社区级”的二级配置体系。个别县城正逐步探索新型社区公共服务设施的配置形式、配置内容与运行机制（表 6-2）。

不同城镇化率县城公共服务设施配置水平对比　　表 6-2

省份	县城名称	人均 GDP（元/人）	县城人口规模（万人）	城镇化率（%）	公共服务设施比例（%）	人均公共设施（平方米/人）	备注
河北省	沽源县	16648	5.1	24.7	8.93	12.28	办公与教育用地比例较高，其他公益性设施人均指标较低，无社区级服务设施
山西省	方山县	15476	4.5	28.6	10.10	10.68	办公与教育比例较高，县级与社区级文体设施都较为缺乏
安徽省	繁昌县	30975	9.9	49.5	14.54	22.21	文体设施缺乏，设施发展不均衡
浙江省	淳安县	45294	10.3	21.9	16.64	12.43	设施发展较为均衡，且有较为完善的社区公共服务设施
	安吉县	69848	14	57.0	17.49	49.21	
	宁海县	73997	25	62.1	13.56	32.32	

3. 公共服务设施建设模式存在差异

据统计，公共服务设施的建设模式主要有两种，一种是由于经济驱动，另一类是由国家或地方政策驱动。经济驱动下的县城，可较好地进行公共服务设施投资和建设，该类建设模式下县城公共服务设施完善、管理先进且利用率普遍较高；由国家或地方政策驱动进行自上而下的公共服务设施建设，该类模式由于过于计划性而导致管理较为落后，且存在设施利用率较低的情况。

（二）教育设施发展不均衡，寄宿设施配置不足

随着县域城市化进程的加快，农村学生大量转移到了县城。县城就读的学生来源和数量的变化，对现有教育设施提出了较高的挑战，中小学设施的需求相应地产生了一系列变化。

在调查中发现，较大部分的农村家长趋于让小学阶段子女就近在居住地的村内或镇区上学；而初中和高中阶段，则分别有40%和70%家长会让子女到镇区或县城就学，由此可见，县城的初中和高中教育设施除满足县城内生源需求外，还需要满足广大农村腹地生源的就读需求，甚至某些设置重点中学的县城，还会分流部分相邻县市的生源。

随着县城学生规模的快速增长，大部分县城的硬件设施存在规模小、标准低和发展不均衡的问题，具体表现为：教育设施供不应求，县城教育设施超负荷；教育生源分布不均衡，老城区学校人满为患，乡镇学校生源不足；教育资源利用不充分，县城部分教育设施占地过大，场地利用不充分，而部分学校内部用地不足，缺乏对学生学习与生活需要的综合考虑等。

以河北省沽源县为例，沽源县城现有高中1所，初中2所，九年一贯制1所，小学4所，职业中学1所，特殊教育学校1所。除县城外，县域内无高中和初中，部分城镇设置有九年一贯制学校与小学（表6-3）。

河北省沽源县教育设施统计表　　表6-3

地区	规模	小学	初中	九年一贯制	高中
县城	学校数(个)	5	2	1	1
	学生数(人)	5105	3370	981	2228
	生均面积(平方米/人)	4	25	70	33
乡镇	学校数(个)	11	—	4	—
	学生数(人)	2594	—	2930	—
	生均面积(平方米/人)	116	—	63	—

在沽源县，高中服务于整个县域，但由于相邻县市重点高中的存在，对高中生源的本地就读产生一定影响；县域一定比例的初中适龄学生选择在县城就读；另外，还存在部分县域村镇小学适龄生源在县城就读的现象，但比例较初中和高中相对较低。

通过表6-3可以看出，县城内小学的生均面积只有4平方米，但各乡镇小学的生均面积高达116平方米，县城教育设施饱和与乡镇教育设施利用不足的不均衡状况十分突出。此外，九年一贯制学校和高中的生均面积较高，在未来发展中具有一定的学生容纳潜力。

因此，县城教育设施区别于城市教育设施的服务特点，在规划配置时需有所区别与侧重：一是进行县城生源预测时，不能单纯依据县城内学龄人口进行教育设施规模的预测，更需考虑县域生源与外地生源的就读需求与趋势，对外地生源的本地就读人数进行科学预测，从而得到科学合理的教育设施规模预测结果；二是外地就读生源的增多导致对寄宿制学校的需求增多，应对不同类型的教育设施进行合理配比，并选取适应于寄宿制学校的合理生均指标；三是应对现有教育设施的容纳潜力进行分析和评估，在未来发展中优先挖掘设施现有用地，避免盲目增加学校数量。

（三）医疗卫生设施相对充足，社区级设施具有差异化配置需求

随着“新型农村合作医疗”的推广和县城财政实力的提高，县城的医疗服务设施与服务水平改进明显。从就医需求的角度，县城医疗设施是农村地区大病就医的首要选择，县级医疗设施承担着辐射县域的重要职责。以对沽源县居民的就医去向调查结果为例：在小病的情况下，约 70％的居民优先选择药店、私人门诊和乡镇中心卫生院，约 30％的居民选择县城的中心医院、中医院等县级医疗设施；在大病的情况下，高达 80％的居民选择县城的县级医疗设施，约 20％的居民选择县级以上医院。

将低城镇化率几个代表性县城医疗设施床位数与全国平均水平进行对比可以发现，即使低城镇化率的县城，其床位数与千人床位数基本达到全国医疗服务平均水平（表 6-4）。由此可见，单就床位数指标难以判断医疗设施的使用效率及满意度。县城医疗设施的服务水平需要结合床位利用率、居民满意度调查等加以综合判断。

表 6-4　低城镇化率县城医疗设施床位与全国水平对比　　**表 6-4**

名称	县医院（床）	中医院（床）	妇幼保健院（床）	全县千人床位数（床/千人）
方山县	136	80	15	3.25
尚义县	220	96	—	3.41
沽源县	200	95	40	3
繁昌县	300	151	10	—
全国	200	—	—	2.84

将几个县城案例的社区级医疗设施进行横向对比可以发现，低城镇化率县城存在社区级医疗设施缺项的情况（表 6-5）。从经济性的角度看，城镇化率较低、城市建成区规模较小的县城，县级医疗设施可以较好地覆盖服务县城居民，居民可以在较短时间内到达附近的县级医疗机构，并便捷地获得相应服务，因而在这类县城设置社区级医疗设施的需求并不迫切。

不同城镇化率县城社区医疗卫生设施对比　　**表 6-5**

<table>
<tr><th>县城</th><th>城镇化率（%）</th><th>人口规模（万人）</th><th>社区级医疗设施（处）</th><th>地区医疗设施配置标准</th></tr>
<tr><td>方山县</td><td>28.6</td><td>4.5</td><td>无</td><td>《山西省卫生资源配置指导标准（试行）》未对社区级医疗设施提出建设要求</td></tr>
<tr><td>沽源县</td><td>24.7</td><td>5.1</td><td>无</td><td rowspan="2">《河北省卫生资源配置标准（2011—2015 年）》中规定原则上每个街道或每 3 万～10 万服务人口设 1 个社区卫生服务中心；每个社区卫生服务中心可适当设置若干社区卫生服务站，社区卫生服务站的服务人口一般在 1 万人左右</td></tr>
<tr><td>尚义县</td><td>29.5</td><td>4.5</td><td>无</td></tr>
<tr><td>繁昌县</td><td>49.5</td><td>9.9</td><td>无</td><td>无</td></tr>
<tr><td>淳安县</td><td>21.9</td><td>10.3</td><td>8</td><td>《杭州市规范化社区卫生服务中心（站）建设标准》《杭州市乡镇（村）社区服务中心建设标准（试行）》</td></tr>
<tr><td>安吉县</td><td>57.0</td><td>14</td><td>10</td><td>《湖州市社区卫生服务机构设置规划（2006—2010 年）》中社区卫生服务中心原则上以街道为单位设置（约 3 万～5 万人），服务站的设置以覆盖 1.5 万～2 万服务人口为宜</td></tr>
<tr><td>宁海县</td><td>62.1</td><td>25</td><td>10</td><td>《宁波市城市社区卫生服务机构标准化建设标准（试行）》按“十分钟服务圈”要求，每 1 万～1.5 万人或 1 公里左右半径设一个社区卫生服务站，业务用房 80 平方米以上</td></tr>
</table>

因此，县城医疗设施体现为县级医疗设施相对充足，社区级医疗设施因县城规模和政策差异而存在差异。在医疗设施配置方面，未来应重点研究县城进行社区级医疗设施配置的最低人口规模与建设用地规模要求，防止盲目地推广社区级医疗设施建设，从而避免过多的重复建设造成不必要的财政压力和医疗资源的闲置与浪费。

（四）文体设施数量不足与利用率低并存

1. 学龄人口与老年人是文化设施的主要需求群体

县城文化设施不仅是为居民提供开展文化活动的场地，更是体现和弘扬城市文化底蕴和精神面貌的重要场所。目前我国县城内县级文化设施整体体现为建设量不足，且使用情况并不理想，总体使用效率较低，难以满足居民日益增长的文化服务需求。

以沽源县城文化设施使用情况调查为例，沽源县主要的县级文化设施包括青少年活动中心和博物馆（图 6-2）。一方面，现有文化设施配备严重不足；另一方面，设施条件较差，如书籍更新慢、种类少，居民对于现有设施的满意度较低，设施利用率低。

图 6-2　沽源县图书馆和博物馆
（摄于 2014 年）

在城镇化度较高的浙江省，对县城文化设施进行了走访调研，其文化设施的使用人群以学龄人口和老年人为主。现以淳安县、安吉县的青少年活动中心与图书馆为例进行使用情况的说明。

（1）青少年活动中心是开展中小学生与幼龄儿童文化与艺术培训的主要场所

据统计，青少年活动中心的服务对象以幼儿园与小学学龄儿童为主，多以培训机构与政府机构合作的形式开展活动。活动内容包括技术培训、游艺娱乐、文化艺术、生活劳动和社会实践及体育活动，还承担各类会议及展览演出活动，以及校外教育文化理论的学习和研究等。

青少年活动中心的设施利用时间主要集中在周末与暑假，部分针对幼儿园学龄人口的课程安排在放学后，工作日的利用率相对较低。另据调查，青少年活动中心通过定期组织社区文化活动，丰富社区文化生活，一定程度地解决了社区文化活动空间不足的问题（图 6-3)。

图 6-3　安吉县青少年活动中心

（摄于 2015 年）

（2）图书馆内自修设施需求度高

在与本地居民交流过程中发现，部分市民从不使用图书馆，甚至不清楚图书馆的具体位置。

三处县城图书馆的共同点在于部分图书阅览室主要是作为青少年和部分成年人的自修室功能而存在，部分闲置用房出租给培训单位开展校外辅导与培训活动。阅读人群主要以青少年和老年人为主，部分青年读者多以外带借阅图书的形式利用图书馆的书籍资源。相对于青少年活动中心，图书馆的使用空间较为充足，利用率虽然较低，但已根据本地居民的使用需求进行了服务功能的调整与转换（图 6-4、图 6-5)。

综上所述，无论是高城镇化率的县城还是低城镇化率的县城，县城文化设施利用率低下的情况普遍存在。造成该情况的主要原因是文化设施没有根据县城居民的使用需求及时进行服务功能与服务方式的调整。未来县级文化设施需根据使用者需求对设施内功能构成比例进行重点研究，以提高设施利用效率。

2. 日益觉醒的全民健身意识需要多元的体育设施供给模式

我国经过长期的市场化改革，经济获得持续增长。但是，政府对城市建设中的体育类公共服务的供给与调控依然存在较多不足，供给与需求间的矛盾依然存在。在县城，公共体育投入少、人均体育面积少、既有设施利用率低是普遍存在的问题。

以河北省下辖沽源县和尚义县为例，沽源县虽有一处体育活动中心，但主要作为专业

图 6-4　淳安县图书馆

（摄于 2015 年）

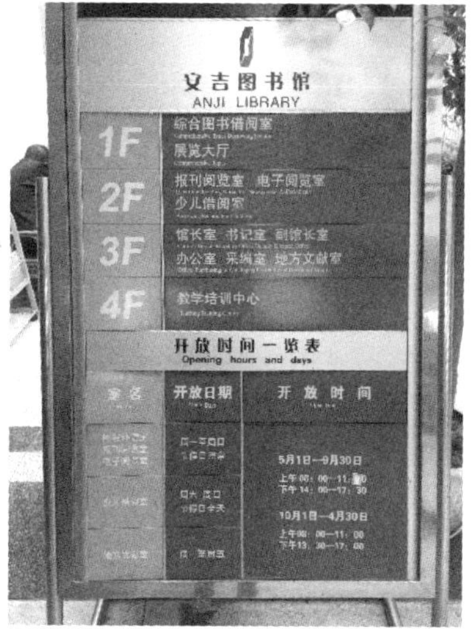

图 6-5　安吉县图书馆

（摄于 2015 年）

训练场地，并不对居民开放。尚义县则未设任何体育活动中心。两县城居民的日常体育健身活动主要集中于市民广场。

虽然体育设施存在供给不足和利用率低的问题，但在调研中发现，各县城居民的日常健身活动实际仍然依照居民的个人喜好而有条不紊地开展，且体育健身内容更加具有多元化特征。

首先，县城居民体育健身的目的更加多元；其次，健身形式更加多元，主要包括跑步、散步、快走、爬山、健身操、广场舞、球类运动等；在健身场所的选择方面，选择公园和广场作为健身场所的居民居多，其次是社区健身场所、学校、健身步道等，选择专业健身场馆的主要是年轻人，且比例相对较低。

由此可见，县城居民的健身需求方式正发生着深刻变化，体育设施应根据居民新的使用需求和习惯适时调整。如考虑大型体育设施较高的维护与运营成本，在大部分县城应鼓励分散的小型体育设施、健身步道与社区级体育运动场地建设，方便周边居民，尤其是渐增的老龄化人口日常使用。

（五）应对老龄化和市场化的社区公共服务设施建设是发展趋势

由于中低城镇化率县城的公共服务设施一般没有形成明确的级配体系，缺乏社区级服务设施的配置与建设，因此对社区级设施的现状研究，主要集中在高城镇化率的县城。以浙江省几个代表性县城为例。

据2010年第六次人口普查数据显示，淳安县60周岁及以上人口为67864人，占20.15%，65周岁及以上的人口为46657人，占13.85%。安吉县60岁及以上人口为71422人，占15.31%，65岁及以上人口为47106人，占10.10%。宁海县60岁及以上人口为89513人，占13.85%，65岁及以上人口为61367人，占9.50%。

浙江省60岁以上人口占总人口的16.21%，淳安县的老龄化率明显高于浙江省平均水平，宁海县和安吉县老龄化率则略低于浙江省的平均水平。2010年，全国65岁以上人口占总人口比例为8.90%。与全国老龄人口比例对比，三个县的老龄化率是普遍偏高的。三个县城除了加强应对老龄化的县级公共服务设施建设外，社区级公共服务设施也较为完善。主要体现在便捷的社区医疗卫生设施和文化活动设施两个方面。社区级公共服务设施作为县级服务设施的补充，弥补了县级设施服务半径受限的不足，从老年人的需求出发，极大地便利了老龄化人口的生活需求。

1. 新老住区文体设施均衡配置的需求

在调研县城，有条件的社区会结合社区居委会设置社区文化礼堂。社区文化礼堂除了为社区老年人提供文化娱乐场所和定期组织文体活动外，一般还会设置少儿托管中心，与相关经营机构合作，提供接送学、看护、学习力培养等服务。

不同社区居委会的用地条件与管理水平不同，文化礼堂的规模与建设水平有较大差距（图6-6）。在比较老旧的社区，文化礼堂的规模较小，所能提供的文体娱乐设施较为有限。在调研中了解到，该类社区面临的主要问题是老年人口比例较高，设施使用需求较高，但迫于用地有限，文化设施规模拓展困难，社区文化设施供不应求。在新开发小区，相应的物业管理与服务较为完善，在规划中即考虑到社区公共服务设施场地的配置，有较为详细的专类服务设施设置空间，且配备相应的活动器材与管理组织人员。在老旧社区设施规模拓展受限的情况下，除鼓励新老社区之间进行文化设施的共享之外，需努力寻求老旧住区文体设施的发展空间。

图 6-6　淳安县新老社区文化礼堂对比

（摄于 2015 年）

2. 社区居家养老照料中心需求旺盛

社区居家养老是与敬老院等机构养老相对的一种养老方式，即老年人在家庭中度过晚年生活，并获得社区的养老服务。该种养老方式主要以社区为平台，为老人提供餐饮、家政、医疗等服务。这种服务模式相较于专门的机构养老，既满足了老年人对于亲情的心理需求问题，又弥补了传统居家养老所存在的服务不足、照料不便等问题。目前来说，居家养老提供服务的模式主要有两种，一是经过专业培训的服务人员为老年人提供上门的送餐、家政等服务；二是通过在社区服务中心设置老年服务中心，通过日托服务，为老年人提供白天的看护、照料等服务。

在社区老年人居家养老服务方面，浙江省湖州市已形成了以居家为基础、社区为依托、机构为支撑的养老服务体系。在安吉县，针对老年人的社区服务是社区工作的主要重点，在进行了街道级养老服务日间照料中心的建设探索后，在有条件的社区建设了一批社区级居家养老服务照料中心。以递辅街道凤凰社区为例（图 6-7），该照料中心结合社区居委会单独设置，建筑共两层，建筑面积约 400 平方米，并设置有室外活动场地与健身器材。照料中心有床位 4 床，活动室设置躺椅 30 张，日间提供就餐与护理服务。

尽管浙江地区几个代表性县城在社区级公共服务设施配建方面还存在如设施利用率不足与配置不均衡等问题，但为低城镇化率的县城提供了未来进行社区公共服务设施建设的蓝图和样本，具有较高的参考价值。应对老龄化并适应市场化的公共服务设施配置标准与

图 6-7　安吉县凤凰社区养老服务照料中心

（摄于 2015 年）

建设模式应作为县城社区级服务设施的研究重点。

三、县城公共服务设施供给侧配置缺陷

（一）规划编制体系存在断层及导向性不足

1. 公共服务设施专项规划的缺失

根据住房城乡建设部颁布的《城市规划编制办法》，编制城市总体规划需要确定主要公共服务设施的用地布局，编制控制性详细规划需要确定公共设施的具体位置。但在实际工作中，总体规划所确定的设施用地布局较为粗略，为下层次控制性详细规划编制提供的指导较为有限，亟须公共服务设施专项规划对总体规划进一步深化，并为控制性详细规划编制提供更详尽的编制依据。但在现行规划编制体系中，公共服务设施专项规划的法定地位尚未明确。

另外对于县城规划建设部门来说，受规划管理水平、经济水平以及土地财政的限制，往往无法有效组织公共服务设施专项规划的编制，大多在总体规划基础上进行局部地区的控规编制，从而便于地块的快速出让。在此过程中，难以对县城各项公益性公共服务设施进行详细的统筹设计，从而通过完善的定性与定量研究在控制性详细规划中对设施进行具体落位控制。基于现状条件，县城实际操作中对于公共服务设施专项规划的缺项是难以避免的，因此，需要在县城总体规划编制中以专项规划的深度要求加强对公共服务设施的定

量与定位研究，弥补因缺乏公共服务专项规划而导致的对相应各服务设施的考虑与配置过于粗略而实施困难的问题。

2. 控制性详细规划对公共服务设施的配置缺乏弹性和导向性

新型城镇化背景下县城建设快速推进，很多地区在控规还未覆盖时项目便已进入，相应出现项目的选址意见、设计条件及规划方案等。公共设施规划布局时，若对这些限制条件考虑不足，就会导致规划设施落地的可操作性较差，不得不经常进行控规调整工作。

在经济高速发展时期，县城的具体开发存在较多不确定性，无法对地块使用的具体要求进行较为明确的预测和安排。所以，如果在服务设施的配置中过于强调强制性内容和刚性控制，则会在后续规划管理中涉及较多的控规调整内容。

另外在规划编制中，规划编制人员往往以各类规范和标准作为设施配置的唯一依据，而忽视了对现状问题的求解。过于理想化的设施配置与布局最终导致规划成果的可实施性较低。因此，为了保证控规的权威性和可实施性，提高控规的弹性和导向性显得尤为重要。

（二）现有技术规范与标准的适用范围存在局限性

目前，公益性公共服务设施规划所涉及的技术规范和标准主要包括国家标准和地方标准。其中，国家标准又分为建设规划部门标准和相关部门标准两类（表 6-6）。

公益性公共服务设施相关建设标准　　表 6-6

类型	规范
公共服务设施建设相关规范	《城市公共设施规划规范》(GB 50442—2008) 《城市居住区规划设计规范》(GB 50180—93)(2016 年版) 《城市用地分类与规划建设用地标准》(GB 50137—2011)
教育设施建设相关规范	《城市普通中小学校校舍建设标准》(建标〔2002〕102 号) 《中小学校设计规范》(GB 50099—2011)
医疗设施建设相关规范	《综合医院建设标准》(建标 110—2008) 《中医医院建设标准》(建标 106—2008) 《妇幼健康服务机构建设标准》(建标〔2017〕248 号) 《综合医院建筑设计规范》(GB 51039—2014) 《城市社区卫生服务机构设置和编制标准指导意见》(中央编办发〔2006〕96 号) 《城市社区卫生服务中心基本标准》(卫医发〔2006〕240 号) 《城市社区卫生服务站基本标准》(卫医发〔2006〕240 号) 《医疗机构基本标准(试行)》(卫医发〔1994〕30 号) 《中央预算内专项资金项目县医院建设指导意见》 《中央预算内专项资金项目县中医院建设指导意见》 《中央预算内专项资金项目社区卫生服务中心建设指导意见》
文体设施建设相关规范	《公共图书馆建设用地指标》(建标〔2008〕74 号) 《公共图书馆建设标准》(建标 108—2008) 《图书馆建筑设计规范》(JGJ 38—2015) 《文化馆建设用地指标》(建标〔2008〕128 号) 《文化馆建设标准》(建标 136—2010) 《文化馆建筑设计规范》(JGJ/T 41—2014) 《城市社区体育设施建设用地指标》(建标〔2005〕156 号) 《体育建筑设计规范》(JGJ 31—2003)

续表

类型	规范
老年福利设施建设相关规范	《老年人社会福利机构基本规范》(MZ 008—2001) 《城镇老年人设施规划规范》(GB 50437—2007) 《老年养护院建设标准》(建标 144—2010) 《社区老年人日间照料中心建设标准》(建标 143—2010)

《城市用地分类与规划建设用地标准》(GB 50137—2011)中规定该标准"适用于城市中设市城市的总体规划工作和城市用地统计工作"。目前县城公共服务设施的编制主要依据《城市用地分类与规划建设用地标准》(GB 50137—2011)和《城市居住区规划设计规范》(2016 年版),并参考《城市公共设施规划规范》(GB 50442—2008)。因此,目前并没有形成专门针对县城公共服务设施规划的相关法律、法规、规章及技术规范。

县城直接参考城市标准进行公共服务设施配置的情况,与县城公共服务设施的现实需求与特征相背离。大中型城市公共服务设施表现出相似的均质性,而县城由于发展的相对不稳定性,公共服务设施呈现出千姿百态的特征。这就迫切需要针对县城发展特征进行相关公共服务设施技术规范与标准的调整,从而科学合理地进行规划。

(三)规划方法存在偏差

1."千人指标""服务半径"等模式化设施配置方式不适用于县城

以教育设施为例,传统的规划思维方式是用理想状态下的标准直接指导教育设施规划方案的制定,体现为对解决现状实际问题的针对性不足。如城市教育设施的规模主要是依据规划区内的人口规模进行估算,即采用"人地对应"的模式进行,体现为人口规模决定城市所需教育设施规模。设施的规划布局则主要以"服务半径"作为设施定位的主要依据。

但是就作为县域中心城市的县城而言,其教育设施不但服务于规划区范围内的居民,还要服务于广大县域的农村地区。如果仅仅按照规划区人口规模来计算所需教育设施的规模,并按城市教育设施的一般服务半径进行设施的布局往往是不合理的。因此,对县城在城镇体系中作用的认识决定了公共服务设施配置的方法是否合理。

以河北省张家口市沽源县城的教育设施为例,按照现行《城市居住区规划设计规范》(GB 50180—93)(2002 年版)的标准,其配建指标如表 6-7 所示。

居住区规划设计规范中教育设施配建标准　　表 6-7

类别	居住区	小区	组团
人口规模(人)	30000～50000	10000～15000	1000～300
用地面积(平方米/千人)	1000～2400	700～2400	300～500
建筑面积(平方米/千人)	600～1200	330～1200	160～400

来源:根据《城市居住区规划设计规范》(GB 50180—93)相关内容绘制。

根据该标准,目前沽源县城的人口为 4.95 万人,相当于居住区的人口规模,参照居住区级的标准计算其所需的教育设施的总量,若按标准规定的上限,即用地面积按 2400 平方米/千人、建筑面积用地按 1200 平方米/千人计算,县城需要的教育用地为 118800 平方米，建筑面积为59400平方米。而沽源县城目前实际的中小学总用地面积和建筑面积分别为：460320平方米和83250平方米，分别约为指标上限的4倍和1.4倍左右。而从实际来看，各学校的大班额现象较多，县城教育资源依然短缺。因此，若在县城依然按照城市教育设施的规划思路进行设施配建显然是与县城的实际需求所不符的。

2. 对设施配置的差异化要求缺乏关注

（1）对不同类型县城的差异化要求认识不足

相关公共服务设施规划标准只依据人口规模划分了小城市、中等城市、大城市三类，分别限定了普适性的总量控制，包括公共服务设施用地占中心城区用地的比例及人均规划用地面积，并没有考虑到县城发展的其他因素，制定差异化的指标体系。

（2）对不同发展阶段县城的差异化设施配置需求认识不足

不同县城的社会经济发展水平不同，生活在这个城市的居民对城市公共服务的需求与期望值也会不相同。所以，公共服务设施规划配置需要在现状分析的基础上对设施所处的发展阶段进行综合判断，从而合理确定近期与远期公共服务设施的发展水平与目标，以适应当地社会经济发展水平的提高所带来的城市居民对公共服务需求的增加。

新型城镇化背景下，不同经济发展阶段中各类公益性公共服务设施差异化的发展诉求在县城体现得尤为明显。比如在经济落后的偏远地区，“保量”仍然是需首要解决的问题，而东南沿海等经济发达地区，则致力于通过体制创新统筹，推进各级各类设施协调发展。在两种不同的发展任务下，公共服务设施的规划方法与指标体系将具有本质的差别，而在传统的公共服务设施规划中，这种差异化的需求往往被忽视，而采取舍本逐末的普适性规划思路。

3. 对设施空间布局的可实施性和高效性考虑不足

（1）未适当遵循市场化规律

市场化背景下，居民选择服务设施时倾向于“以脚投票”，往往选择自己较为满意的设施。在县城较为紧凑的空间发展模式下，对空间距离因素的考虑较为不周。公共服务设施的服务半径已跳出了计划经济下的理想模式。传统以服务半径布局设施的方法，忽视了市场化经济背景下设施的服务效率问题。

因此，应遵循市场规律，在服务设施的规划布局中调整原有的理想化布局方式。尤其是以盈利为目的或具有营利性的服务设施，在规划布局时应考虑人流因素和布局形态，选点时靠近主要的交通流线和人群集散点，从而由内向型社区服务转变为外向型服务。一方面保证足够的客流量，另一方面实现设施的服务效率。

如在河北省沽源县控规的初步设计中（图6-8），规划将社区卫生服务站和超市布局于住区内部，此类仅考虑内部服务的情况易造成设施因客流量较少而难以维系的情况。因此考虑到该类设施的对外服务性和营利性，在控规的深化设计中将设施调整布置于住区入口处。

（2）设施功能设置过于专一

受经济发展水平所限，我国很多县城公共服务设施建设主要依靠政策驱动而自上而下地统一进行设施安排。在这种设施分配模式下，设施功能设定较为专一化，大多是不同设施按具体功能分别设置，忽略了不同设施之间混合设置的规模效应。简·雅各布斯在其著作《美国大城市的死与生》中曾明确指出单一的功能区设置是对社会资源的极大浪费，因

图 6-8　设施的布局与市场规律发生矛盾

此，合理利用那些具有弹性服务的设施群体，或者在规划中注意提高设施功能的多元化和复合化，是提高空间利用效率、创造更有活力的场所的关键。

如河北省沽源县，现状图书馆、博物馆分散于城区内，由于设施功能单一且设施老化，现状几处文化设施的利用率较低，且未来进行规模扩展的用地有限。在规划中，将功能相近的公益性文化设施及其他具有营利性质的文化设施结合设置，形成具有活力的文化服务中心。

（3）与其他公共空间缺乏互动

公园绿地和广场作为城市中重要的公共空间，是居民日常交往的重要活动场所。体育设施、文化设施等用地与公园绿地间具有较高的相容性。将公园绿地与其他城市配套服务设施相邻建设，可有效促进两类设施对居民的吸引力，提高公共服务效率。在规划编制中，容易忽略公共服务设施与公共开放空间之间的关联效应，过于分散和孤立的设施布局较难形成有活力的公共空间，并最终引发设施服务质量低和经营不善的恶性循环。

如图 6-9 所示，位于街头的公园绿地，按照规划设想，街头的公园绿地应成为服务社区居民的公共空间，成为周边居民聚集活动的主要场所。但是对比两图，前图周边除了居住用地外，还有多种类型的商业设施，大大提高了公园绿地对居民的吸引力；后图周边缺少其他类型用地，用地较为单调，缺乏吸引居民到公园绿地活动的公共设施，容易形成一处绿地孤岛而与设计愿望相背离。

因此，县城公共服务设施的规划布局，应充分考虑与其他公共空间之间的环境关联效益，将开放空间进行有机关联，充分保障居民对各类公共服务设施的使用便利性与舒适性，提高公共服务的质量和效率。

图 6-9　街头绿地与城市公共空间关系

第二节　规划配置总体原则与影响因素分析

针对以上县城公益性公共服务设施现状问题与规划配置中存在的不足，特针对性地提出以下四个设施配置原则，在进行县城公益性公共服务设施规划配置时，应以此为基础开展相关工作。

一、配置原则

（一）建立城乡一体的级配体系

县城作为连接城市和乡村的重要过渡空间，它的发展对推动我国城镇化进程将起到积极的作用。公共服务设施既是城市功能的重要组成部分，又是县域公共生活的核心。如教育、医疗设施不只为城内居民服务，更多地是为全县人口服务，服务的范围和内容越来越广。

在城镇化发展过程中，要充分整合城乡资源，形成优势和功能互补，并基于公平的原则，加强公共服务设施建设，以满足城镇居民及周边农村居民日益提高的物质和精神生活需求。县域公共服务设施应根据公共服务设施的性质、规模等级、服务范围，构建以县城为中心、周边乡镇一体化、配置到“县城—中心镇——般建制镇—重点村”四个层级的服务体系。

（二）树立问题导向的规划思路

传统的规划编制往往用终极蓝图来体现规划意图，体现为重结果轻过程，对城市发展动态过程中可能出现的问题考虑不足。具体到公共服务设施的规划和配置，便是容易忽略对现状和近期问题的分析和研究，忽略不同发展阶段下设施配置标准的差异性。

因此，公共服务设施布局的规划思路也应当是“以问题为导向”，对县城的区位条件、城市职能、人口规模等影响因素进行深入分析，对现状公共服务设施进行细致调查。并应将研究视角扩展至县域，在对本地自然环境、社会环境进行深入了解的基础上，总结当地公共服务设施的突出特点，综合考虑各不同部门、不同层次的需求，有针对性地提出适宜性的规划策略。另外，规划编制中还应对地区居民的实际需求进行深入调研，注重居民需求的差异性和设施配置的差异性。

（三）采取弹性平衡的规划理念

国家规划标准在编制中为适应绝大多数城市，在指标制定时强调指标适用的广泛性和普适性，因而对某些特定城市的针对性不强难以避免。另外，国家标准编制的历史背景多集中于我国的计划经济时期，在那样的历史背景下，各个地区的需求相似性较高而差异化低。因此，标准在一定历史时期内对城市规划建设起到了较好的引导作用，较好地满足了居民对各项设施的使用需求。

但进入新的市场经济时期后，不同地区由于经济水平、产业发展路径、人口构成等方面的差异越来越多，对服务设施的多样化和差异化需求愈加明显，传统的国家标准已无法满足这些需求，国家标准在规划编制中的局限性渐渐体现。因此，应注重市场需求的时效性和多变性，提高规划的应变能力，形成近期建设、中期调控、远期预测相结合的方式[1]。

（四）强化功能混合的设施利用

简·雅各布斯在其著作《美国大城市的死与生》中强调“城市主要用途混合的必要性”，指出城市中过于单一的功能区设置的低效性，而合理利用不同设施群体进行混合功能设置才是提高城市活力的主要途径。

另外，随着市场经济的发展，土地功能单一的情况因过于低效而逐渐被多元化综合土地利用模式所取代。尤其是公共服务设施用地，将公益性服务设施与营利性设施结合设置，既可满足居民日益多元化的服务需求，又能互为促进，提高设施使用效率。另外，在新型城镇化背景下，设施的存量更新较为迫切，坚持土地集约节约高效利用，鼓励公共服务设施功能混合、用地复合，发挥设施组合规模综合效应是十分必要的。

二、影响因素分析

在以上四大原则的指导下，应对影响县城公共服务设施配置的几大因素进行统筹分析，把握影响公共服务设施总体规模与规划配置的主要矛盾和主导因素。

（一）区位条件

交通区位和地理区位的差异，决定了不同区位条件下的县城具有不同的发展动力和发展定位。比如在大城市周边地区的县城，由于区位条件优越，可以获得参与大城市产业和人口分流的机会，外部发展机遇较多。这类县城往往通过扩大产业规模和提高公共服务设施配置水平而逐渐成为区域性的公共服务中心，并为大城市多中心组团式发展结构的形成提供了可能。而位于偏远山区的县城，其外部发展动力较弱，难以对产业发展和公共服务质量的提高提供足够的刺激，从而导致县城发展缓慢，区域服务功能不显著。

因此，在进行公共服务设施规划配置时，对于外部发展机遇较多的县城，可适当提高公共服务设施配置标准和总体建设规模；对于偏远落后的县城，则应根据本地实际情况，合理调整设施发展目标，因地制宜地制定切实可行的设施配置标准与配置规模。

（二）经济水平

通过前文对公益性公共服务设施总体现状特征的研究可知，不同经济地域县城的公共服务设施用地之间指标差异十分明显。在以政府为公共服务设施供给主体的发展背景下，经济发展水平的区别是导致公共服务水平存在差异的主要因素。因此，在制定县城公共服

[1] 熊毅. 县域中心城市公共服务设施协调发展研究 [D]. 绵阳：西南科技大学，2010.

务设施发展目标时，应充分考虑基层政府对公共服务设施的供给能力，避免采用一刀切的方式制定设施发展目标而导致规划的脱离实际。

（三）城市职能

县城的城市职能主要是受自然条件、经济条件和社会条件等因素的影响。城市的产业、交通运输业以及公共服务设施的建设和发展影响着城市职能的形成。一般来说，农业型县城，其城市的基本职能相对较弱，在发展中更强调非基本职能，即主要为本市服务的活动，此类县城对公共服务设施的需求主要来自于本地居民，设施规模、设施级别有限；而工业型、旅游型县城，其城市的基本职能较强，主要为本市以外地区提供相应的货物和服务，因此对公共服务设施的需求也更加多样和全面，进行设施配置时，人口基数也不应仅仅局限于本地居民。

因此，城市职能定位不同，公共服务设施配置类型、规模及层级也必然存在差异。同时，与城市职能相对应地进行公共服务设施配套建设，可以促进城市职能的提升。

（四）人口规模与构成

1. 人口规模

通过对相关案例的研究发现，人口总规模影响公共服务设施的分级设置。若人口规模不超过 10 万人，一般仅设置县级公共服务设施即可，社区居民也可较为便利地使用县级设施。

在县城人口规模低于 20 万人，并且城市整体尺度和框架不大的情况下，公共设施按照两级设置即可，包括县级公共服务设施和社区级公共服务设施，此时居民对县级设施的使用较为便利。

人口规模增加至大于 30 万人时，县级服务设施已很难便捷地覆盖整个城市，此时宜增加区级公共服务设施来弥补县级设施覆盖不足的问题，形成“县级—区级—社区级”三级设施架构。

2. 人口构成

城市的人口构成不同，其对公益性公共设施的需求也各异。在计划经济向市场经济转变过程中，我国的社会结构也发生了深刻变化，从传统计划经济时代相对简单的社会结构逐步演变为市场经济条件下相对复杂的社会结构。人口构成的不同表现在衣食住行以及社会交往、环境选择等诸多生活行为方面，与之相应地需要多样的公共设施的支持和供给。由此，居民在受教育水平、经济收入、年龄层次等各方面的差异形成了对公共服务设施的多元化、多样化需求。

在各类差异化需求中，年龄层次的差异所引起的公共服务设施需求差异最为明显。尤其是近年来老龄化的不断加剧，老年群体对医疗、养老等社会服务的需求持续高涨。现状公共服务设施的供给，尤其是在社区医疗、文体娱乐和福利性服务设施等方面较为短缺，难以满足老年人的使用需求。因此，在老龄化较为突出的地区，应在公共服务设施的配置方面有所倾斜，着力解决老年人口的服务需求。

第三节　教育设施规划

随着我国城镇化的快速发展，中小学教育逐渐趋于城乡一体化发展。目前，我国多数农村教育资源分散，由于人口大规模流动和城镇化发展等因素，农村学校生源数量大大减少，并开始向周边县城甚至大中城市的中小学聚集。这样一方面造成农村地区学校生源减少，班额变小，师资和教育设施利用不足；另一方面，中心城区学校压力加大，班额数大大增加，学校设施超负荷运转的情况较为突出。因此，在区域范围内优化教育资源配置、均衡资源利用效率以实现城乡学校统筹发展是县城中小学规划布局亟待解决的问题。

一、技术路线汇总分析

2016 年 7 月，国务院发布了《关于统筹推进县域内城乡义务教育一体化改革发展的若干意见》，提出“针对东中西部、城镇类型、城镇化水平和乡村实际情况，因地制宜选择发展路径，科学规划城乡义务教育规模”。这就要求针对不同发展类型县城制定有针对性的教育设施配置和发展路径。

不同地区县城需解决的现状教育设施问题差异较大，相应地，不同县城在生源预测、设施分配方法等方面也不尽相同。本研究对已有教育设施配置的技术路线开展汇总和对比分析，其中，深入考虑县城教育设施发展特征的规划技术路线基本可概括为以下两种类别：

（一）注重现有设施潜力挖掘的设施预测与布局

该类教育设施规划技术路线主要采取“需求—定量—定位”的技术方法。首先，在生源数量预测中纳入户籍因素，分期确定在各发展阶段教育设施所需满足的生源承载需求；其次，在需求分析的基础上确定理想化的学校总数和班数等定量指标；最后，结合现有教育设施分析和已有相关规划分析，科学分析现有设施的容纳潜力，最终确定规划各学校数量和学校规模（图 6-10）。

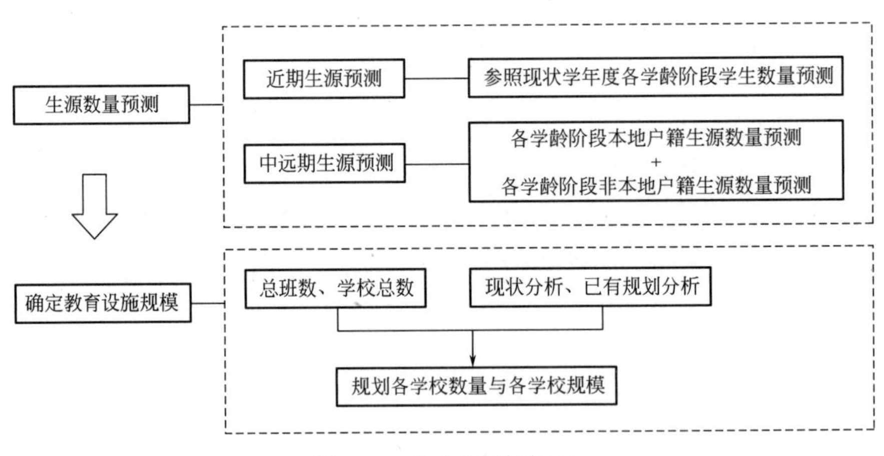

图 6-10　技术路线框架图

在生源预测中，分本地户籍生源和非本地户籍生源两类分别进行生源预测。其中，近期主要参照现状学年的学生数据。对中、远期生源的预测，首先根据户籍人口以及户籍人口中的本地户籍入学生源情况，预测中、远期户籍人口中各学龄阶段本地户籍生源数量；其次，分析历年来本地户籍入学生源数量与非本地户籍生源人数的比例关系，结合总规中对人口的预测，确定各学龄阶段非本地户籍生源人数；最终计算出各学龄阶段的总生源数量。

（二）以县城对县域生源的分流趋势为切入点的设施预测与布局

该类技术路线，以县城对县域生源的分流为切入点，首先对县城学生数进行科学预测；综合分析学校现状情况和发展趋势，提出切合本地实际的学校设置标准，学生数与学校规模、生均面积相结合，从而得到县城所需学校数量和建设规模（图 6-11）。

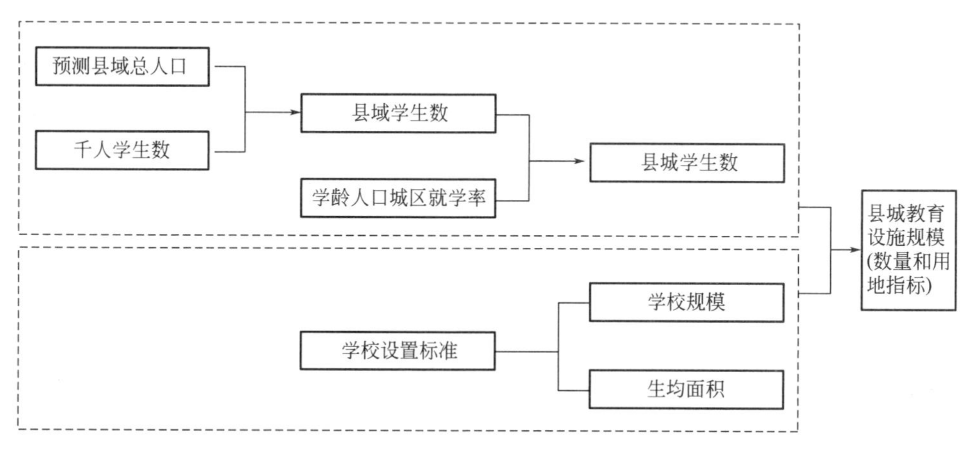

图 6-11　县城教育设施规模预测路线图

在生源预测方面，考虑县城对县域适龄人口的重要分流作用，综合城乡学生分布现状、教育发展战略和居民意愿，对县域学龄人口在县城就读的百分比加以预测，从而便捷地实现由县域学生数到县城学生数的推导。对生源的分期预测，以近期相关统计部门提供的各类人口数为基数，结合千人学生数和本地就读率对近期生源数加以计算，远期则应结合总体规划中所预测总体人口规模，预测生源数量。

两种不同的技术路线各有不同的侧重点和优缺点，未来在县城教育设施规划中，可根据县城实际情况，有选择性地对技术路线进行整合和参考（表 6-8）。

两类技术路线优缺点对比　　　　**表 6-8**

技术路线	优点	缺点
路线一	考虑了对非本地户籍生源的预测；对近期生源的预测方法较为科学；对现状设施潜力加以分析，重视对存量设施的更新改造	以现状学龄人口为基数进行近、中、远期各教育阶段学生数的预测，未与总规对远期总人口的预测进行统一和衔接
路线二	对于数据统计不完善的地区，数据获取相对方便；顺应县城对县域学龄人口的分流趋势，并实现数据量化	对非本地户籍生源的考虑较为弱化；对近期生源的预测过于理想化

二、相关指标研究

（一）县域学龄人口城区就学系数

在县城快速城镇化背景下，县域学龄人口向中心城区集中的流动趋势是影响县城教育设施用地规模和规划布局的主要因素。因此，在城区教育设施规模预测中，应以县域学龄人口城区就学系数反映这一趋势和需求。

结合河北省沽源县的实例进行说明：

由于掌握的数据有限，沽源县教育设施规划主要是考虑人口城镇化率与学龄人口城区就学系数的关系。以近年来学龄人口城区就学的主要发展趋势，来预测规划期内沽源县学龄人口的城区就学系数。截至 2013 年，沽源县县域城镇化率为 24.7%，而县域小学生、初中生、高中生城区就学系数分别高达57%、68%、70%，因此沽源县现状属于教育发展超前于城镇化建设的模式。

基于快速城镇化与教育发展的需求，关于沽源县教育与城区学校建设，规划未来依然采取教育超前的发展战略，表现为学龄人口城区就学系数继续高于人口城镇化率。在规划期内，沽源县人口城镇化率从 2013 年的 24.7%提高到 2030 年的 53%，为保持学龄人口城区就学系数的相对超前，参考人口城镇化的发展趋势，可确定小学生、初中生、高中生的城区就学系数分别提高到 2030 年的 60%、72%、90%（表 6-9）。

沽源县学龄人口城区就学系数预测表 **表 6-9**

学龄阶段	2013 年学龄人口城区就学系数	2020 年学龄人口城区就学系数	2030 年学龄人口城区就学系数
小学	57%	58%	60%
初中	68%	70%	72%
高中	70%	80%	90%

以上预测实践是规划模式下的指标研究，具体还应结合各地教育部门的教育发展战略进行调整，从而结合教育发展规划共同推进和实施。同时，教育部门在进行制定发展规划时，也应将县域学龄人口城区就学系数纳入考虑，从而对县域学校的调整及各学校在县域教育发展中的责任和地位进行更切合实际的论证，并统一该指标使教育发展规划与专项规划进行有效衔接。

（二）学生宿舍配置标准

随着县域学龄人口城区就学率的提高，未来相当长一段时间内，县域内学生集中到县城就读的现象将会持续存在。因此，县城各学校学生宿舍配置的需求也将持续高涨，各地区有必要结合自身实际情况，有针对性地提高相应设施的配置标准。

相关国家标准对学生宿舍配置标准的规定：《城市普通中小学校校舍建设标准》（建标〔2002〕102 号）中对住校学生的居住标准规定如表 6-10 所示；《中小学校设计规范》（GB 50099—2011）中规定在学生宿舍中“居室每生占用使用面积不宜小于 3 平方米”；

城市普通中小学学生宿舍生均使用面积表（单位：平方米） **表 6-10**

学校类别	完全小学	九年制学校	初级中学	完全中学	高级中学
使用面积	3	3	3	3	3

来源：《城市普通中小学校校舍建设标准》（建标〔2002〕102 号）。

关于学生宿舍的配置标准，大多数地方的标准是要求遵循国家标准的相关规定，个别地区在国家标准的基础上，对学生宿舍配置标准进行了一定的提高，如河北省和浙江省，提出学生宿舍生均建筑面积不低于 5 平方米的规定。

《河北省义务教育学校办学基本标准（试行）》中规定："寄宿制学校应当根据需要增加建筑面积，学生宿舍生均建筑面积按照小学不低于5平方米、初级中学不低于5.5平方米"。

《浙江省义务教育标准化学校基准标准》中规定："如有寄宿学生，应按照生均建筑面积不小于5平方米的标准增加相应的学生宿舍面积。"

另外，有的地方标准在宿舍生均建筑面积与国家标准对接的基础上，对宿舍建设规模进行了更详细的规定，对应不同的学校规模，对宿舍规模进行总量控制。如《安徽省义务教育阶段学校办学基本标准（试行）》中对学生宿舍面积指标的规定（表6-11）。

安徽省义务教育阶段学校行政及生活用房面积定额（面积单位：平方米）　表6-11

小学	6～12班		12～24班		24～36班	
	间数	每间使用面积	间数	每间使用面积	间数	每间使用面积
学生宿舍	10	18	10～20	18	20～30	18

来源：《安徽省义务教育阶段学校办学基本标准（试行）》。

以上控制方式，前者仅对建筑面积提出要求，在具体实施中较为灵活；后者由于忽略县城寄宿学生数的不可控而导致建设容量的不足。因此，在县城教育设施规划配置中，应认真研究现状寄宿学生比例与未来发展趋势，根据本地实际情况和不同学龄阶段学生特征，提出适宜的学生宿舍用地比例与生均建筑面积控制标准。

三、存量更新为主的设施空间布局

部分县城教育设施现状用地多存在生均面积较大、未来发展空间较为充裕的情况。因此在教育设施需求预测的基础上，规划不应盲目增加教育设施数量，而是应再次审视现状学校的容纳潜力与发展可能。规划可结合实际情况，在条件允许的情况下就地扩建、合并或将其就地转化为其他类型学校。

如河北省沽源县，已完成建设的高中新址按生均用地面积核算后可容纳6000多人，完全可满足远期预测学生数，因此未增加新的高中；现状初中和九年一贯制学校存在现状生均面积过大的问题，规划中采取存量更新、就地扩建以及逐步改善教学与住宿环境的措施来满足远期发展需要。

第四节　文化设施规划

文化设施不仅具有丰富居民文化生活的功能，更是体现城市文化精神面貌和文化底蕴的重要场所，本研究的文化设施主要聚焦于县级图书馆和使用需求较为迫切的青少年活动中心。

一、发展需求判断

（一）图书馆是丰富居民精神文化生活的重要场所

1. 数字图书馆建设

网络信息技术已逐渐改变了图书馆的物质形态，随着传统的阅览职能逐渐减少，图书借阅、网络浏览、信息整理交流逐渐增多，数字图书馆会成为未来公共图书馆的主要形态。数字图书馆是以保存电子文献并通过计算机和网络传递数字格式的文化资源为其主要职能，与此同时还承担对网络信息进行虚拟链接并提供相应服务的职责。

在江浙地区调研中发现，普通的电子阅览室等信息资源浏览设施实际使用效率较为有限。基于此，宁海县图书馆在数字图书馆建设方面进行了有益的探索。

宁海县图书馆位于柔石公园南侧（图 6-12），为低密度园林式建筑形式，是国家一级图书馆。图书馆除了常规性服务外，还开展了预约借书、集体外借、送书上门等服务。利用移动网络服务的普及，图书馆开设了宁海县移动图书馆，通过微信扫描二维码登录借阅证号即可免费订阅有声读物、电子书籍和多种报纸等，极大地便利了居民对图书馆资源的利用与共享，拓展了图书馆的服务范围与服务半径。

图 6-12　宁海县图书馆

（摄于 2015 年）

2. 自习室需求持续高涨

据调查，基于就业准入制度的推进及考试的需求，读者对图书馆自习室这一功能空间的需求持续上升。在县城调研中发现，相较于电子阅览室、图书借阅室的冷清，自习室和可以进行自习的报刊阅览室利用率相对较高。县城自习室的利用人群多为中小学生和准备自考的青年人，利用群体较为固定（图 6-13）。

因此，在图书馆建设中，应提高自习室空间的配置比例，或将其他功能空间与自习功能进行灵活转换，以满足读者对此类空间的使用需求，从而保证设施的利用效率。

3. 综合性、多功能空间建设

仅能提供单一服务的传统图书馆已难以满足居民日益多元的文化需求，只有向多元化和综合化转型，根据新时期居民的需求适时调整服务内容和服务形式，才能改变目前利用率低下和资源浪费的现状困境。

如浙江省武义县图书馆，是一处集公共图书馆、名人艺术馆、展览馆等多功能为一体的综合性图书馆。图书馆内设有多功能报告厅、艺术馆、绘画陈列馆、电子阅览室、图书借阅室、报刊工具书阅览室、参考阅览室、少儿阅读乐园、行政办公室等。除了完善的室

图 6-13　县城图书馆自修室
（摄于 2015 年）

内环境外，还配备有约 2000 平方米的室外绿地与庭院。除了提供图书借阅服务，该图书馆还作为艺术馆、展览馆、学术交流中心、爱国主义教育基地以及市民日常休闲场所而存在。武义县图书馆已不单纯是一座公共建筑，更是一处为广大居民所喜爱的服务多样化、交流多样化、具有吸引力的公共活动场所。

宁夏银川贺兰县图书馆，积极探索和组织对中老年人和青少年有吸引力的活动和培训课程，如免费开办中老年人电脑培训班、书画培训班、数码相机培训班，定期举办专家国学讲座、健康讲座、3D 体验、周末少儿动漫影院等。通过积极调整和迎合现代社会中老年人和青少年的文化需求，极大提高了图书馆对居民的吸引力，充分体现了图书馆作为重要文化设施所应发挥的重要作用。

因此，丰富图书馆的服务内容、组织具有时代特色的文化活动是再次激发图书馆活力、提高利用效率的主要途径。

4. 资源共享

县级图书馆是我国公共图书馆事业最低一级机构，不可能将图书、音像制品等出版物收集齐全，必须依靠不同图书馆之间各种形式的合作，才能满足民众的不同需求，因此，资源共享将成为公共图书馆事业的发展趋势。资源共享并不仅意味着图书馆与图书馆之间共享书刊资源，还包括图书馆全部服务内容的共享，包括文献采集、文献资源加工、文献资源存储、文献数字化以及资源流通服务共享，达到公共图书馆资源的全面共享。

(二) 社区文体服务中心是组织老年人参与日常文体活动的主要场所

与传统的养老机构养老相比，新兴的将居家养老和社区服务相结合的养老模式具有更高的可接受性。尤其是随着社区服务功能的完善，分担了家庭养老的负担和成本，在家庭养老与社会养老之间形成了平衡点。社区服务在养老中的地位正变得越来越重要，社区服务辅助家庭养老模式是未来主要的发展趋势。

另外，据有关调查显示，老年人的行动范围较为有限，主要的活动范围一般集中在最为熟悉的居住地附近。因此，作为老年人丰富精神文化生活、促进交流主要场所的社区文体服务中心建设将成为未来各县公共文化事业建设的重点，同时也是社区居家养老模式服务内容的重要组成部分。

二、设施配置与布局要点

(一) 注重设施需求调查分析，丰富设施服务内容和形式

文化设施现状具有数量不足与利用率低并存的现状使用特征，导致这一现象的原因主要是居民日益多元化的文体生活需求与传统的设施供给内容和供给方式之间存在矛盾。因而，在文化设施规划中，应强调对本地居民设施需求意向的调查和统计分析，有针对性地制定适宜于本地需求的设施内容和配置标准。

如沽源县，对现状文化设施的使用现状及期望进行分析评价（图 6-14），从而提出合理的设施调整与规划配置意见。其中，在现状调研的基础上，一方面提高需求较高的设施配置比例，另一方面将现状需求度较高的设施统筹安排近期实施。

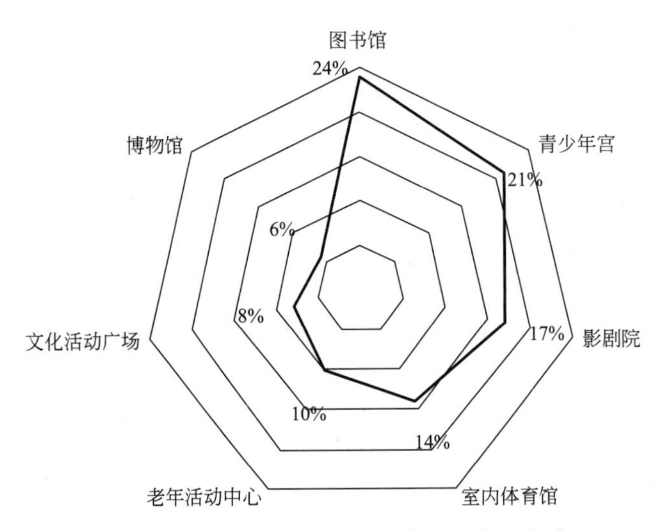

图 6-14 沽源县居民对文化设施需求意向统计

在文化设施总体判断的基础上，还应对重点配置的单项设施进行详细调研。以图书馆为例，具体的研究步骤应包括：结合对图书馆工作人员的调研访谈，对图书馆现状使用情况和主要影响因素进行分析；对本地居民对图书馆服务内容和服务形式的具体需求进行调查分析；确定现状图书馆的改扩建形式或新建形式，并根据设施功能设置情况和服务人口规模确定设施建设标准。

（二）强调多元功能混合设置的县级文化中心建设

单一功能的土地利用模式已不适应市场经济发展背景，提高土地利用的多功能性、复合性及高混合度是目前应对市场需求的主要方式。在规划实践中，将公益性公共服务设施与经营性用地或设施结合配置，既可满足居民多元的服务需求，又可促进两类设施提高利用效率，促进经营性用地的盈利。

因此，建议县城新建文化设施宜以“多馆合一”形式建设成为综合文化中心，即采取多类型设施集中设置的形式，主要把图书馆、文化馆、博物馆等公益性和半公益性服务设施与电影院、商场等营利性设施结合设置，适合县城紧凑的空间形态和居民的使用需求，形成单个场馆不可替代的规模效应。

（三）以自组织更新为主的老旧社区文体设施适老化建设

社区级文化设施建设的现状问题主要体现为新老社区设施发展的不均衡，老社区较高的设施需求与有限的发展空间的矛盾较为突出。因此，应以自组织更新改造为主，充分发掘老旧社区的发展潜力，在更新改造中拓展社区服务设施的建设空间和提升服务质量，尤其增加老年人居家养老所必需的老年服务设施，并适当提高配置比例与配置标准。

如图 6-15 所示，自组织更新工作的内容一般包括三个方面：

（1）组织交通，疏通道路微循环：整治被私搭建筑等阻塞的巷道，形成较为通顺的网状巷道系统。

（2）完善绿化，织补绿化空间：通过拆除闲置危旧房屋增加空地，利用空地布置绿地和公共活动空间，并将活动空间与内部步行道路进行衔接，改善室外活动空间。

（3）增加设施，梳理和增补公共服务设施：利用居住区内的闲置用房或临时建筑，通过空间改造和功能转换，形成老年人活动室或小型文体活动室、小型便利店等服务设施。

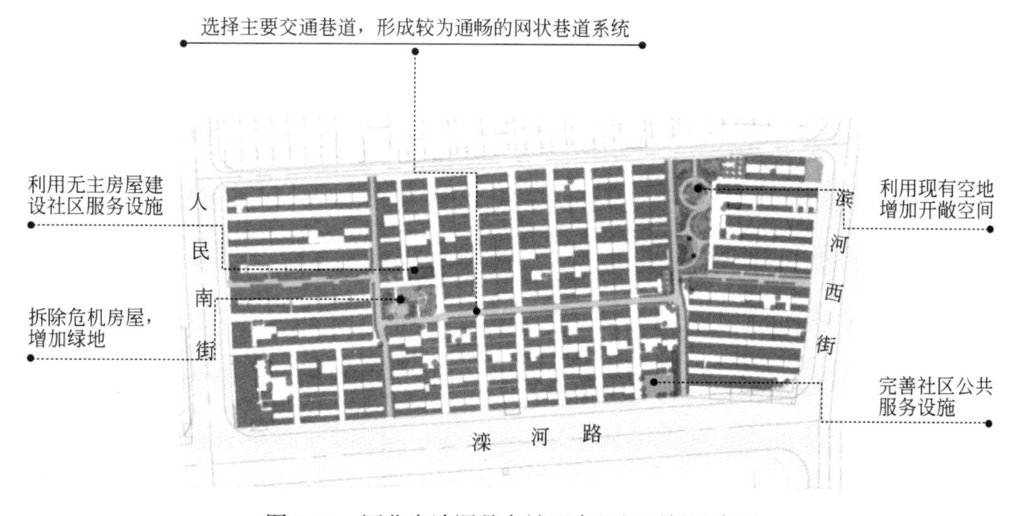

图 6-15　河北省沽源县老社区自组织更新示意图

在县城社区文体服务设施的配置中，各地方实践中应根据不同社区各年龄段老龄人口的现状需求与发展趋势，提出更为具体的针对服务老年人的设施服务内容与设施设置比例、规模等要求。未来，有条件的地区应逐渐将托老所的设置改为“应配建项目”，设置床位数则可根据自身情况灵活调整。

第五节　新型社区公共服务中心——邻里中心初探

一、概念溯源

随着社区公共服务能力和服务需求的逐渐提高，社区服务中心在设施建设、服务资源管理等方面进行不断调整与尝试。其中，邻里中心是目前来说在城市社区服务中较为成熟的一类模式。

邻里中心，又称街坊中心，是源于新加坡的新型社区服务概念，其实质是集合了多种生活服务设施的综合性市场，是集商业、文化、体育、卫生、教育等于一体的“居住区商业中心”。[1] 新加坡的邻里中心是独立式建筑，为2万～3万人提供服务。邻里中心摒弃了沿街为市的粗放型商业形态的弊端，也不同于传统意义上的小区内的零散商铺。[2]

另外，在新加坡还设有民众联络所（民众俱乐部），是一个为民众提供社会福利、健康、交往、参与等服务项目的公益机构。一般与邻里中心分别独立建设。

在我国，许多大城市已在借鉴新加坡邻里中心建设模式和建设经验的基础上，开展了许多有益的探索。其中较有代表性的地区包括北京、南京、苏州工业园、天津中新生态城等。各地在实践探索中并不是照搬新加坡模式，而是结合我国实际情况，将邻里中心的商业功能和政府投资的公益性公共服务设施进行有机结合，建立适应我国情况的商业开发与社区管理相结合的新模式。

基于此，本文所提“邻里中心”的概念同新加坡的邻里中心有所区别，是指集商业服务、公共服务（休闲娱乐、文化体育）、公民参与为一体的全功能、综合性服务设施载体。

二、我国县城对“邻里中心”的实践探索

我国县城对这类社区服务设施的建设尚处于探索阶段，在实地调研中尚未发现将商业服务与公共服务设施综合设置的案例，大多是单纯的商业中心或公益性公共服务中心。

如浙江省在2014年宁海县规划局逐步开展了“邻里中心”的布局规划。在宁海县，邻里中心的建设模式包括功能整合型、项目依托型、独立建设型三个类型，并明确近期规划建设邻里中心27处。

在规划工作开展中，确定在“邻里中心”功能业态上，设置超市、菜场、银行、餐饮、美容美发、健身房、家政服务、药店、干洗店、维修点、废旧物资回收点、诊所12项基本服务，并设置4项社区服务功能，即社区办公室、综治警务室、卫生服务站（与诊所结合设置）、活动中心。建设规模上设定了相应的人均指标；用地布局上，位于整个服务中心，服务半径约为10～15分钟步行距离。

截至2015年11月的实地调研，宁海县共建成了两处“邻里中心”。一处是位于桃源

[1] http：//news. bandao. cn/news _ html/201711/20171103/news _ 20171103.
[2] https：//www. sohu. com/a/146919409 _ 679854.

中路的小小万家桃源中路邻里中心，一处是跃龙街道车河社区邻里中心。两处邻里中心的形态差异较大。

结合对安吉县邻里中心的探索性建设调研，其现状特征可总结为以下两个方面：

（一）设施服务具有针对性

安吉县将社区文体设施的服务对象聚焦于对设施需求度较高的老年人和青少年、儿童，制定更加具有针对性的服务设施和服务内容，提高设施利用率。

另外，积极应对人口老龄化现象，为充分满足老龄化人群的日常生活需求，邻里中心建设中针对老年人需求的公益性服务设施（如文化活动室、卫生服务站等）占有较高比例。

如跃龙街道车河社区邻里中心（图 6-16），结合车河社区居委会而建，形成了社区邻里中心服务大楼。邻里中心开设活动区、服务区和办公区，共三层，占地面积约 300 平方米，建筑面积约 600 平方米。

图 6-16　安吉县车河社区邻里中心
（摄于 2015 年）

活动区内根据老年人的需求设有多功能邻里中心大厅、科普养生馆、康复中心、电子图书阅览室、棋牌室、乒乓球室、社会组织室、多功能文体厅等。电子图书阅览室全年向社区居民开放，活动室设有适合各年龄段儿童阅读的图书，科普、文学、天文、历史等藏书百余册，为孩子们营造了阅读和学习的良好氛围，在寒暑假还会定期开展青少年读书沙龙等活动。

办公区内设有一站式便民服务大厅，建筑面积 220 余平方米，设有 8 个服务窗口，服务区开设舞蹈班、戏曲班、围棋班、编织班、美术班等学习团队，定期开展学习活动，丰富了社区老年人的精神生活。

（二）设施功能具有复合性

提高功能复合度，将设施集中设置，既提高了土地的集约利用，又聚集了社区级服务设施的人气，营造良好的公共生活氛围。

如临县城主要街道桃源中路而建的桃源中路邻里中心（图 6-17），是宁海县建成的首家邻里中心。其建设模式更接近于新加坡的邻里中心模式，由宁海县小小超市有限公司投资开办，以商业服务功能为主。营业面积约 3000 平方米。采取“菜市＋超市＋生活”服务类商铺经营模式，分层设立快餐、药店、菜市、超市、经济型酒店等服务设施，形成一处“居住区商业中心”。

图 6-17　安吉县桃源中路邻里中心
（摄于 2015 年）

三、县城邻里中心空间布局与运营管理

在综合我国城市和县城对社区邻里中心建设经验的基础上，总结出以下五条在县城社区邻里中心布局与运营管理中应遵循的基本原则：

（一）避免照搬城市建设经验

县城与城市在人口规模、经济水平等方面存在较大差距，在社区邻里中心建设中除借鉴城市邻里中心的建设经验外，还需注意在开发规模、业态配置、服务范围等方面与城市有所区别。

首先，县城社区开发强度普遍低于大城市，邻里中心所服务的社区人口规模与城市有所区别。为保证社区服务设施的服务效率和利用效率，一方面可以适当缩小社区邻里中心的建设规模，另一方面，可采取两个社区合建一处邻里中心的做法。

其次，社区邻里中心具有盈利的需求，应在充分的县城市场调研基础上，确定邻里中心的建设规模、业态设置与业态配比，从而实现设施的可持续运营与发展。

（二）以公共交通可达性作为区位选择的主要依据

构建有活力的邻里中心需要大量居民能够便捷到达，因此，在邻里中心区位选择方面，应将交通因素置于首位。相较交通主干道所带来的交通安全、噪声干扰、停车空间有限等限制因素，在公共交通的线路和站点附近布置邻里中心更易创造宜人的活动空间，且可保证足够的人流量。

基于此，建议社区邻里中心在选址时围绕公交线路交汇处或重要站点进行布点，形成公共交通与社区公共服务一体化的空间发展模式。

（三）高混合式的功能设置

随着县城规模的扩张，传统的社区邻里关系正逐渐消融和瓦解，并逐渐由新型的经济社会关系所取代。所以，新的社区服务中心不仅承担着恢复邻里关系的职责，更需要承载新的经济与消费功能。

因此，相较于传统社区中心单纯提供公益性服务设施，邻里中心更强调商业服务功能的引入，强调多种服务功能的有序混合。各种服务功能间的互补，可有效满足居民日常出行的多样化需求，并将居民的活动进行集中，为营造多样、丰富的社区氛围和交往场所创造有利条件。另外，功能的混合设置，可形成规模效益，提高设施利用率。

（四）集中与内部沿街式相结合的空间形态

在已有邻里中心建设实践中，服务设施多为单栋建筑的形式，空间布局高度集中。相较于社区服务设施沿主次干道分散布局的空间形态，集中式布局易于形成高识别性的社区中心，且利于集中投资建设，便于管理。但单纯的集中式布局也存在较多缺陷，一是社区内居民到达邻里中心的距离相对较远，便利性差；二是多邻交通性主干路难以形成宜人、安全的交往空间；三是县城内老城区建设空间有限，难以有完整的地块进行集中式设施建设。

传统的沿街式社区服务设施布局，相对来说缩短了居民与各类设施之间的空间距离，并提供了更加安全和积极的街道生活交往空间。因此，建议在县城邻里中心建设中将两种布局模式进行有机结合，将公益类设施相对集中布置，与之功能互补的商业性设施与之紧密相邻并沿社区内部街道布置，提高空间利用的经济性和宜人性。

（五）设施运营与管理

1. 政府主导，搭建多元主体参与的服务供给平台

传统社区服务中政府作为单一的服务供给主体，常常因为资金缺乏导致服务不到位和不可持续。在邻里中心的运营中，采取由政府、市场以及社会资源、居民共同构建的公共服务平台，通过对设施营利性的兼具，实现公益服务的可持续。所谓政府主导，是指政府是社区公共服务的主要管理者，政府与公司化运营相结合，通过半市场化运作的邻里中心为居民提供公共服务，通过公共服务平台发挥其主导作用。

在邻里中心的运营中，政府主要作为投资者和管理监督者，并在设施规划布局中占有主导地位。邻里中心公司是主要的运营部门。比如在苏州工业园区的邻里中心建设中，邻里中心公司主要采取“商业＋公益”的模式，在运营营利性设施的同时，安排专项资金与苏州市图书馆联合设立了邻里中心分馆，将图书馆等文体服务设施对居民实行免费开放和低偿服务，为社区居民提供了更全面的文化服务。通过招商而加盟的商户，是邻里中心商业服务的主要提供者。

2. 重视市场竞争机制，参与式治理

在公共服务供给中，政府应适时转变角色，将市场能够处理好的事务交还给市场，采取参与式治理模式。政府可通过招标、授权等方式，实现公共服务内容的规模化和社会化。

通过增加商业零售、餐饮等营利性服务设施，为邻里中心的建设注入市场化的社会资本，从而有效支持邻里中心的健康运营。既解决了政府对社区服务设施建设资金不足的问题，又利于社区服务设施的可持续性发展。

第六节　与规划编制体系相结合的设施配置编制要求

一、县城总体规划

（一）加强与细化县城总体规划中对公共服务设施相关编制内容的要求

城市总体规划中对公共服务设施编制深度的规定是要求大体确定市、区两级公共服务中心及各项公共设施分布与用地范围，对社区级设施可以不予体现。而在县城，受经济水平和管理水平限制，公共服务设施专项规划多面临长期缺位的问题。总规深度的公共服务设施配置难以直接有效指导控制性详细规划中对各级公共服务设施的定量与定位配置。在总规工作基础上编制的控规，往往存在设施的配置过于理想化而缺乏实施性的问题。

总结我国相关的公共服务设施专项编制实践，公共服务设施专项规划主要从不同服务行业的发展来深入分析，主要包括以下内容：对现有公共服务设施进行综合分析；科学预测城市未来对公共服务设施的需求并对设施进行统筹布局；提出各类设施规模要求并相应落实到空间；确定各类设施的专业建设标准；提出近期需要建设的公共服务设施重点项目以及规划实施步骤、措施和建议等。

因此，建议在没有专项规划编制预算的地区，以专项规划的编制要求切入总体规划，加强与细化县城总规中公共服务设施相关内容的要求，提高作为强制性内容的公共服务设施配置的科学性、合理性与可实施性。

（二）引入设施“服务人口系数”

由于县城各项公共服务设施服务范围广且类型众多，如果只是笼统地将所有设施的服务对象对应县城人口，肯定会造成设施配置与其实际服务人口数量不相匹配。

基于此，建议各地在规划编制中从不同公共服务设施的特征和服务人口特点出发，针对不同服务设施提出其各自的“服务人口系数”，在总规所预测人口总量的基础上，结合服务人口系数，对各类服务设施的服务人口规模进行调整和预测。保证各项服务设施的建设更加符合实际的使用需求。

如河北省沽源县，规划期末中心城区人口为 12 万人。以此为基数，在进行医疗设施规模预测时，考虑沽源县现状旅游服务能力和日益增多的外来旅游人口，取服务人口系数 1.1，将外来旅游人口和周边县市的辐射服务人口纳入城区医疗设施的服务对象。为科学合理的布局医疗设施奠定了基础。

二、控制性详细规划

（一）以现状问题为导向的分期控制工作思路

在控规编制中，往往忽视对现状问题的求解，对现状调查分析研究部分的工作深度不足，导致无法明确公共服务设施规划配置所需解决的现状主要问题。因此，在控规编制中，也应以现状突出问题为导向。

另外，根据现有公共服务设施的现状情况和需新建设施的建设迫切程度，可将设施的建设分为“现状保留—现状改造—近期建设—远期建设”四种类型，明确建设时序和建设措施，可有效推进项目的实施，并保证远期建设项目有充足的预留空间。

（二）刚柔并济的控制方法

公益性公共服务设施关系到居民生活的各个方面，设施种类多样，对用地的需求也较为多样。因此，应根据不同设施对用地需求的不同特点划分为单独占地和结合其他设施综合设置两类分别进行规定。如对于中小学、医院等大型公共服务设施，应做到定位、定量和定界的刚性要求；而对社区服务设施，则可结合近远期建设需要，对近期难以确定的地块仅定大概的落点和控制规模，进行柔性控制。

另外，在市场化背景下，县城不同区域和不同开发时限内的用地问题具有差异性，应在控规中灵活应对不同区域的问题：对开发意向明确的或是近期待建地块，可对所需配置的公益性服务设施进行定量与定位的刚性控制要求；对远期（景）发展用地或尚无具体开发需求区域的开发，该区域公共服务设施等指标的确定则可放宽限制，公共服务设施配置仅需按街区层面或街坊层面的控制要求进行编制，确定街区内所需配置设施的总量，设施在街区内进行总量平衡，待未来开发有需求时再落实至具体地块。

第七章　县城绿色交通系统规划方法研究

第一节　绿色交通理论概述及实例研究

一、绿色交通规划概述

绿色交通的主要任务是以绿色交通理念为主导，以绿色交通政策和交通工程技术为手段，交通参与者共同参与的交通模式。绿色交通是指适应人居环境发展趋势的交通系统，以方便、快捷、安全、高效、低排放为主要特点，有利于生态和环境保护，以公共交通和绿色交通方式为主导的多元化的城市交通系统。

绿色交通体系理论认为按照交通方式的能耗和排放影响进行交通工具优先级排序，绿色交通方式的优先级依次为：步行、自行车、公共运输工具、共乘车和单人驾驶自用车。这一观点被普遍接受并作为评价绿色交通的标准。在满足交通需求的同时能够减少交通能耗和排放，构建和谐、宜居、以绿色的交通体系逐步成为对绿色交通研究的共识。

随着我国城市化进程的加快，各级城市交通问题日益突出，国内学者及实践人员对绿色交通的研究也逐步深入，逐步探索出适合我国城市特点的绿色交通模式。清华大学陆化普教授认为“绿色交通应当是以较小的资源投入、最小的环境代价、最大限度地满足当代城市发展所产生的合理交通需求，并且不危害满足下一代人需求能力的城市综合交通系统。”同时也有专家指出绿色交通应当从城市规划视角，探索规划源头治理，从用地结构层面解决交通问题，增强绿色交通与土地使用模式的有机结合，优化交通路权，避免机动化主导的交通方式，以最少的社会成本实现最大的交通效率。

具体来看，绿色交通规划设计包含了绿色交通发展目标、绿色交通战略及政策设计、绿色交通设施及工程建设、交通工具的配套供给等一系列内容。绿色交通的最终目标是引导居民选择绿色的交通出行方式，以绿色低碳交通工具作为首要的交通选择，最终达到绿色低碳、节能减排的目的。

（一）交通结构方面

引导居民逐步转变交通出行方式，鼓励交通参与者选择绿色交通出行方式、提升绿色交通出行比例是绿色交通发展理念的核心环节。这意味着有两种变化：一是引导交通参与者从能耗较大的小汽车出行转变为能耗较低的绿色出行方式；二是引导交通参与者强化或者形成绿色交通出行的认识。县城发展过程中呈现的主要是后者的变化，给予选择绿色交通的人更大的通行空间，提升出行品质，同时应大力发展公共交通，满足居民各种出行距离的需求。

（二）道路网络方面

道路网络是构建绿色交通体系的载体，当前我国县城道路网络规划设计与城市采用统一标准，在道路类型划分、人均道路用地面积以及相关道路网络指标方面都要求与大城市相同。按照《城市用地分类与规划建设用地标准》（GB 50137—2011）中的要求，规划城市道路与交通设施用地面积占城市建设用地的10%～25%；规划人均道路与交通设施面积不应小于12.0平方米/人。而依据《城市道路交通规划设计规范》（GB 50220—95）要求，规划城市人均占有道路用地面积宜为7～15平方米/人。其中：道路用地面积宜为6.0～13.5平方米/人，广场面积宜为0.2～0.5平方米/人，公共停车场面积宜为0.8～1.0平方米/人，规范还对设计车速、道路网密度和机动车道设计等内容作了详细规定。事实上，按照这样的标准在县城控制道路交通规划设计方面具有一定的局限性。2015年我国县城现状人均道路用地面积达到15.98平方米/人，已经高出规范要求最大值，因此需要结合县城交通实际深化道路网络研究。

道路网络的另一项重要内容是对城市道路等级的划分，当前不同国家道路等级的分类也不同（表7-1）。

不同国家道路等级分类[1]　　**表7-1**

城市道路分类	美国	英国	日本	中国
机动车专用道路	高速公路	高速公路	机动车专用道路	快速路
主要道路	城市主要街道	高等级街道	干线街道	主干道
次要道路	城市次要街道	居住区街道	干线街道	次干道
集散性道路	城市集散性街道	居住区街道	区划街道	支路
地方性道路	城市地方性街道	居住区街道	区划街道	支路
其他道路	—	—	特殊街道	—

（三）用地布局方面

与大城市相比，县城用地混合度较高，城市规模尺度较小。绿色交通模式在县城具有良好的适应性，建立起以公共交通、自行车交通、步行主导的“小街坊”的用地布局模式，保证可接受步行范围内服务设施的可达性和便捷性。这种“小街坊”的模式在国外的城市发展中得到广泛认可，并作为规划的主要目标。“小街坊”不同于以往划定超大街区并在其中安排单一土地使用和建筑的模式，这种新的模式将展示小型的街区如何创造建筑形式多样、土地混合使用的城市，允许混合用地的布局，实现“小街区”的规划格局。

住房城乡建设部2011年提出《绿色低碳重点小城镇建设评价指标》，该指标体系将城市建设用地集约性作为重要评价内容，明确规定了道路用地适宜度，鼓励“窄马路、高密度”的交通模式，在具体评价过程中主干路红线宽度≤40米得1分，宽度40～60米得0.5分，宽度>60米得0分，由此看出绿色低碳的小城镇发展不鼓励过大过宽的道路网络。

（四）交通设计方面

交通设计是交通理念、交通结构设计等宏观要求到交通工程设计及施工等微观控制的中间环节，交通设计既要落实整体交通目标又能够针对主要交通矛盾及挑战提出切实可行的解决方案。绿色交通设计的关键是建立起规划、设计、建设、管理等一体化的设计体系。

---

[1] 李凤，毕艳红. 中小城市交通发展之路［M］. 北京：人民交通出版社股份有限公司，2014.

绿色交通设计在设计内容上，既要包含常规的交通设计所包含的道路竖向规划设计、道路平面规划设计、道路横断面规划设计、路段及节点渠化设计、宁静化交通设计、交通管理设施规划设计、无障碍设计、街道设施小品设计等内容，同时更应突出人性化设计的特点，不仅要考虑道路红线范围内的要素，更要综合统筹周边用地条件、景观水系、城市绿地、建筑红线与道路红线之间的其他相关要素，以形成一个良好的交通系统和城市空间环境。

在工作方法上绿色交通设计要做好与城市设计、控制性详细规划等相关规划的衔接工作，保障规划的可实施性，通过城市设计提升交通出行环境和交通品质，预留交通渠化的空间，把握各个交通设计要素的合理性，如车道宽度、路缘石宽度、公交站台长度、公交站台的位置等，结合控制性详细规划落实静态交通用地、主要交通设施布局和机动车出入口等设计内容。通过协调绿色交通与相关规划内容能够保障绿色交通理念在县城中更好地落地实施，提升公共交通、慢行交通的出行品质，提升交通系统整体效率。

二、县城道路交通现状问题

（一）快速机动化导致道路交通压力逐步增大

县城交通基础设施供给和交通系统的发展往往滞后于城市，但是又遵循城市的交通整体发展一般规律。1995—2014 年，全国汽车保有量由 1050 万辆骤增到 10579 万辆，增长 9.1 倍；私人小汽车保有量由 250 万辆增至 6155 万辆，增长了 23.6 倍，城市机动化进程呈现逐步加快的趋势。县城作为联系城乡二元结构的枢纽，在城镇化进程中的地位和作用也会越来越显著。

可以预见，随着城镇化的快速推进，县城居民收入的提升以及汽车价格的下降，县城机动车数量将会骤增，加之认为汽车是身份地位以及经济水平象征的认识误区，县城居民对小汽车的依赖程度逐步增加。机动化水平必然会显著提升，甚至会比城镇化进程更加迅速。由于县城交通供给能力较为薄弱，管理相对落后，伴随着快速机动化的推进，由此产生的交通问题也将会更难治理。

（二）交通资源供给过于偏重机动交通

交通规划是平衡交通供给和需求的过程，同时也是统筹配置各类交通资源的过程，长期以来交通规划设计依附于用地布局规划设计，在交通资源设计中主要考虑机动交通，对绿色交通规划设计普遍不够重视，盲目追求宽大马路的大交通系统，并在道路空间分配上重视小汽车通行权的保障，忽略慢行交通系统的连续性问题，由此催生的断头路比例较高、慢行通行环境差等问题日益突出。

（三）资源分布过于集中导致干道交通荷载过大

空间结构是影响居民出行方式的决定因素，空间结构决定了居民出行距离及交通发生量等主要交通指标。我国县城空间模式基本以单中心或者沿城区主要交通沿线布局，商业、文化及各类公共服务资源布置较为集中，设施配置不够均衡，各类功能依托一条或者多条主干路进行轴向扩展发展。这种城镇发展结构随着城市规模的扩大最终导致交通空间资源及公共服务设施不均衡问题，交通压力集中在少数几条干道上，继而产生交通拥堵、停车混乱、慢行环境差等问题，对绿色交通发展产生不利的影响。

（四）公共交通建设滞后，绿色交通出行比例持续萎缩

当前的县城绿色交通基础设施供给严重滞后于城市建设，根据国家统计局 2014 年的统计数据，城市万人拥有公共交通车辆 12.99 台（标台），县城万人拥有公交车辆仅为 1.5 台（标台），县城公共交通供给明显滞后于城市。以湖南省安仁县为例，随着县城规模扩大、城区人口及用地持续增加，公共交通建设较为滞后，公共交通仅能够承担 23.4%的出行量。当机动化发展到一定水平时，公共交通资源配置不足直接导致了居民交通出行方式由传统的绿色交通转向运输效率较低的私家车或者摩托车等交通工具。

（五）路网结构和道路网密度缺乏合理规划和控制

合理的道路网络级配能够显著提升道路通行质量，减少机动车怠速，形成高效的道路通行能力，从而能够有效改善交通环境。目前，由于县城的道路网缺乏系统合理的规划，支路或者街巷的建设普遍落后，交通量主要集中在较少的几条干道上，在很大程度上造成了城区交通拥堵。停车场等静态交通设施资源配置不足，路内空间缺乏交通管理，造成机动车道两侧、非机动车道、人行道及建筑物下占路违章停车现象严重，导致道路通行能力严重下降，制约了绿色交通发展（图 7-1）。

图 7-1　某县城干道及支路
（摄于 2015 年）

第二节　县城绿色交通规划设计关键内容

县城绿色交通的构建要以县城交通核心问题为导向，选择适合县城城市建设实际和交通发展需求的技术体系，考虑到县城建设实际、绿色交通的可实施性和县城规划体系等综合因素，本研究主要针对用地、道路网络和交通设施等技术进行研究，这些技术能够适应县城当前增量建设和存量改造的实际需求，通过关键技术的应用建立起县城绿色交通的基本框架。

一、县城绿色交通规划设计实现路径

基于对县城现状问题的分析，充分认识县城交通发展中存在的问题，从问题入手寻求县城绿色交通的解决途径，即解决方向及对策，如图 7-2 所示。

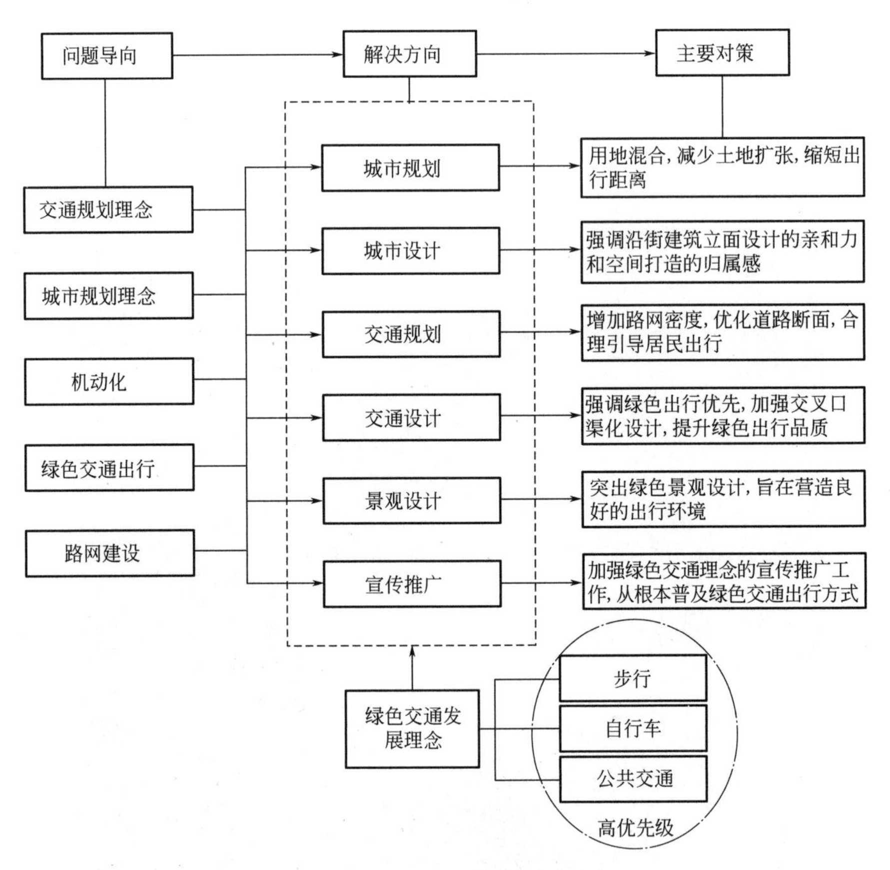

图 7-2　县城交通问题的解决途径

二、县城绿色交通规划设计的关键内容

绿色交通发展理念作为引入城市发展各个环节的先进理念，引导县城交通向绿色的、可持续的方向发展。基于交通问题解决途径的分析，以下从宏观和微观两个层面分析有哪些是构成县城绿色交通规划设计的关键内容。

（一）宏观层面

1. 县城绿色交通结构体系

绿色交通作为一个系统工程，首先应从县城绿色交通结构体系入手，深入理解绿色交通理念涉及的内容及可实施的对策，在系统的概念下解决交通层面的问题。

从交通出行的角度考虑，绿色交通主要强调公共交通、自行车和步行三种出行方式的选择，以及如何通过土地利用规划、交通系统规划、交通设施规划、交通设计等方面提高以上三种出行方式的比例，提升绿色出行品质。因此，在以往的绿色交通出行的规划设计中，都会提到一个概念，就是绿色出行比例/比率，即选择公共交通、自行车、步行方式出行量占全方式出行量的比例。

参照 2001 年国际相关城市绿色出行的比例，如表 7-2 所示。

2001 年国际相关城市绿色出行比例　　表 7-2

城市	绿色出行比率(%)	城市	绿色出行比率(%)	城市	绿色出行比率(%)
阿姆斯特丹	66.1	哥本哈根	51.1	麦德林	95
巴塞罗那	53.1	格拉茨	53.6	慕尼黑	59.4
柏林	60.8	赫尔辛基	56	巴黎	53.6
伯尔尼	59.7	中国香港	83.8	里约热内卢	85
波哥大	85	利马	84	萨尔瓦多	86
布达佩斯	66.9	里斯本	52	维也纳	64
库里蒂巴	71	莫斯科	73.7	华沙	71.4

来源：本院项目《涿州市绿色交通专题研究》。

由于发展相对滞后，国内近几年才开始慢慢重视绿色交通的发展，尤其是公共交通部分。表 7-3 为河北涿州规划的绿色交通相应的评价指标，其中绿色交通出行比例总和也都超过了 80%。

涿州市绿色交通评价指标　　表 7-3

指标分类	指标	指标说明	应用范围与控制目标	约束强度	单位
			中心城区	强制/引导	
能耗要求	总二氧化碳排放量	交通二氧化碳排放量	远期要求	引导	千兆二氧化碳/人每千米
	可再生能源总量/总能源使用（交通）	发展 CNG，提取沼气，远期发展纯电动车	远期要求	引导	%
规划要求	300～800 米公共汽车交通覆盖率	当地公交系统站点覆盖率	>90	引导	%
	700～1000 米轨道交通覆盖率	当地轨道交通站点覆盖率	>30	引导	%
	200～500 米自行车租赁系统覆盖率	当地自行车站点覆盖率	>90	引导	%
	慢行网络覆盖率	当地慢行道路长度占当地道路总长度的比例	>90	引导	%
	公交车万人拥有率	每万人拥有的公交车辆数	>15	强制	%

续表

指标分类	指标	指标说明	应用范围与控制目标	约束强度	单位
			中心城区	强制/引导	
出行方式	小汽车出行的份额（私人轿车）与所有当地交通的关系（行使公里数）	小汽车交通占全方式出行总量的比例	＜20	引导	%
	慢行交通出行的份额与所有当地交通的关系（行使公里数）	慢行交通占全方式出行总量的比例	＞30	引导	%
	公交出行的份额与所有当地交通的关系（行使公里数）	公共交通占全方式出行总量的比例	＞50	引导	%

来源：本院项目《涿州市绿色交通专题研究》。

2. 县城绿色交通道路网络

道路作为交通的实际载体，其形态、结构组成、模式都影响着居民的出行选择，“大路网、宽道路”往往被视为阻碍绿色交通发展的障碍，因此在路网方面应该通过路网密度、道路宽度、路网间距、慢行交通道路面积等指标进行约束，避免大城市交通发展尺度过大的弊端，形成有特色的县城绿色交通道路网络。另外对路网的通行质量应该有所评价，路网效率也是重要的考量因素之一。

（二）微观层面

县城绿色交通微观层面的研究主要为解决县城绿色交通建设中的断面设计不合理、静态交通设施配置不足、城市绿道规划设计方法等问题，微观层面的研究是提升绿色出行舒适度、提高绿色交通建设质量的保障。

1. 道路断面规划设计

传统的道路断面规划设计主要包括断面形式及路权空间分配两个方面。本研究在此之外，提出了对建筑退让距离的建议，即对红线之外、临街的空间做出了界定，这是打造活跃的慢行空间必须考虑的问题，也是人们对绿色交通出行品质最能直观感受到的部分。

2. 静态交通设施

在强调绿色交通方式出行的同时，小汽车的停车问题亦不容忽视。从实地调研的情况看，县城小汽车停车问题日益突出，停车难、乱停车的现象屡见不鲜。因此，如何处理好机动车停车、自行车停车，让更多的人选择绿色出行，方便公共交通与慢行交通之间的换乘，是绿色交通得以长久发展不可忽视的问题。

3. 公交车站与其他设施的衔接

延续静态交通设施规划的问题，公交车站是体现公共交通与慢行交通有效衔接的一个重要节点。在公交车站周围合理地设置自行车停车位、有效地处理公交车站与自行车道的关系是绿色交通系统的重要问题，节点如果处理不好，交通就不成系统，得不到可持续的发展。

第三节　县城绿色交通结构研究

交通结构即“各类交通方式分担比例”。交通结构引入中国后，专家学者对其定义为：一定时空范围内各种出行方式承受的交通量比重[1]。它反映了城市交通系统中不同交通方式的功能地位以及城市交通需求的特点，可以作为一个评价标准去评判一个城市的交通系统是否合理。

交通出行结构主要受交通需求特性与居民出行偏好两方面影响。居民交通出行需求主要受城市规模、交通供给以及居民出行特性制约，而居民出行偏好则受社会经济发展水平、城市机动化水平以及出行成本等因素影响。以下以建立绿色交通结构系统为目标，分别从宏观的城市规模、经济发展水平、用地布局和模式等几个层面研究绿色交通结构的主要制约因素及设计方法。

一、绿色交通结构约束条件

（一）经济发展水平

经济发展水平直接决定了机动车购买能力和交通供给水平，是交通机动化的基础。随着经济发展，人们出行需求会逐步增加，交通方式的选择也会更加多样化、便捷化和快速化。在一定时期内，随着经济水平的提高一般会有更多出行者由传统的绿色出行方式转向机动化出行。国内外机动化进程表明，无论是发达国家还是发展中国家，经济发展水平都是机动化的主要动力，同时也是影响城市交通结构的重要因素。

（二）城市规模

城市规模包括用地规模和人口规模，人口规模决定了城市交通需求总量大小，城市规模是决定出行距离的重要因素，随着城市规模的增大，居民出行距离及通行时长将增加，由此造成的居民对机动化交通的依赖性也就越高，与此相伴的绿色交通出行量也会相应减少。

（三）用地布局模式

用地布局模式决定了城市空间形态特征。城市用地布局尤其是居住用地与商务、行政办公类用地的空间布局关系决定了城市交通需求的产生。用地布局结构在一定程度决定了城市交通出行需求的规模。职住比例在一定程度决定了交通模式。一旦某城市的土地利用形态、交通设施规划建设方案确定下来后，一定时期内城市的总体交通结构也将基本确定。这也就确定了城市交通的环境质量、能源消耗以及总体交通结构。

用地布局模式决定了城市街道网路尺度，县城发展的过程中，由于效仿城市的发展模式，渐渐地出现了尺度失控的局面。单一的、大尺度的城市用地规划带来的不仅是步行环境的恶化，更是导致了城市活力的下降。然而混合式的街区模式提倡以步行为主，通过强化步行交通可达性可大大提升区域交通环境的安全性和舒适度，提升街区活力，更适宜步行和自行车出行，从而降低对机动交通的需求和依赖，使公共交通和私人小汽车更加高效运行。

---

[1] 刘爽. 基于系统动力学的大城市交通结构演变机理及实证研究［D］. 北京：北京交通大学，2009.

（四）交通方式的选择

县城居民的出行方式主要包括：地面公共汽车、私家车、出租车、摩托车、自行车、步行等。自行车和步行是能耗最低的出行方式。在机动化出行方式中，公共汽车人均消耗的能源最少。那么，在运输效率不降低的条件下，自行车、步行和公共交通是最佳的城市交通运输方式。

不同交通方式的能量消耗、废气排放、占用空间比较　　表 7-4

出行工具	能量消耗（千瓦·时/每人公里）	废气总排放量（克/每人公里）	占用空间（平方米/人）
步行	0.04	0	0.5
自行车	0.06	0	3.75
摩托车	0.54	27.5	11.66
公共汽车	0.12	1.0	1
轿车	0.29	19.0	14

注：表中数据是同等道路条件下实测数据。

来源：《北京市交通发展年报》2015 年。

通过表 7-4 可以看出，不同的交通方式对道路资源及环境影响差异性较大，公共交通具有占用空间少、通行效率高、能耗低的显著优势，反之如果过度依赖轿车等机动交通模式会大大增加交通能耗，加重环境负担，同时也会增加道路空间压力，产生交通拥堵等一系列问题。

因此从县城交通规模尺度及长期发展来看，县城应当采取合理的措施建构绿色交通体系，引导居民选择绿色交通方式出行。

二、县城绿色交通结构重点内容

（一）确定绿色交通结构的总体目标

当前，县城处于建立绿色交通结构体系的窗口期。随着新型城镇化的推进，县城在城镇化进程中的承载潜力将会逐步释放，在城镇化进程中的作用会越来越显著，县城人口和用地规模将会进一步扩张，交通结构也会同时发生变化。县城交通机动化提升已经成为基本趋势。随着机动化进程加快，交通结构发生变化，步行及自行车等绿色交通方式向私人小汽车转变，伴随着城镇化的快速推进，交通需求大量增加，由此带来的交通问题也会愈加严重。因此，在新型城镇化整体要求下引导县城走绿色交通发展战略，引导城市交通结构向符合可持续发展的合理模式转变，对解决县城交通问题具有重要战略意义。

（二）协调用地总体布局与交通的关系

城市交通与城市总体用地布局的相互影响及作用主要表现在：城市交通要有较高的可达性；交通系统能够支撑用地发展；促进城市土地的集约化利用。为了实现这一目标，需要研究城市交通与用地布局的一体化互动规划方法。

1. 在城市用地布局和发展战略规划中确定绿色交通的发展目标

在县城的交通发展中应以现实为基础，从问题入手，深入挖掘县城的交通发展走向，在解决实际问题的基础上，做出合理的交通发展规划，旨在做出一些能够实施的交通发展政策，分阶段构建绿色交通体系。

县城绿色交通目标应当符合现状建设能力及实际交通需求。我国县城建设水平地域性特征显著，各地交通发展状况差异较大，绿色出行环境亟须改善，因此在制定绿色交通发展目标时必须考虑县城自身的地域特色、现状出行结构、自然景观特色等现实要素，在此前提下遵循协调发展的原则，制定城市用地布局与城市交通发展战略。

2. 针对不同交通分区采用差异化的交通供给措施

通过识别城市功能分区进行差异化的交通引导及治理是解决县城交通的有效手段。在县城区，一般旧城区与新城区差异较大，尤其是近年来老城区问题愈发严重，交通供给严重不足，交通短板是制约旧城区发展的关键因素。交通分区是城市管理及交通治理的关键环节，同时也可以增加交通管理的有效性和可操作性。

浙江省安吉县近年来在新城区和旧城区交通实践中采取差异化政策，新城区主要实施用地兼容性引导、加强交通管理和供给、严格停车位管理等交通政策，老城区以路网改造升级、拓宽重点区域道路网络、实现单向交通等手段增强交通供给能力和水平，同时提高停车收费，通过价格手段改善城区交通。通过治理，城区交通环境极大改善，并被评为绿色交通试点县。

3. 协调不同功能用地与交通设施的兼容性

县城交通设施用地是交通系统的枢纽和节点，随着县城规模扩大、县城机动车数量增加，交通设施用地的作用会越来越突出。鉴于县城用地功能混合性的主要特点，通过协调各类功能用地与交通设施的兼容性，能够有效提升设施利用率，同时能够有效避免交通拥堵问题的产生。

因此，在用地布局规划中，要充分考虑用地布局与交通设施的相容性，作为进一步优化用地布局规划方案的依据。

交通设施兼容性主要受到用地功能布局和用地性质的制约，因此在城市用地功能组织和布局决策中，各种相容性因素决定了各类用地相对交通设施的不同分布特征。例如居住用地在规划设计中对环境要求较高，但又要保障居民的交通便利性，因此居住用地与一般的交通设施布局既要保证两者的联系又要保障各自用地功能的独立性（表 7-5）。

道路交通设施和区位设施兼容性一览表　　**表 7-5**

道路交通设施	区位设施														
	居住				商业			办公		公共服务		公业		仓储	休闲娱乐
	低强度		高强度		集中	分散		集中	分散	对内	对外	传统	高新		
	高档	低档	高档	低档		高档	低档								
主干路	◆	★	◆	★	◆	◆	★	★	★	★	★	★	★	★	★
次干路	—	★	★	★	★	★	★	★	★	★	★	★	★	★	★
支路	★	★	★	★	★	★	★	★	★	★	★	★	★	★	★

注：◆为不相容，有限制作用；●为一般，没有明显促进和限制作用；★为相容，具有促进作用。

4. 注重城市土地的混合利用

城市土地的混合利用是指在一定的区域范围内多种性质的用地混合布局，或同一地块兼具多种功能的用地。土地的混合利用是建立绿色交通最为基础性的环节，通过土地的混合利用能够减少跨区交通，缩减区域之间交通出行量，从而能够有效地避免交通拥堵等问题的发生。实践证明，通过土地的混合开发利用能够有效解决交通拥堵等问题。新加坡 2004—2012 年在重点区域实行了一系列土地混合开发措施，确保交通服务水平。在此期间，新加坡交通需求增长近 13%，居民日出行总人次增长 33%，而出行距离仅增长 3%。这表明，土地的混合开发及利用是减少交通能耗、实现绿色交通结构的重要环节。

在用地层面对比大城市，居民以 5 公里以下的近距离出行为主，且出行方式以非机动交通为主，这也是绿色交通较为理想的目标。这一现象的主要原因是县城用地开发规模及开发强度一般相对较小，现状用地权属多样且混合程度较高。然而在县城实际规划中过多地采用大城市手法，过分强调功能分区，导致用地多样性的缺失，从而使县城居民出行距离大大增加，带来日益突出的交通拥堵及停车难等一系列问题。

第四节　县城绿色交通道路网规划设计

城市道路网规划指标体系划分为空间指标体系和交通质量指标体系两大类，其中空间指标表征道路网的量及空间均匀性，交通质量指标表征道路网的质及服务性。

一、空间指标体系

（一）道路网密度

《城市道路交通规划设计规范》（GB 50220—95）中对小城市道路网密度、机动车设计车速、道路中机动车道条数、道路宽度作了如表 7-6 的规定。

小城市道路网规划指标　　**表 7-6**

项目	城市人口（万人）	干路	支路
机动车设计车速（公里/小时）	>5	40	20
	1～5	40	20
	<1	40	20
道路网密度（公里/平方公里）	>5	3～4	3～5
	1～5	4～5	4～6
	<1	5～6	6～8
道路中机动车道条数（条）	>5	2～4	2
	1～5	2～4	2
	<1	2～3	2
道路宽度（米）	>5	25～35	12～15
	1～5	25～35	12～15
	<1	25～30	12～15

来源：《城市道路交通规划设计规范》（GB 50220—95）

参考大中城市的研究成果[1]，从交通方面考虑，一般情况下每200米有一个交叉口，会感觉交叉口过密，对车辆行驶及交通管理都很不方便；而800～1000米才有一个交叉口，对居住小区和街坊居民的出入往来不够方便，因此，为了有利行人及车辆的行走和行驶，道路交叉口间距以300～800米为宜。

由于县城发展水平不同，统计口径不一致，数据不完整，可对比性较差。本文参考2014年中国县城建设统计年鉴数据，选取31个具有代表性的县城数据进行分析比较，如图7-3所示。

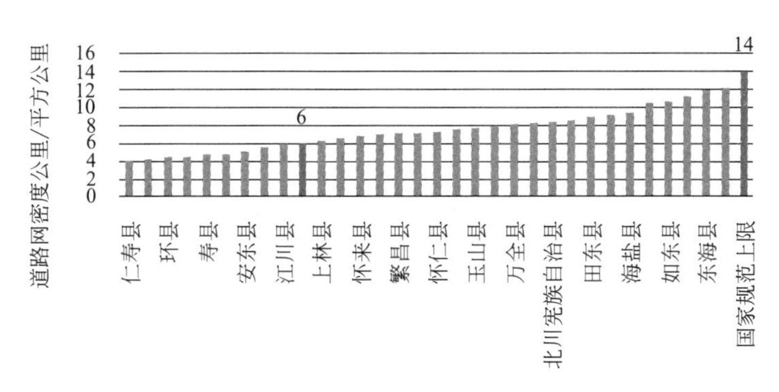

图7-3　部分县城道路网密度

可以看出，道路网密度最低为3.8公里/平方公里，最高为12.2公里/平方公里，国家规范值为6～14公里/平方公里。县城发展规模各不相同，道路网密度还有待提高，并应合理配置干道、支路的比例。

因此，结合中国城镇化发展的实际情况，对小城镇的道路网密度作如表7-7建议。

小城镇道路网密度指标　　**表7-7**

项目	城市人口（万人）	干路		支路
		主干路	次干路	
道路网密度（公里/平方公里）	10～20	1.5～2.0	2.0～2.5	3～4
	5～10	2.5～5		3～5
	<5	4～5		4～6

来源：《城市道路交通规划设计规范》。

（二）道路网等级结构

县城道路网必须有合理的等级结构，以保障县城道路交通流从低一级道路向高一级道路有序汇集，并由高一级道路向低一级道路有序疏散。

从各级道路的功能来看，县城道路仅有主干路、次干路和支路三个级别，外围交通主要通过公路疏散。主干道是主要的常速交通性道路，主要为中长距离运输服务；次干道是各功能组团及分区内的主要交通集散道路；支路则起汇集和疏散作用。从干路到支路，对通过性的要求逐步降低，对可达性的要求逐步提高（图7-4）。

县城道路等级结构在道路规划建设中应给予高度重视，逐步避免目前城市中普遍存在

[1] 陆建，王炜. 城市道路网规划指标体系［J］. 交通运输工程学报，2004，4（4）：64.

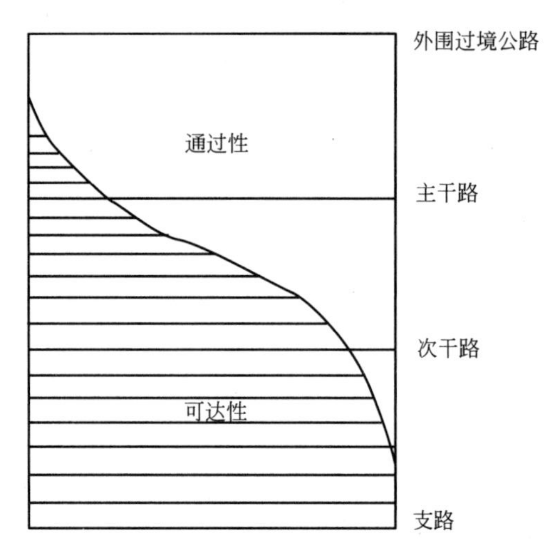

图 7-4　各类道路通过性与可达性关系

的不合理道路网等级结构。一般大城市快速干道、主干道、次干道、支路里程比例为1∶2∶4∶8，中等城市主干道、次干道、支路的里程比例为1∶2∶4。县城可参考小城市干道、支路的里程比例，采用1∶1.5～1∶2。

（三）道路功能定位

从交通出行空间分布情况、路网结构等方面，首先可以确定道路等级，即干道或者支路。在确定这部分内容之后，还应根据道路两侧用地规划情况、城市功能定位、主要交通方式组成等确定道路功能，即交通性、商业性、生活性以及景观性。

基于混合用地的考虑，县城规划涵盖的区域主要有：旧城区、新城区、工业新区等。针对这样的分区，提出相应的道路功能定位（表 7-8）。

道路功能定位分析　　　　**表 7-8**

县城分区	旧城区		新城区		工业新区	
沿街主要用地类型	商业 办公	商业 公共服务 居住 休闲娱乐	绿地 办公	商业 公共服务 居住 休闲娱乐	工业 仓储 绿地 办公	商业 绿地 居住
道路等级	干道	支路	干道	支路	干道	支路
道路功能	交通性	商业性 生活性	交通性 景观性	商业性 生活性	交通性 景观性	商业性 景观性 生活性

交通性功能的道路应注重各个交通方式在空间和时间上将冲突最小化，保证公共交通的优先权，隔离机动车和非机动车，提高通行安全性和可靠性。

商业性功能主要强调空间的活跃性，应降低机动车行驶速度，优化自行车和步行环境，同时利用道路小品的设置，配合商业建筑的立面设计，营造出一种休闲、舒适的环境，吸引更多的人驻足，提升商业品质。

生活性功能应强调其可达性和方便性，能够轻松到达公共服务区域及休闲娱乐场所，可以允许设置路内停车设施。但是要处理好自行车、步行与机动车停车之间的关系，不能因为停车而影响慢行出行品质。

景观性功能是指道路在具备通达功能的同时，还应兼具展示城市窗口的作用，在入城和出城的主要道路进行丰富的景观设计，展现城市风貌。

（四）人均道路用地面积

现行《城市道路交通规划设计规范》（GB 50220—95）中仅给出了人均占有道路面积的范围为7～15平方米，其中6.0～13.5平方米为满足动态交通需求的人均道路面积。已有研究成果表明，不同交通方式占用的道路面积是不同的❶，不同交通结构状态下，需要的人均道路面积也不相同。城市的地理条件、生活习惯、城市规模、经济水平等许多因素影响着城市交通结构，其相应条件下的人均道路面积应有所区别。总体而言，以自行车交通占较大比重、多种交通方式共存的交通结构为主体的中国城市所需要的人均道路用地面积同以小汽车交通为主体的发达国家城市所需要的人均道路面积是不同的，不必一味追求高水平的人均道路面积，而应以满足交通需求下的最小道路面积为目标。人均道路用地面积受城市交通方式的直接影响，根据城市交通方式和不同交通方式常速时占用道路空间，可以测算出人均道路面积指标（表7-9）。

主要交通方式常速时占用道路空间❷　　**表7-9**

交通方式	常见速度（公里/时）	车头间距（米）	车道宽度（米）	占用道路面积（平方米）	车均载客数（人）	平均每位乘客占用道路空间（平方米）
步行	4	1	1.00	1	1.0	1.00
自行车	15	8	1.00	8	1.0	8.00
摩托车	30	20	2.00	40	1.2	33.00
小汽车	40	40	3.00	120	1.5	80.00
中型公共汽车	30	35	3.50	123	40.0	3.10
大型公共汽车	30	35	3.50	123	60.0	2.10
通道型公共汽车	25	30	3.75	113	120.0	0.94

计算方法如下❸：

$$D=\sum P_i\alpha_i \qquad (1)$$

式中：D为城市道路面积需求总量（平方米）；P_i为第i中交通方式高峰小时出行量（人次）；α_i为第i种交通方式常速时平均每位乘客占用道路空间（平方米）。相应的，有

$$a=D/S \qquad (2)$$

式中：a为人均道路面积（平方米）；S为城市总人口（人）。

在式（2）计算得出的人均道路面积指标基础上，考虑到相应的广场和公共停车场用地面积，人均道路用地面积可以取Ap=1.5a。

❶ 陆建，王炜. 城市道路网规划指标体系［J］. 交通运输工程学报，2004，12（4）：63-64.

❷ 同上。

❸ 同上。

该方法计算得出的人均道路用地面积包括车行道、人行道面积以及相应的广场和公共停车场用地面积，不包括人行道外侧沿街的绿化用地，为对应交通方式结构下满足客运交通需求的最低控制水平，规划时应留有余地。同时，县城应当在满足交通需求的前提下从减少土地资源消耗的角度出发，不应追求过高标准的人均道路用地面积。

需要指出的是，县城在不同的城市发展阶段有着与之匹配的城市交通结构和出行方式，因此人均道路用地面积也不尽相同，县城绿色交通构建需要甄别县城发展阶段及交通主要矛盾，为未来交通发展留有余地。

二、交通质量指标

交通质量指标既是交通规划控制指标，也可以作为后期评估指标。

（一）交通运行指标

1. 机动车设计速度

县城绿色交通系统要求在县城范围内机动车进行低速行驶，最大限度地满足混行安全要求。因此，参考小城市机动车设计速度指标，规定县城机动车设计速度指标如表 7-10 所示。

县城机动车设计速度指标　　表 7-10

<table>
<tr><th rowspan="2">项目</th><th rowspan="2">城市人口
（万人）</th><th>主干路</th><th>次干路</th><th rowspan="2">支路</th></tr>
<tr><th colspan="2">干路</th></tr>
<tr><td rowspan="3">机动车设计速度
（公里/时）</td><td>10～20</td><td>40</td><td>40</td><td>30</td></tr>
<tr><td>5～10</td><td colspan="2">40</td><td>20</td></tr>
<tr><td>＜5</td><td colspan="2">40</td><td>20</td></tr>
</table>

2. 出行时耗

一般认为，人口数量、建成区面积是影响居民可接受最大出行时耗的最主要因素。考虑到不同的发展规模，建议规划时对 90%居民出行时耗控制为：10 万～20 万人口为 35 分钟，5 万～10 万人口为 30 分钟，小于 5 万人口为 25 分钟。

居民出行时耗也是公共服务设施、交通设施等布局的重要依据。

3. 道路交通服务水平

根据中国现阶段情况，建议主要采用道路饱和度、干道平均车速和交叉口 E、F 级服务水平比重等指标考察道路网服务水平。

（1）道路饱和度

道路饱和度是反映道路服务水平的重要指标之一，其计算公式即为 V/C，其中 V 为最大交通量，C 为最大通行能力。饱和度值越高，代表道路服务水平越低。划分标准见表 7-11。

道路服务水平分类——道路饱和度　　表 7-11

服务水平	V/C	交通状况
A	＜0.6	道路交通顺畅、服务水平好
B	0.6～0.8	道路稍有拥堵，服务水平较高

续表

服务水平	V/C	交通状况
C	0.8～1.0	道路拥堵，服务水平较差
D	>1.0	道路严重拥堵，服务水平极差

来源：《城市道路交通规划设计规范》(GB 50220—95)

一般来说，道路网平均饱和度处于 0.5～0.7 之间比较合适，既不影响车辆行驶的通畅性，又不至于造成资源浪费。

(2) 干道平均车速

干道平均车速可以根据城市规模的不同而不同，县城一般应达到 20～30 公里/时以上。

(3) 交叉口 E、F 级服务水平比重❶

交叉口是制约道路网整体效率发挥的关键，在《城市道路交通规划设计规范》(GB 50220—95) 中对交叉口服务水平并没有明确的要求。一般交叉口机动车服务水平也可以通过饱和度来评价。信号控制交叉口机动车服务水平的确定应符合表 7-12 的规定。

信号交叉口机动车服务水平　　表 7-12

服务水平	交叉口饱和度 S	每车信控延误 T(秒)
A	S≤0.25	T≤10
B	0.25<S≤0.50	10<T≤20
C	0.50<S≤0.70	20<T≤35
D	0.70<S≤0.85	35<T≤55
E	0.85<S≤0.95	55<T≤80
F	0.95<S	80<T

来源：《城市道路交通规划设计规范》(GB 50220—95)

当交叉口的现状饱和度大于 0.85 时，必须计算延误指标；当延误与饱和度对应的服务水平不一致时，则应以延误对应的服务水平为准。计算规划年交叉口服务水平时，信号周期的时长不得大于 150 秒。从保证道路网整体效率发挥的角度考虑，交叉口 E、F 级服务水平比重应控制在 5%以下。

(二) 交通环境指标

1. 道路绿地率

道路绿化一般布置在分隔带处，应满足城市道路绿化率的要求，减少道路对周围环境及行人的污染，实现绿色交通（图 7-5）。一般把道路绿地率作为评价城市道路横断面绿化水平的指标，且道路绿地率越大越好，计算道路绿化率如下所示：

$$道路绿化率(\%)=道路绿化总宽度(W_1)/道路红线宽度(W_2)$$

《城市道路交通规划设计规范》中根据道路红线宽度对道路绿地率做出了如下规定：

园林景观路绿地率不得小于 40%；红线宽度大于 50 米的道路绿地率不得小于 30%；红线宽度在 40～50 米的道路绿地率不得小于 25%；红线宽度小于 40 米的道路绿地率不得

❶ 陆建. 城市交通系统可持续发展规划理论与方法 [D]. 南京：东南大学，2003.

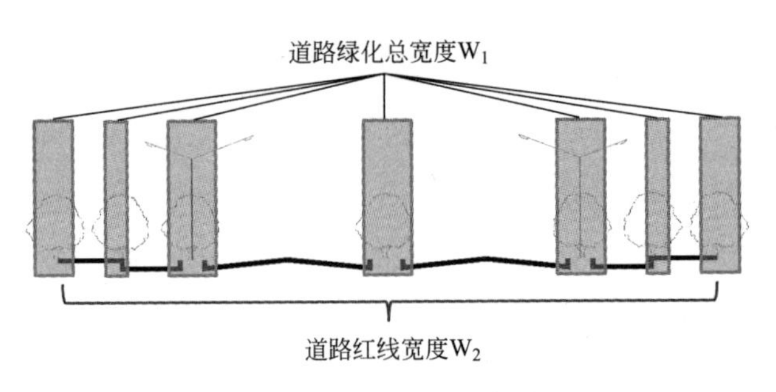

图 7-5　道路绿化示意图

小于 20%。

因此，按照规定，10 万～20 万人口规模的县城主干道宽度为 35～45 米，道路绿地率不得小于 25%，其余规模县城的道路红线均在 40 米以下，道路绿地率不得小于 20%。

2. 绿地景观设计引导

道路绿化应满足量和质的要求。道路绿化率体现了量的要求，合理的绿化率提升了通行环境质量，但又不至于影响通行的效率和安全。机动车的通行不能被绿化遮蔽视线从而造成安全隐患，行人和非机动车的通行则需要绿化遮阴，不至于让行人暴露在炎炎烈日下，这对绿化所选植被种类提出了要求，即为道路绿化质的要求。

第五节　以绿色交通为特色的道路断面规划设计

一、县城道路断面规划设计原则

县城道路的特点是干道功能叠加严重，支路网密度较低，缺乏合理的断面布置，管理混乱，通行条件较差，因此在县城道路网规划中应落实到道路断面规划设计层面，从通行空间、路权归属等问题上明确绿色交通的理念。其原则总结如下：

（1）符合城市总体规划和城市交通规划，或在此基础上进行适当调整。

（2）与道路等级、功能相匹配，保证道路交通通达有序、安全舒适。

（3）充分考虑绿色交通出行方式的构成及其发展趋势，近期建设与远期规划相结合，既节省投资又满足近远期道路交通使用要求。

（4）满足城市道路绿化率的要求，减少道路对周围环境及行人的污染，实现绿色交通。

（5）与周围地形紧密结合，适当调整断面形式，既美化环境，又降低造价。

（6）与建筑退线空间统筹协调，对其提出相应的要求和建议。

（7）满足道路规划管线的布置要求，保证城市工程管线的安全敷设。

（8）干路、支路横断面规划在部分路段应适当考虑路边停车的需求。

二、道路分类及断面规划设计

为了保证绿色交通理念的贯彻和实施，在道路规划阶段应提出道路横断面规划和平面设计，从道路红线宽度、道路资源分布、道路平面布局、道路绿化环境、道路铺装材料等方面把握道路系统的发展方向。

对于普遍意义上的县城，道路基础设施建设都相对薄弱，道路条件较差，仅仅能勉强满足通行功能，通行环境无法得到保证。另外，县城机动化水平较低，步行、自行车、电动车的出行比例较高，因此发展绿色交通有一定的群众基础。

（一）道路横断面规划设计

如表 7-13 所示，道路标准断面从中心线到两边依次为：中央分隔带、机动车道、路侧带、非机动车道、行道树/设施带、人行道。根据元素的不同配置可以分为四种形式，不同的断面适应性也不同，县城应该选取最适宜其发展的道路横断面形式。

横断面形式适应条件总结　　表 7-13

横断面形式	优点	缺点	适用条件	道路功能
一块板	占地少、车道使用灵活	混行程度高、通行能力低、安全性差	适用于车流量不大、非机动车较少、红线较窄的次干路、支路	商业性 生活性 综合性
	示意图			
两块板	消除对向交通的干扰和影响；中央分隔带可作行人过街安全岛或在交叉口附近通过压缩以开辟左转专用车道；便于绿化、道路照明和市政管线敷设	机非混行，影响道路通行能力；车道使用灵活性降低	适用于单向二车道以上、非机动车较少的路段，快速路多是此形式（但无非机动车道）	交通性 景观性
	示意图			
三块板	混合度低，提高了通行能力；有利于交通安全、绿化、道路照明和市政工程管线的敷设；减弱了交通公害的影响	占地多、投资大，在公交停靠站产生上下车乘客与非机动车的相互干扰和影响	适用于机非车辆多，道路红线较宽（≥40米）的城市主干路	交通性 生活性 商业性 综合性
	示意图			
四块板	兼有二、三块板的优点	占地多、投资大，在公交停靠站产生上下车乘客与非机动车的相互干扰和影响	适用于机非车辆多的城市主干路	交通性 景观性
	示意图			

县城建设用地较为紧张，机动车交通量较于城市较小，非机动车出行比较高，步行出行需求也较大。另外，县城发展速度较快，道路随时面临翻修、拓宽等工程计划。因此，

综合以上因素考虑，建议县城道路断面应以一块板为主，未来拓宽改造时施工难度及成本相对较小，同时应做好机非物理隔离的措施，保证自行车的通行空间和安全，便于设置路内停车位；部分道路可采用三块板形式，双向4～6车道道路可以考虑该种断面形式，以交通性功能为主，道路两侧交互性活动较少。

道路横断面中需要界定的内容包括道路红线宽度、机动车道数、机动车道宽度、非机动车道宽度、人行道宽度、隔离带宽度等。其中机动车道宽度、非机动车道宽度、人行道宽度均根据通行对象属性和需求取值，因此小城镇和一般城市区别不大，参考现有规范即可。隔离带包括中分带和侧分带，以绿化、交通设施布置为主，起到分隔车流、美化环境的作用（表7-14）。

道路红线宽度的规定能有效避免道路“修宽修大”的不良后果，达到土地集约利用的目的。

县城道路机动车道条数和红线宽度指标 **表7-14**

项目	城市人口（万人）	主干路	次干路	支路
		干路		
道路中机动车车道条数(条)	10～20	4～6	2～4	2
	5～10	2～4		2
	<5	2～3		2
道路红线宽度(米)	10～20	35～45	20～35	15～20
	5～10	20～35		12～15
	<5	20～30		12～15

从现状看，县城往往缺乏公共停车场，或者对现有公共停车场疏于管理而导致利用率较低，路内停车较为常见，但乱停乱放情况严重，缺乏统一管理。因此，在县城横断面设计中应充分考虑路内停车需求，提供多种选择，结合道路平面设计，在路内停车需求较高的路段设置一定量的路内停车（表7-15）。以下以24米和30米干道为例，提供两种不同的断面布置方法，分别对应设置路内停车和不设置路内停车两种情况，作为参考（图7-6、图7-7）。

道路断面关键指标 **表7-15**

横断面要素	干道	支路
路侧带	设施带或绿化带的宽度不得小于0.5米，有行道树的不得小于1.5米，并应满足不同街道家具的最小净宽要求	
非机动车道宽度	2.5～6	1.5～3
人行道宽度	2.5～5	2～2.5

建筑退让线与建筑之间区域是街道空间的重要组成部分，充分利用后退边界区域能够提升街道活力、丰富街道立面，然而按照现行的建筑退让线制定方法，仅仅按照道路等级以及建筑高度实行过于标准化的后退线划分方法，这在一定程度上忽略了城市道路功能的差异性以及业态对道路后退红线的影响。按照绿色交通设计理念，在建筑后退线确定过程

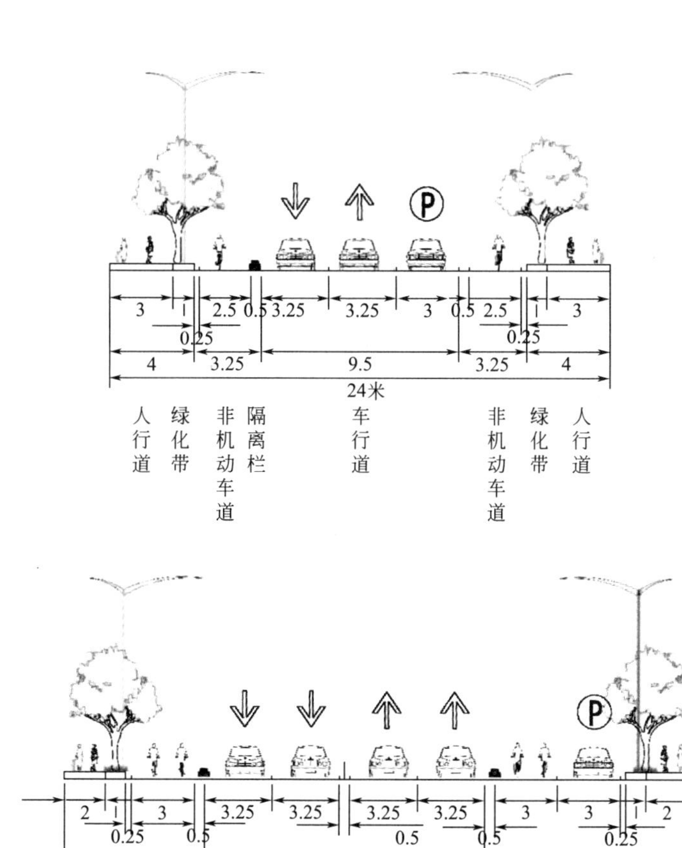

图 7-6 设置路内停车路段位置的道路横断面图

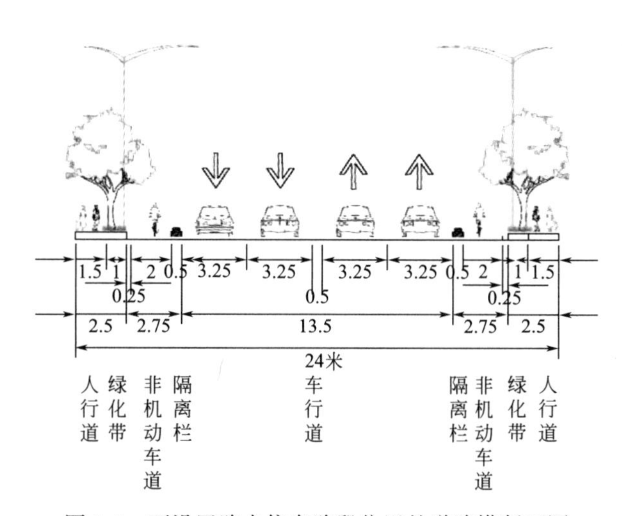

图 7-7 不设置路内停车路段位置的道路横断面图

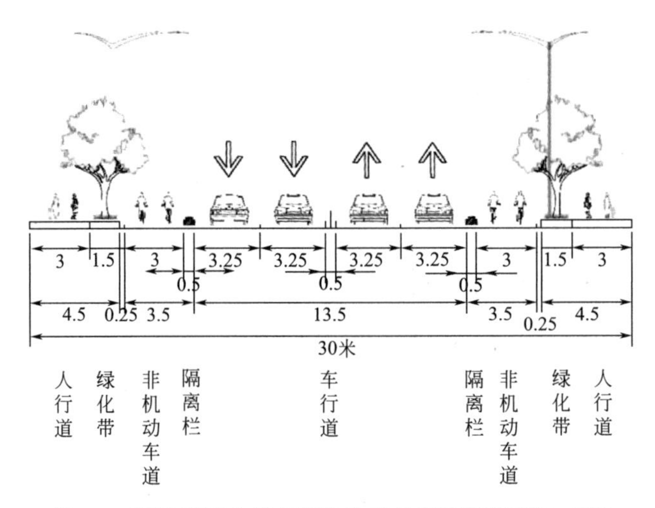

图 7-7　不设置路内停车路段位置的道路横断面图（续）

中应当转变仅仅按照道路红线宽度确定建筑后退线距离的思路，首先根据道路两侧业态、噪声干扰等要素确定是否具有后退红线的需求，在此技术上再根据道路两侧业态、建筑布置形式和功能确定后退距离。通过从需求入手，而非传统的根据道路等级确定建筑退让距离，达到更加集约的效果。参考《低碳生态城市规划方法》，打破传统的根据道路宽度和道路等级确定建筑退让距离的方法，而是对街道功能、用地功能、建筑形式、沿街商铺情况等进行综合考虑评估，确定退让距离为 5～20 米不等（图 7-8）。

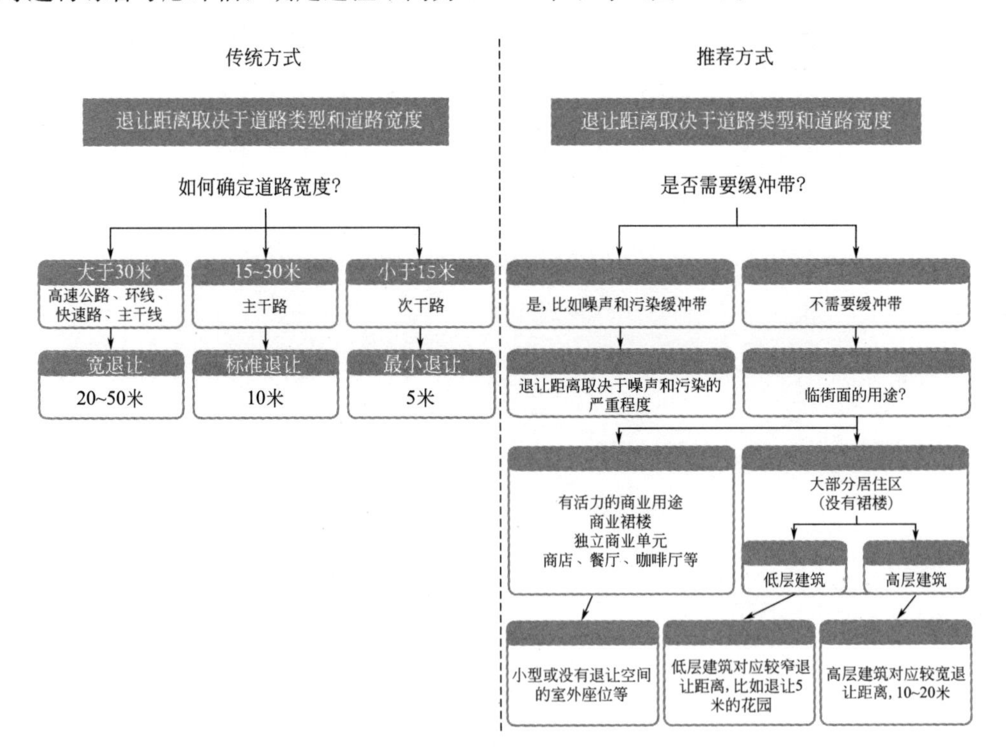

图 7-8　建筑退线距离的确定流程示意图

来源：阿特金斯. 低碳生态城市规划方法 [R]. 阿特金斯，2014：129.

（二）道路平面规划设计

城市道路平面设计是指城市道路线形、交叉口、排水设施及各种道路附属设施等平面位置的设计。

相较于传统平面规划设计，更加重视空间处理，加强道路平面精细化设计，从最根本的空间感受入手，给人以绿色出行的体验（图 7-9、图 7-10）。

图 7-9　美国纽约城市道路的精细化设计

来源：http：//www. transportphoto. net.

图 7-10　停车及绿化改造

来源：Gavanand Barker，Inc.

1. 非机动车道设计

（1）非机动车专用道

非机动车有独立路权，通过大间距的绿化设施或者公共空间与其他交通方式分隔开，往往与步行相结合设计为慢行大道（图 7-11）。

（2）单向非机动车道

非机动车道只允许单向通行，应在地面施划方向标识，一般与该侧机动车通行方向一

巴塞罗那（2009年）

开普敦（2012年）

图 7-11　非机动车专用道设计

来源：http：//www.transportphoto.net.

致，是国内目前非机动车道的主要通行方式（图 7-12、图 7-13）。

图 7-12　干路单向自行车道设计

来源：NACTO，Urban Bikeway Design Guide [R]. NACTO，2011：89.

（3）双向自行车道

非机动车道允许双向通行，应在地面用黄线分隔两个方向的非机动车道，并施划方向

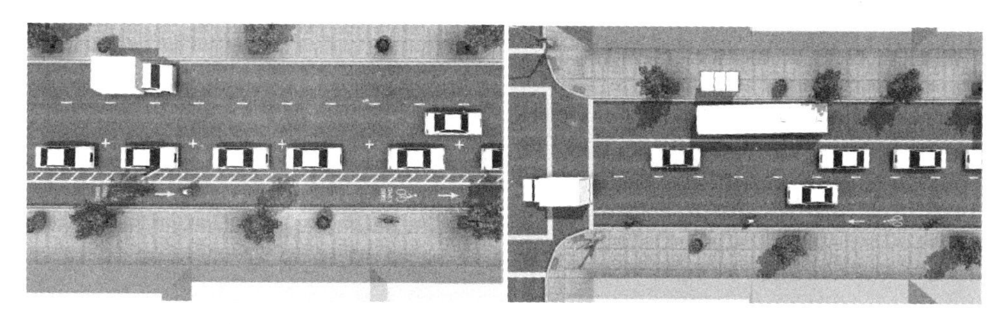

图 7-13 支路单向非机动车道设计

来源：NACTO，Urban Bikeway Design Guide [R]，NACTO，2011：55，72.

标识，一般靠近机动车道的非机动车道与该侧机动车通行方向一致，靠近人行道的非机动车与之相反。该布局方法应满足每个方向非机动车道必要的通行空间（图 7-14）。

图 7-14 双向非机动车道设计

来源：NACTO，Urban Bikeway Design Guide [R]，NACTO，2011：103.

2. 步行空间

县城步行空间往往存在如摊贩、机动车停车等的侵入占用，行人步行连续性、舒适性、安全性都受到威胁，步行空间归属感不强、环境较差，使得行人会走下人行道，侵占机动车道或者非机动车道，更加扰乱了交通系统的稳定性。

因此，绿色交通人行道的平面设计就是强调步行空间的打造，将人行道的占用情况全部各归其位，营造舒适的环境。首先，摊位应在建筑退线范围内解决，不应侵占道路红线的空间；其次，清除占用人行横道的机动车停车，通过路外停车场或者路内停车位解决，并且增加隔离桩、隔离墩、地面标线、标志标牌等进行提示；最后，在保证行人绝对的通行空间后，通过绿植、街道小品、座椅设施等打造步行空间品质（图 7-15）。

（三）道路材料设计

在道路材料的选择上也可以体现绿色交通低碳、环保、可持续发展的思想。不同的材料对车辆以及环境所造成的影响也不一样，应该尽量选择利于安全驾驶和环境保护的材料，而对步行和自行车则需要提升其通行环境的安全性和舒适性。

1. 噪声、扬尘方面

刚性路面会产生很大的噪声且扬尘现象严重，危害居民的生活环境，而车辆在柔性路

图 7-15　步行设施案例
（摄于 2015 年）

面上行驶舒适且噪声小。因此，柔性路面可以称之为绿色路面。

2. 道路铺装方面

可以通过特殊的地面铺装明确公共交通、非机动车、步行通行空间，既保障其路权，又能作为一种指示方式。

非机动车道的常用做法为彩色沥青铺装，既明显又美观（图 7-16、图 7-17）。

图 7-16　淳安县城市绿道彩色沥青铺装
（摄于 2015 年）

人行道主要通过不同的砖石铺装，达到美观和功能同时具备的效果（图 7-18）。

图 7-17　交叉口非机动车彩色沥青铺装案例

来源：https：//photos. fareast. mobi/photo. aspx? id＝10516&c＝5.

图 7-18　人行道及过街铺装案例

来源：https：//photos. fareast. mobi/photo. aspx? id＝13976&c＝116.

鼓励人行道采用透水铺装，非机动车道和机动车道可采用透水沥青路面或透水水泥混凝土路面（图 7-19、图 7-20）。

图 7-19　人行道透水铺装

（摄于 2015 年）

图 7-20　停车位植草砖铺装

（摄于 2015 年）

鼓励沿街设置下沉式绿地、植草沟、雨水湿地对雨水进行调蓄、净化与利用。

第六节　其他重要规划设计内容

绿色交通发展的重点就是如何让人们减少甚至放弃小汽车的使用，因此，小汽车与绿色交通方式之间的衔接就需要更加便捷和人性化。绿色交通发展理念的实现主要包括两个方面，一是居民理念的转变，二是道路系统和相关设施的优化提升。前文提到了实现绿色交通道路系统应该参考的关键指标，而如何解决绿色交通系统中的停车问题也至关重要，这就需要相关的交通专项和交通设施的跟进。本节选择三个重要环节的规划设计加以说明——绿廊绿道规划设计、静态交通及公共交通停靠站。

一、绿道规划设计

在县城大规模建设时期，如何保持自然山水条件、提高宜居生活水平、塑造绿色生态环保的居住环境，是县城发展必须考虑和兼顾的问题。绿道一词最早出现于1959年并被怀特（Whyte）所用❶，查理斯·莱托1990年在《美国的绿道》一书中说，绿道就是沿着诸如河滨、溪谷、山脊线等自然走廊，或是沿着诸如用作游憩活动的废弃铁路线、沟渠、风景道路等人工走廊所建立的线形开敞空间，包括所有可供行人和骑车者进入的自然景观线路和人工景观线路。❷ 它是连接公园、自然保护地、名胜区、历史古迹，及其他与高密度聚居区之间的开敞空间纽带。可见，绿道之于县城具有提升城市活力、促进绿色交通发展的作用。

从城市发展的范本来看，绿道规划建设被认为是解决绿色生态环保问题、提高居民生活质量的重要手段。2010年以来，我国部分城市地区陆续开始进行综合性的绿道规划和建设，并出台了自己的绿道规划设计导则或指引。广东省借鉴国外经验在全国率先建成了首个绿道网。随后，全国城市掀起了各具特色的“中国绿道运动”。除广东省珠三角地区以外，成都、海口、嘉兴、温州、无锡、南京、江阴、武汉、绵阳、泉州、赣州等10多个城市也已开展或拟开展专门的绿道规划设计和建设。河北省也于2011年率先在县城层面提出了绿道绿廊规划及建设要求，出台了《河北省城镇绿道绿廊规划设计指引（试行）》，并由此展开了一系列县城绿道绿廊建设。

绿道主要由人行步道、自行车道等非机动车游径和停车场、游船码头、租赁点、驿站（休息站）、游客服务点、特色商品小店等游憩配套设施及一定宽度的绿化缓冲区构成。因此，绿道可分为绿廊系统和人工系统两部分。

绿廊系统是城市绿道的绿色基底，主要由地带性植物群落、野生动物、水体、土壤等生态要素构成，包括自然本底环境与人工恢复的自然环境，具有生态维育、景观美化等功能。

人工系统由慢行系统、交通衔接系统、服务设施系统和标识系统等构成，具有休闲游憩、慢行交通等功能。

县城绿道规划设计能够从生态、游憩、文化、经济等多方位促进县城可持续发展，对打造宜居环境、提升慢行品质、提高居民生活质量有着重要作用，同时引导县城有序扩张发展。

本研究仅涉及人工系统的规划设计，即狭义的绿道规划设计。结合绿廊系统，对慢行系统范围内的道路横断面、坡度等进行深化设计，滨河道路加入河道、河岸的处理，其他道路加强慢行空间环境的设计，选择合适的树种提高树荫的比例。对步行道、自行车道、无障碍道、综合慢行道等提出相应的规划设计标准（表7-16、表7-17）。

---

❶ Whyte W H. Securing open space for urban American：conservation easements [M]. Washington：Urban Land Institute，1959：69.

❷ Charles E. Little. Greenways for America（Creating the North American Landscape）[M]. The Johns Hopkins University Press，1995：49-51.

各类慢行道的参考宽度标准　　　　表 7-16

慢行道类型	宽度参考标准(米)
步行道	1.5～2
自行车道	1.5～3
无障碍道	1.5～3
综合慢行道	2～6

注：根据绿道区位、等级及交通量确定宽度，应符合道路功能定位，满足居民出行需求。此表为宽度参考标准，可根据实际情况增大，但不能小于最低值。

各类游径坡度设计参考标准　　　　表 7-17

类型	纵坡坡度参照标准	横坡坡度参照标准
步行道	3%为宜，最大不宜超过 12%（当纵坡坡度大于 8%时，应辅以梯步解决竖向交通）	最大不宜超过 4%
自行车道	3%～4%为宜，最大不宜超过 8%	2%为宜，最大不宜超过 4%
无障碍道	2%为宜，最大不宜超过 8%	2%为宜，最大不宜超过 4%

绿道横断面规划设计应结合道路特性，对滨河、滨海、山景、县城分段分类区别对待，新建道路或绿道应满足绿道规划的基本要求，尽量尊重现状地形及周边生态环境；改造道路或绿道则根据实际情况灵活变通，突出特点和功能，节约资源。以《深圳市绿道网专项规划》为例，对绿道横断面规划设计进行了详细的分类，如图 7-21 和 7-22 所示。

绿道推荐游径断面一览表

编号	推荐断面典型	说明
滨海段	滨海段(新建)	在无现状通道的条件下，通过滨海栈道形式新建游径，新建段应尽量尊重现状地形及周边生态环境
	滨海段(改造)	利用现状道路基础，对道路进行改造和完善，改造路段应充分利用现状条件，节约资源
山海段	山海段(新建)	在无现状道路可用的情况下需要新建游径，山地游径尽量依据等高线建设，所有新建绿道应充分尊重现状地形及周边生态环境
	山海段(改造)	局部山林存在现有路径，但道路基础设施较差，应充分结合现状空间环境对其进行改造，在不破坏周边生态环境的基础上，要做到绿道景观与环境的协调统一
滨河段	滨河段(新建)	现有河流或溪流旁边空间较为宽阔，可沿其新建绿道游径，新建游径应充分尊重现状地形及河道周边生态环境
	滨河段(改造)	河流或溪流周边已经存在现有路径，可根据现状环境情况对其进行改造，改造时应尽量避免对河道生态环境进行破坏
都市段	都市段(边沟处理)	绿道在充分利用现有公路的基础上，通过对路一侧的边沟进行盖板处理，通过围栏将机动车与绿道分离，绿道宽度结合公路两侧实际情况处理
	都市段(公路处理)	部分现状公路，由于两侧用地较为局促，不具备单独新建绿道的基础，因此借用现状道路划线处理
	都市段(人行道改造)	主要分布在现有城镇中，利用现有人行道的基础对道路拓宽及地面铺装材料的处理实现通行
	都市段(陡坡架桥)	利用现状公路一侧护坡，在尽量不破坏绿化基础上新建绿道游径，宽度1.5～3米不等

图 7-21　绿道横断面示意图

以沽源县滨河景观道路为例，其横断面考虑了滨河慢行功能，宽度设置为 7 米，如图 7-23 所示。

图 7-22　滨河绿道图（栈道）——仙居县

来源：https：//zj.zjol.com.cn/news/551634.html？t=1514370659542&ismobilephone=2.

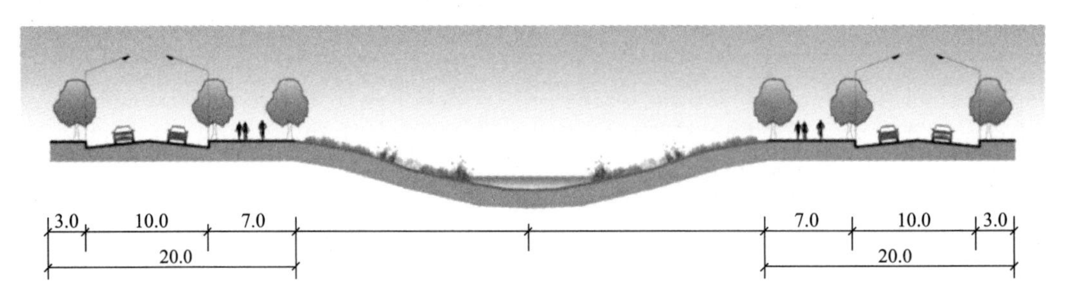

图 7-23　沽源县滨河景观路横断面示意图

二、静态交通规划设计

静态交通主要包括小汽车停车和自行车停车两个方面。公交车停车主要集中在公交场站内，主要通过合理地规划公交场站的数量、位置、面积来解决公交车辆的停放问题，不占用道路红线内的资源，所以本文不涉及此部分内容。

（一）机动车停车

县城生活节奏相对较慢，慢行出行比例较高，但是伴随私家车普及率的上升，小汽车的发展速度不容小觑，小汽车停车难问题也日益凸显。而小汽车停车难的问题一方面是因为小汽车保有量的上升造成的刚性需求无法满足，更重要的是缺乏合理的停车系统规划，居住小区、商业用地、办公区等用地的停车配建指标缺乏参考依据或者管理办法。绿色交通系统不是要让小汽车合理地停在路内，而是鼓励人们放弃小汽车出行，主动选择更加绿色、环保、可持续的交通方式出行，因此，改善现有建筑物停车配建指标不达标准的情况、优化路内停车和路外停车场的比例是重点。

机动车停车结构方面，建议建筑物配建停车场提供的停车泊位数占停车总泊位数的80%～90%，公共停车泊位数占停车总泊位数的10%～20%，其中路内泊位数占公共停车泊位数的20%～30%。因此在机动车停车系统中，建筑物配建停车场是主力，路内停车仅为临时停车的必要补充。

路内停车适宜设置在人们空间活动相对不频繁的街道上，以支路为主，并且距离行人目的地在步行可接受范围内（≤1000 米）。在保证慢行通行空间的前提下，本研究提出县城可选择以下四种形式布置路内停车。

形式一：占用人行道外商铺前空间设置停车位，适用于商铺需要停车位且空间允许的地段（图 7-24、图 7-25）。

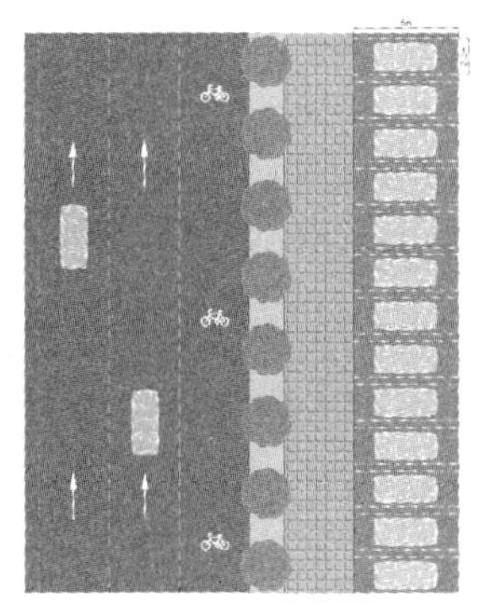
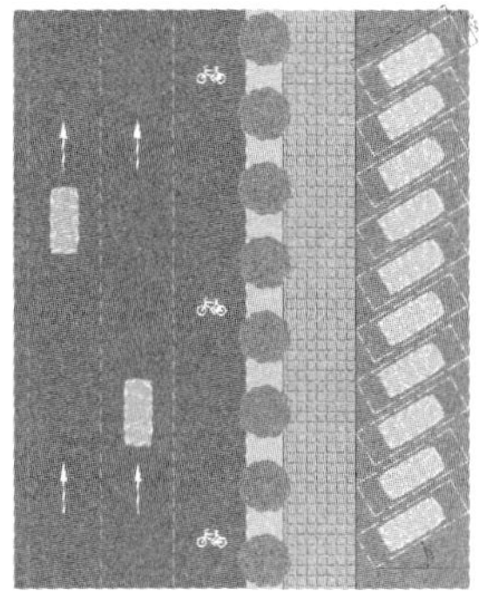

图 7-24 占用建筑退线空间设置停车位

图 7-25 建筑退线空间停车实例——淳安县（摄于 2015 年）

形式二：占用非机动车道设置停车位，停车位宜紧靠机动车道设置，将行道树荫留给非机动车（图 7-26、图 7-27）。

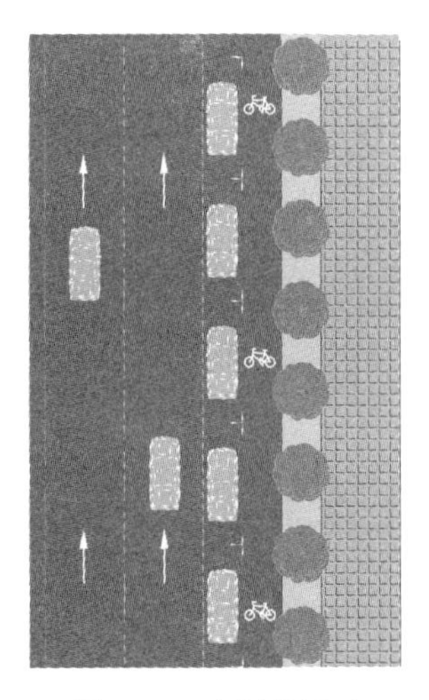

图 7-26 占用非机动车道设置停车位

图 7-27 占用非机动车道停车实例——宁海县（摄于 2015 年）

形式三：非机动车道宽度不足以满足一条停车带和非机动车正常通行的宽度，占用部分非机动车道和行道树空间停车，适用于道路宽度条件不满足形式二设置条件的情况，但不鼓励用这种方式停车，容易出现管理混乱的情况（图 7-28、图 7-29）。

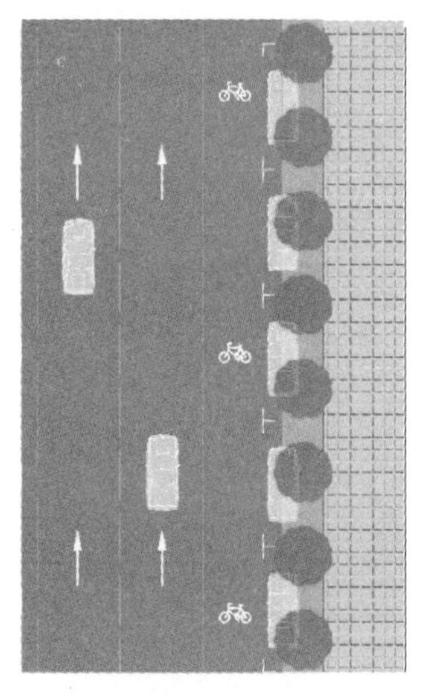

图 7-28　占用非机动车道和行道树设置停车位

图 7-29　占用非机动车道和行道树停车实例——阳原县（摄于 2014 年）

形式四：利用行道树之间的空隙或者加宽行道树靠近非机动车道一侧的宽度设置停车位（图 7-30、图 7-31）。

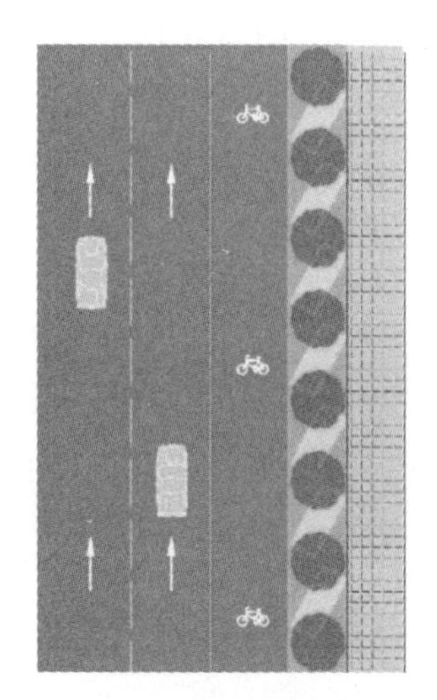

图 7-30　占用行道树间隙设置停车位

图 7-31　占用行道树间隙停车实例——安吉县（摄于 2015 年）

（二）自行车停车

自行车停车场的布局以分散为主，对商场、学校、集市、大型体育设施等重点场所加强自行车公共停车场的设置（图 7-32），自行车停车场规划应遵循以下原则：

（1）自行车公共停车场服务半径以 100～200 米为宜。

（2）结合重要的交通节点和景观节点，如公交车站、交通集散广场、城市活动广场等，布置自行车停车设施，避免设在交叉口和主要干道附近，以免进出的自行车对交通流造成阻碍。

（3）应尽量充分利用空闲土地，如行道树空间、分隔带、人流稀少的街巷等，以节约土地开发的费用。

（4）自行车系统应结合公交换乘体系和步行系统规划，规划大量存取方便的停车场地，合理衔接。

（5）在县城用地紧张的情况下，应充分利用行道树穴、公交车站附近空地、建筑前空地等空间，尽可能地布置自行车停车位，并且做好指示标志的设计，增加标线和停车架等设施。必要时可以改造部分机动车停车位为自行车停车位。

图 7-32　自行车停放设施布置案例

来源：作者摄于 2015 年及 https：//photos. fareast. mobi/photo. aspx? id=10170&c=88.

三、公交车站及周边相关设施规划设计

县城公交客流往往呈现客流不稳定、站点不固定、线路少、运营不规范等特点，因此在县城公共交通规划中，公交线路的规划应在原有基础上，以提高现有服务质量、提升村域线路可达性、固定站点运营为主要目标，培育稳定客流，发展若干骨干线路，逐步扩大公交线路网络。县城公交站点间距应满足适宜步行的距离，控制在 500～800 米。而县城发展水平相差较大，运营能力有限，因此在公交路网密度等规划指标方面不进行规定。

本研究主要从节地、绿色交通的角度，针对县城“高密度、窄道路”的路网规划原则，提出适合县城发展的公交站台的设置形式，以及与自行车衔接的相关设施建议。

县城道路为窄路网规划，因此建议县城公交站台均采用路边式停靠站的形式，相对港湾式停靠站占地更少，而且县城公交线路相对较少，路边式停靠站效率更高。县城公共交通发展滞后，往往依托步行空间设置公交站台，此时应

图 7-33　公共自行车租赁与公交车站的结合案例

（摄于 2015 年）

通过地面标线和标志标牌明确各类交通流的通行空间，起到警示作用。配合公交站台的设计，公交站点周边应设置一定量的路外自行车停车场或者停车位，服务半径不宜大于100米，以方便自行车驻车换乘或抵达。公交枢纽、公交首末站等应在各出入口分别设置路外自行车停车场，距离不应大于30米（图7-33、图7-34）。

县城道路主要以双向四车道的机动车断面设计为主，而路边式公交停靠站的设计会使得公交车在进出站台的时候占用一条或者半条车道，在公交站台处容易形成拥堵，影响路段通行能力。因此，在公交站台位置的规划上应遵循以下要求：

（1）干道上的公交车站应设置在交叉口出口的位置，利用交叉口渠化的拓宽车道设置，并保证前后的安全距离，避免与右转进入交叉口的车辆形成冲突。

（2）支路上的公交车站应布局在小区出入口、商业办公建筑出入口等人流密集、需求旺盛的热点附近，步行在500米以内，采用图7-34的设计方式，非机动车从公交车站外侧通过，并保证一定的宽度。

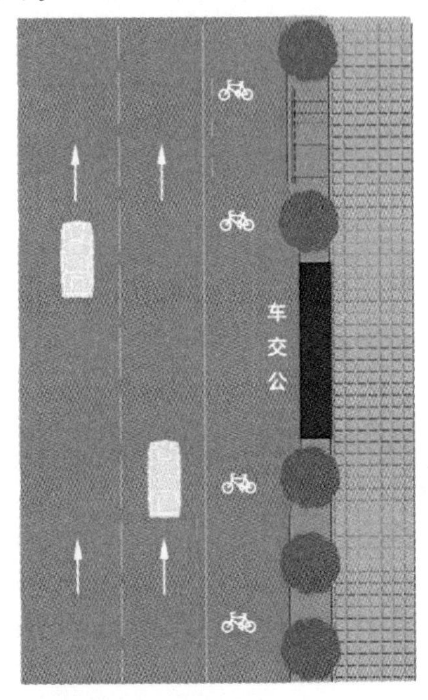

图7-34　公交站台与自行车停车位的结合设计示意图

四、实例调研

本研究以项目基础作为支撑，同时组织对国内不同建设管理水平的县城进行绿色交通调研，重点体现了县城公共交通、公共自行车、绿色通道等方面的发展现状，以及县城在交通规划、交通设计方面做出的尝试，旨在总结县城在交通发展过程中遇到的问题，提取先进可行的县城绿色交通发展方向，支撑课题研究。

（一）尚义县

1. 概述

尚义县位于河北省西北部，东与张北县接壤，南以长城为界，与怀安县、万全县毗邻，西、北与内蒙古兴和县、商都县交界，距离北京280公里、张家口市区82公里。东西宽55.2公里，南北长88.8公里。境内有张（张家口）集（集宁）铁路、张（张家口）商（商都）公路等主要干道通过。尚义县县域总面积2601平方公里，县城面积为262.55平方公里，县城建成区面积9.56平方公里，县人口达到22.78万人，县城人口为6.75万人，县城道路长度52公里，路网密度为5.56公里/平方公里。

2. 现状及挑战

尚义县是典型的北方县城，依山傍水，但是发展受限，依托一条主干道东西纵向发展，随着发展水平上升、小汽车使用数量上升，交通问题日益凸显：客货没有完全分离，依旧存在货运车辆穿城的情况；整体交通基础设施建设水平较差；交通管理措施滞后，各种交通方式混行严重；静态交通缺乏统筹规划，配建停车位严重不足，公共空间被机动车停车严重侵占；步行和非机动车出行环境有待提升。图7-35为尚义县城内拍摄的交通现状。

图 7-35　城区现状道路情况
（摄于 2014 年）

尚义县本身拥有较好的自然环境本底，应借助城市规划、城市设计中对城市形象的把握，在重点街道和重点景观带打造中融入绿色交通的理念，不仅从全局把握交通发展的方向，在重要节点的部分也要专注于绿色交通元素的落地实施。这对发展处于上升期的县城来说既是机遇又是挑战，有助于打造宜居的、有特色的县城。

（二）淳安县

1. 概述

淳安县隶属于浙江省杭州市，位于中国浙江省西部，东与建德、桐庐接壤，南连衢州、常山，西与徽州休宁县、歙县毗连，北接临安，是著名国家级风景区千岛湖所在地，是浙江省面积最大的县，县域面积 4427 平方公里，县城面积 356 平方公里，建成区面积 12.65 平方公里，县人口达到 45.9 万人，县城人口为 8.2 万人。2012 年，淳安县实现地区生产总值（GDP）159.23 亿元。县城道路长度达到 153 公里。

2. 绿色交通要点

淳安县以千岛湖国家级风景区建设为契机，逐步推行绿色交通理念和措施，将千岛湖景区与城市绿色交通网络建设有机结合，在千岛湖区域重点打造环湖自驾、环湖观光巴士、环湖自行车租赁、环湖微公交“四位一体”的千岛湖环湖交通体系，在城区范围内建立覆盖全程的公共自行车、绿道网络和微公交体系。

（1）建立公共自行车租赁系统

淳安县公共自行车网络租赁系统建设较早，设施配置及管理均较为先进，在规划设计时自行车租赁系统既为居民通勤及日常交通服务，也作为旅游特色串联各个旅游景观节点。规划采取分期建设模式，第一批设置 30 个站点，1000 辆公共自行车，站点涵盖主要景点、大型公建、商业设施、居住区、公园绿地及广场等区域。2015 年底，一期已经建设完成并成为居民日常出行的重要交通方式之一。

淳安县公共自行车站点布局结合城市公共交通系统，对自行车租赁点、公交站台进行一体化设计，居民在使用过程中能够实现不同交通工具的无缝换乘（图 7-36）。

图 7-36　公共自行车租赁点
（摄于 2015 年）

（2）建立覆盖城区的绿道系统

淳安县在绿道规划设计过程中充分考虑市民日常生活、休闲游憩和游客观光游览需求，建立起“社区—城区—景区”三级绿道系统。社区层面重点满足健身康体及文化休闲要求，在城区层面将城市主要开敞空间、景点通过绿道进行串联，形成多条游览城区的线路；在更为宏观的景区层面通过绿道串联城区周边景区；为增强绿道趣味性和景观性，在城区与景区绿道之间设置景观驿站、景观平台等配套设施，利用绿道建立起联系城区与周边山体、水系、林地的生态廊道。

目前已经形成了千汾绿道、淳杨绿道等 150 公里环湖绿道，秀水桥至千岛湖大桥、城中湖公园绿道、开发路及环湖北路等 35 公里城市绿道（图 7-37）。

（3）优化绿色交通出行环境

淳安县为了构建舒适的绿色交通出行环境，在县城区通过道路交叉口改造、交通渠化等措施优化绿色交通出行环境，利用千岛湖这一景观资源，将绿色交通与建设宜居县城相结合。慢行系统将县城区主要的景观节点、社区、办公及商业区域有机地联系在一起，为居民提供安全、舒适、具有吸引力的绿色交通出行环境，淳安选取重点道路进行道路断面优化设计，增加绿色交通路权分配，较大提升了出行环境质量（图 7-38）。

图 7-37　城市绿道
（摄于 2015 年）

图 7-38　淳安县经过优化的绿色交通出行环境
（摄于 2015 年）

（4）微型公交系统

微公交系统是一种自驾公交模式，具有使用灵活的特点，能够弥补步行和自行车交通的不足。淳安县微型公交系统的建设采用“分期建设，先试先行”的策略，首批建设选取千岛湖广场、规划展示中心、中心湖区码头等客流量和人口密集区域，共建设 7 个站点投入 200 辆微型公交，采用分时租赁和共享租赁相结合的模式。微型公交系统规划与城市交通出行系统、景观系统和旅游规划设计有机结合，保障了较高的利用率（表 7-18、图 7-39）。

淳安县微公交租车相关收费说明表　　表 7-18

内容	小电跑 K10	熊猫 K11
正常资费	20 元/小时	25 元/小时
额定载客	2 人	4 人
超时说明	1 小时起租，超过半小时不到 1 小时的按 1 小时计算(例：1 小时 13 分按照 1 小时 30 分算，1 小时 54 分按照 2 小时算)	
超里程说明	K10 小电跑每小时超出 25 公里外的超里程部分要加收 0.8 元/公里；K11 熊猫每小时超出 25 公里外的超里程部分要加收 1.0 元/公里	

图 7-39　千岛湖旅游咨询亭及微公交停车场
(摄于 2015 年)

(5) 加强交通精细化管理

淳安县在打造绿色交通出行环境的同时，还制定了一系列交通精细化管理措施。一是实行差异化停车管理。在商业集中区域、主要交通节点区段、旧城区实行差异化停车措施。通过价格手段限制机动车在易拥堵路段的使用。二是加强公众对绿色交通的认知，通过社区宣传栏、交通电子显示屏、公交站宣传栏等形式宣传普及绿色交通基本知识，并在县城规划展览馆增加绿色交通体验的相关内容，建立起公众认知绿色交通的窗口，培养居民绿色交通意识，通过绿色交通教育有效提升了绿色交通出行比例（图 7-40）。

(三) 宁海县

1. 概述

宁海县位于浙江省东部沿海，象山港和三门湾之间，是宁波市下辖县，县域面积 1843 平方公里，2014 年底县城面积 89.87 平方公里，建成区面积 35.09 平方公里，县人口达到 62.26 万人，县城人口 14.84 万人。

2. 绿色交通要点

(1) 公共自行车建设

宁海县公共自行车项目于 2011 年开始建设，是国内首个县级休闲公共自行车租赁项

图 7-40　淳安县交通精细化管理主要手段

（摄于 2015 年）

目。截至 2013 年，已经建成 151 个租赁点，3000 辆使用车辆，能够覆盖城区主要居住区、大型公建、公园绿地、公交枢纽等区域。宁海县公共自行车租赁系统与城市公共交通系统衔接进行了较为人性化设计，在重要租赁地点设置服务亭为公共自行车使用者提供咨询、充值等服务。

（2）多样化的交通需求管理

宁海县城区机动车保有量较高，尤其是旧城区交通拥堵及停车难问题较为突出，为有效解决这一问题，宁海县采取了多项措施：一是通过旧区改造疏通旧区路网，在旧城区实行单行线等措施；二是改善公共交通出行环境，设置智能公交站牌、公交专用道等措施；三是为引导居民绿色出行，县城建设了智能公交站牌系统，在重点路段设置公交专用道和慢行道路系统，在道路交叉口设置过街安全岛和风雨棚等设施提高出行环境质量（图 7-41、图 7-42）。

图 7-41　宁海县公共自行车租赁点

（摄于 2015 年）

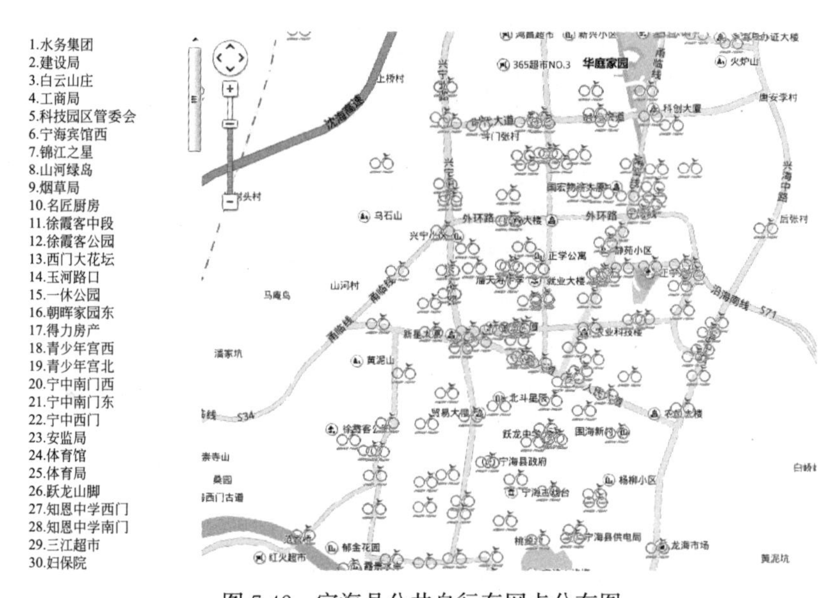

图 7-42　宁海县公共自行车网点分布图

来源：宁海县公共自行车服务有限公司，http：//www.nhlcbk.com/zddt.aspx.

（四）安吉县

安吉县位于浙江省北部。2014 年底，县域常住人口 46 万人，县城人口 15.73 万人，城市建成区面积 26.96 平方公里，人均城市道路面积达到 26.54 平方米，人均公园绿地面积 12.69 平方米，全县汽车保有量达到 8.2 万辆。2015 年安吉县获批创建全国绿色交通试点县，是全国唯一入选的县级城市。

在进行绿色交通建设之前，安吉县与全国其他县城一样，在伴随着城市化进程加快、城市机动车数量迅速扩张的过程中，旧城区呈现出交通拥堵、停车困难等“城市病”问题。更为严重的是，随着机动化水平的提升，安吉县绿色交通出行比例持续下降，由交通带来的人居环境质量问题也越来越突出。在这样的挑战下，安吉县自“十一五”期间开始针对县城交通进行了系统的治理，重点从城区道路网络优化、绿色交通系统构建、精细化交通管理几个方面进行。

1. 优化城区道路交通网络

针对旧城区交通拥堵问题，安吉县以旧城改造为突破口，将旧城区全盘考虑，重点突破中小学周边及大型商业设施周边交通问题，采取单行线等需求管理措施，适度拓宽道路宽度，打通影响通行的断头路，同时搬迁对交通干扰较大的市场及商业设施。

建立“游运一体化”道路网路体系，构建“一中心、五换乘、九节点”的场站布局，优化 10 条公交线路，建成 20 个港湾式停靠站，投放 22 辆电动公交车，鼓励和引导居民绿色出行。

2. 优化绿色交通出行环境

规划引领，多规协调。在安吉县绿色交通规划建设中，综合协调交通专项规划、绿地系统专项规划和城市设计之间的关系，将县城区绿地景观资源布局与绿色交通网络体系有机结合，增强绿色交通网络的舒适度和可实施性（图 7-43）。

安吉县山水景观资源丰富，通过梳理绿地景观资源，依托丰富的景观系统，慢行系统

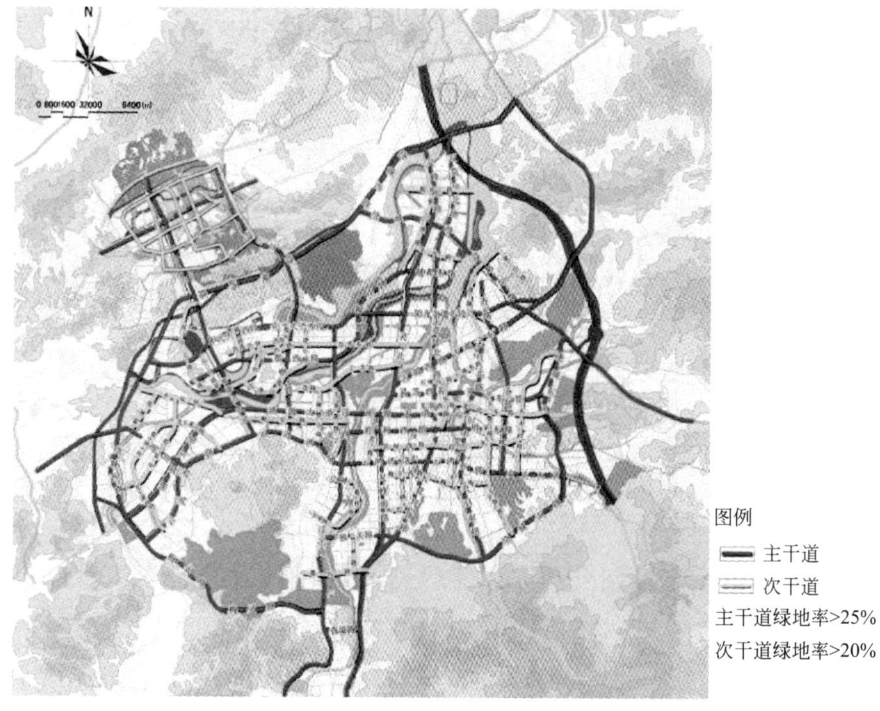

图 7-43 道路网络结构

来源：安吉县交通局。

串联起浒溪与西港溪等六条自然水系，以及营盘山、天山坞、凤凰山等生态景观资源，凤凰山公园、生态广场、中德拇指山公园、城北公园、龙王溪滨水绿带、城区专类公园、休憩广场等公园绿地系统（图 7-44）。

3. 精细化交通管理

城区交通治理以停车作为突破口。一是在有条件的区域增加路侧停车和社会停车场供给；二是通过加强停车收费管理增加机动车出行的成本，引导居民绿色出行；三是实行智能化的管理措施，通过设置交通电子显示屏等提高公共交通服务水平；四是建立起覆盖城

图 7-44 慢行交通步道（一）

（摄于 2015 年）

图 7-44　慢行交通步道（二）

（摄于 2015 年）

区的公共自行车服务体系；五是利用自媒体增强绿色交通服务能力，通过“智慧安吉APP”平台建立便于居民利用的交通服务平台（图 7-45、图 7-46）。

图 7-45　县城区清洁能源公交车

（摄于 2015 年）

图 7-46　改造后的公交车站

（摄于 2015 年）

第八章　县城宜居生态公用设施工程规划技术研究

第一节　引言

一、研究背景

（一）城镇化快速发展对宜居生态环境的要求

随着我国国民经济的持续、快速发展，城镇规模逐步扩大，城镇人口急剧增加，城镇化进程不断加快，城镇化水平持续提高。

城镇化的快速发展给生态环境带来了改变：能源、资源严重短缺，环境污染日益加重，生态安全威胁逐渐突出。面对日益严峻的城市化快速发展带来的一系列问题，建设可持续、低碳、集约、宜居的生态环境是城镇化持续健康发展的重点。表现在一是宜居生态环境可以降低城镇化建设和发展的成本，加快城镇化发展速度，二是宜居生态环境可以改善城镇居民生活质量，提高城镇化发展质量。

（二）城镇化快速发展对公用设施工程的要求

随着城镇化的粗放式发展，伴随而来的是城镇整体环境质量的下降以及对自然系统的威胁等问题频发，导致公用设施工程面临着巨大的压力，一方面城镇水资源危机、能源危机、环境危机日趋严重，生活设备供不应求。另一方面，人们越来越关注居住的环境质量，构建完善有效的公用设施工程既是社会理想，也是人民生活的基本需求。

（三）新型城镇化建设的要求

为了有效缓解粗放型城镇化发展带来的一系列问题，国家选择了可持续发展的新型城镇化道路。

新型城镇化是以“尊重自然、顺应自然、保护自然”为核心理念，坚持节约资源、保护环境的基本国策和“节约优先，保护优先，自然恢复为主”的基本方针，把宜居生态建设放在突出地位，融入经济建设、政治建设、文化建设、社会建设各方面和过程，全力推进低碳发展、循环发展、绿色发展。

而公用设施工程建设作为宜居生态建设的基础，如何建设一个生态型、节约型、可持续型的公用设施工程系统，成为宜居生态建设乃至新型城镇化持续、健康发展的关键。

（四）县城新型城镇化建设的要求

随着城镇化的重心由城市逐渐转向农村，县城作为过渡部分，起到了承上启下的重要作用，因此提升县城公用设施建设水平则变得尤为重要。

随着新型城镇化的进程加快，县城经济的快速发展和人口的大量增加，原本的公用设施建设不能满足日益增长的人口的需求，县城的水系统、能源系统、信息系统、环境卫生和防灾减灾系统受到冲击，越来越多的问题显现出来。着手解决目前县城的各类问题是未来生态县城建设的需要，公用设施工程的健康发展迫在眉睫。

二、建设内涵

（一）基本原则

宜居生态公用设施工程作为新型城镇化发展建设的重要组成部分，其发展应以“城乡统筹、以人为本、资源节约、环境友好、集约高效、和谐共生”为主要原则。前瞻的策略引导、创新的技术支撑和完善的体制保障。

（二）基本内涵

宜居生态公用设施系统可分解为四个主要的子系统：水系统、能源系统、环境卫生、综合防灾减灾系统。

（1）水系统：将建设开发对水文环境的影响减少到最低程度，尽量与大自然共生。设施工程的建设不影响基本的地形构造，不破坏主要的生态系统，不影响水体及其周边的环境等。

（2）能源系统：完善能源利用结构，改变对传统能源粗放式的利用模式，减少不必要的能源损耗，发展清洁、环保、生态的新型能源。

（3）环境卫生：实现废弃物无害化、资源化和再利用化，增加环境的改善力度，构建绿色生活。

（4）综合防灾减灾系统：通过采用新技术、加强监管力度、保障实施措施来完善综合防灾减灾体系，构建合理、健全的综合防灾减灾系统。

（三）发展思路

（1）系统综合：宜居生态公用设施工程不是简单意义上的针对各系统相配套的工程，而是一个由众多独立系统组成的整体网络系统。如能源系统与环境卫生相互结合，通过对生活生产垃圾的分类处理，回收资源可以作为能源再次使用。

（2）适度超前：公用设施工程一般施工周期相对较长、规模相对较大且具有一定的规模效应，建成后更新难度高、代价大，还会对其他设施的运转造成影响。所以公用设施工程的建设需要不断地融合新思路，采用新技术。

三、研究意义

（一）理论意义

宜居生态公用设施工程技术以节能、环保为核心目标，体现在低能耗、低污染、低排放上面，是一种可持续发展的生态技术。县城是未来新型城镇化发展的重心，其发展模式和运行机制对生态发展的未来有着重要影响。因此，应对可持续发展和生态文明建设的迫切需求，建立一套完整的宜居生态公用设施工程技术有着重要的意义。

本章对县城宜居生态公用设施工程规划技术进行了探索，其中生态公用设施工程的研究和相关措施具有一定的借鉴意义，提供了一些可供参考的技术方式，作为今后相关研究的基础资料和理论依据。

（二）现实意义

在我国，新型城镇化背景下县城的建设和发展具有十分特殊的意义，它关系到我国从传统农业大国向多产业强国转变的成功与否。

资源能源、环境容量和土地空间是新型城镇化发展的主要制约因素。随着县城城镇化的发展，人地矛盾和资源环境压力必将进一步加剧。在县城层面积极探索有利于资源循环利用、节能减排、土地集约节约的建设模式，总结推广宜居生态的技术和管理经验，为县城新型城镇化道路提供技术支撑。

建立一个完善有效的宜居生态公用设施工程，对未来县城居民生活质量的提高、县城环境卫生的改善、县城生态格局的构建有着重要的意义。

第二节　县城宜居生态公用设施工程规划探索

一、水系统

（一）县城水系统面临的问题

在新型城镇化处于转型升级、社会主义现代化快速发展的时期，县城城镇化的快速发展与县城水资源建设滞后之间的矛盾日渐凸显，水资源短缺、水资源大量流失、水环境污染加剧、洪涝灾害风险加大、水生态系统失衡等问题，致使城镇化进程面临挑战。

1. 水资源短缺

县城用水主要是居民用水，多采用地下水，随着城镇化进程的快速发展，县城人口数量快速增长，工业区的开发建设、高耗水企业多，使水资源的需求量也随之快速增长。大部分县城采用传统的雨水排放系统即尽快将雨水汇流排放，没有把雨水资源利用作为缓解水资源短缺的手段，造成水资源流失浪费严重。

2. 水环境污染

县城排水系统不完善，大多数县城排水系统为雨污合流制，不仅造成雨水资源的巨大浪费，而且加大了市政排水设施的负担。另外，初期雨水没有经过处理直接排放到河道等景观水系，其中夹杂着大量的杂质及高浓度有机物，加剧了县城水体污染。

3. 水生态的破坏

县城在开发建设时，由于只考虑土地的集中高效利用，填埋了自然状态下坑塘、湖泊等湿地，甚至占用滞洪区，不仅降低了区域涵养水的能力，而且削减了自然状态下湿地对洪水的调蓄作用，加剧了洪灾的泛滥。

（二）水资源规划关键技术研究

按照节水型宜居生态城镇的发展目标，统筹调配水资源，采取优水优用的原则，合理开发利用当地水资源。控制工业用水、逐步减少农业用水总量，提高全社会节水意识，促进节约用水；大力开发利用雨水、再生水等非常规水源，加强水资源的循环利用，推进非常规水资源在全社会各领域的广泛应用。

1. 雨水利用“海绵城市”

住房城乡建设部发布《海绵城市建设技术指南——低影响开发雨水系统构建》，提出海绵城市建设应遵循“规划引领、生态优先、安全为重、因地制宜、统筹建设”的基本原则，统筹建设低影响开发雨水系统、城镇雨水管渠系统、超标雨水径流排放系统；将低影响开发系统作为新型城镇化和生态文明建设的重要手段。海绵城市指下雨时吸水、蓄水、渗水、净水，需要时将蓄存的水释放并加以利用。海绵城市将自然途径与人工措施相结合，最大限度地实现雨水在城镇区域的积存、渗透和净化，使城镇开发建设后的水文特征接近开发前，有效缓解城镇内涝、节约水资源、改善城镇的生态环境。

县城的“海绵城市”建设主要是对县城雨水的综合利用，包含了收集、过滤、循环再利用三个过程。县城“海绵城市”建设融入低冲击开发模式，能有效地实现小范围的雨洪控制，能将雨洪合理地利用起来，尽量恢复县城开发前的水文状态，建设一个生态安全的县城。

（1）县城海绵城市利用模式

a. 屋面雨水收集利用模式

屋面是城镇雨水的一种重要汇流介质。相比于道路雨水和绿地雨水而言，屋面雨水更便于收集利用，其利用价值也最高。屋顶雨水利用系统包括雨水收集和净化两个子系统，系统的核心是屋顶绿化。屋面雨水经屋顶绿化层截留蓄积后的径流雨水经落管直接就近排入周边集中调蓄设施。由于经过绿化植被的截留渗滤，屋面的径流雨水水质较好。屋面滞蓄的雨水，可用于县城市政设施的用水等。绿化屋面可以提高城镇绿化率、改善城市景观；调解城镇气温与湿度；改善建筑屋顶的性能及温度；减少雨水径流量。对于日照较充足的城镇，可在高档写字楼、大型公建、公寓等采用绿化屋面。

b. 地面雨水利用模式

地面主要有庭院、广场、人行道、非机动车道、停车场等类型。针对地面特点可选用以下雨水利用模式：

利用透水地面渗入地下：对庭院、广场、人行道、非机动车道、停车场，可采用透水材料铺装地面。透水铺装地面应设透水面层、找平层和透水垫层。透水面层可以采用透水混凝土、透水面砖、草坪砖等。透水面层的渗透系数均应大于 1×10^{-4} 米/秒，找平层和垫层的渗透系数必须大于面层。透水地面设施的蓄水能力以重现期为 2 年 60 分钟降雨量为设计标准。面层厚度宜根据不同材料和使用场地确定，宜为 60 毫米，孔隙率不宜小于 20%；找平层厚度宜为 20～50 毫米；透水垫层厚度为 150 毫米，孔隙率不宜低于 30%。对于较为寒冷的县城，铺装地面应满足抗冻的要求，同时能够满足相应承载力的要求。规划应使 50%以上的庭院、广场、人行道、非机动车道采用透水铺装。渗透技术可以减少径流雨水量，补充涵养地下水资源，改善生态环境，防止地面沉降，减轻城区水涝危害和水体污染等。

排入周围绿地渗入地下：对从景观和美学角度不适合做成透水铺装的硬化地面，可因地制宜排入周围的绿地，由绿地消纳雨水渗入地下，从而变集中的暴雨急流为缓流。将部分集中的径流转移到有植被的洼地，而不是排水管道里。

c. 绿地雨水利用系统

下沉式绿地：对于土壤渗透性较好的绿地，可采用下沉式绿地。下沉式绿地是一种天然的利用植被截流、土壤渗透原理截流和净化小流量的径流雨水的渗透措施，平均低于周围地面 10～20 厘米左右，保证与铺装地面连接处下凹 10 厘米，硬化铺装地面雨水能自流入绿地。下沉式绿地内一般设置溢流口，保证暴雨时径流的溢流排放。下沉式绿地的设计标准为，对 2～5 年一遇的降雨，不仅绿地本身无径流外排，同时可消纳相同面积不透水铺装地面的雨水径流，无径流外排。

下沉式绿地＋增渗设施：对于土壤渗透性一般或较差的绿地，可在下沉式绿地内建设增渗设施，使其同样达到消纳绿地本身和外部相同不透水面积径流的效果。增渗设施包括渗水槽、渗水井等。

植被浅沟：有植被的地表沟渠，可收集、输送和排放径流雨水，具有一定的雨水净化作用，可用于衔接其他单项设施、城镇雨水管渠系统和超标雨水径流排放系统。植被浅沟适用于建筑与小区内道路，广场、停车场等不透水面的周边，道路及绿地等区域，也可以作为生物滞留设施等预处理设施。植被浅沟与雨水管渠联合应用，场地竖向允许且不影响安全的情况下也可以代替雨水管渠。

生物滞留系统：生物滞留设施类似于缓冲带，有助于减少洪水的发生，吸收一部分由暴雨所带来的降水，在一定程度上减少突然大量降水对河流造成的压力。一般建在地势较低的区域，或将一部分街道上的停车区域改建成种植区，借助栽种多种植物，形成一个集雨水收集、滞留、净化、渗透等功能于一体的生态处理系统，并营造出自然优美的街道景致。屋面径流雨水可由雨落管接入生物滞留设施，道路径流雨水可通过路缘石豁口进入。

d. 道路雨水利用模式

对于县城主干道，由于其雨水污染较严重，不收集利用，但可以采用生态排水方式，也可以利用道路及周边公共用地的地下空间设计调蓄设施。具体做法为：

两侧透水人行道＋下沉式绿地、植被浅沟及生物滞留系统＋环保型道路雨水口：将城市机动车道两侧的人行道铺装成透水人行道，并铺向两侧的下沉式绿地，机动车主干道可采用透水沥青路面或者透水水泥混凝土路面，采用环保型雨水口，将机动车道的初期雨水和较大的污染物拦截后排入下游管道。

路面雨水首先汇入道路红线内生态雨水设施，当红线内绿地空间不足时，将道路雨水引入红线外生态雨水设施消纳，并通过溢流排放系统与城镇雨水管渠相连接，保证上下游排水系统的顺畅。

（2）县城建设“海绵城市”适用性分析

对县城场地的用地评估是“海绵城市”建设的首要步骤，在用地评估过程中，首先要收集了解现有的水文、地形、地貌、土壤、植被、河流等信息，来分析不同程度降雨对县城的影响。例如，总体规划、详细规划、多物种生态保护规划的需求，道路设计标准，人行道、停车位置的需求以及其他公共空间的发展需求。在掌握了这些内容的基础上，充分发掘现有用地的自然特征，尽量保存县城原有的生态本底和水文状态。表 8-1 列举了对“海绵城市”建设地区用地的综合评估。

“海绵城市”建设用地评估表　　表 8-1

类别	序号	评估内容
地形	1	坡度
	2	坡度(i＞20%)所占的比例
	3	方位
	4	自然地物(悬崖、岩石)
水资源	1	河流水量
	2	河流水质
	3	水系类型
	4	河岸带区域
	5	洪水灾害情况
	6	地下水储存情况
	7	潜水及承压储存情况

续表

类别	序号	评估内容
土壤	1	土壤类型
	2	土壤渗透性
	3	膨胀土
	4	湿陷性土
	5	缓坡山崩情况
	6	表土和深底土
	7	土壤侵蚀现状
	8	岩土参数
植被	1	植被种类
	2	土壤水分蒸发、蒸腾损失总量
	3	现有树木和灌木
	4	杂草种类
	5	高敏感度物种
	6	生物开放空间
气候	1	平均气温
	2	降雨(雪、冰雹)
	3	主风向
	4	遮阳区域
	5	火灾危害
规划区特点	1	保留区和开发区的现状特点
	2	现状围墙的位置和高度
	3	古迹
	4	土地使用权属
	5	规划区内及周边的自然景观
	6	规划区自然景观的质量
土地利用规划	1	总体规划和分区规划
	2	停车场要求
	3	景观要求
	4	建筑限制
周边土地情况	1	周边建筑物的位置分布
	2	周边建筑物的高度
	3	周边建筑物的形式和特性
服务配套	1	现有公共设施的位置
	2	街道宽度要求
	3	防火间距要求

针对“海绵城市”的建设指标选择，各地县城应结合自身实际情况，对不同用地进行分类评估，选择最优的“海绵城市”建设元素，有针对性地对县城水环境实行“海绵”改造。

(3) 县城海绵城市实施

a. 生态效益

“海绵城市”的生态效益主要通过雨水收集回用置换了自来水，减少自来水的使用量，进一步减轻城镇供水压力，在一定程度上缓解了水资源紧缺的问题。并且对雨水资源的有效利用可以减少雨水对市政管线的排放量，削减洪峰或者延迟洪峰出现的时间，提高城镇综合防洪减灾能力。雨水渗入泥土一方面可以供植物生长利用；另一方面补充地下水，涵养水源，有利于缓解地下水水位下降趋势，缓解缺水局面，改善城镇水文地质环境。

b. 县城“海绵城市”建设的案例：河南省睢县

现状概况：睢县是商丘市下辖县，地处河南省东部地区，是连接中西部地区与东部沿海发达地区的中转站，其县城临近淮河流域，水资源丰富。20 世纪 90 年代随着县城的快速发展，县城建成区面积不断扩张，湿地及河流湖泊不断被侵蚀。近年来睢县的优质水资源越来越匮乏，水污染逐年加重，水土流失严重，洪涝灾害频繁，县城构建良好的水循环系统迫在眉睫。

措施：针对出现的问题，睢县基于生态系统构建“海绵城市”的规划探索。其建设以“海绵城市”为主，综合水资源高效利用，水环境优化整治。

综合分析睢县的自然环境、生态环境、水土保持情况、水资源情况、内河条件等，通过划定生态空间、梳理水系、调活水体、筑就廊道、营造水景、净化水体等方式来打造“中原水城”，具体实施策略如下：

① 构筑环境、积蓄水源

修筑阶梯形的橡胶坝，提升和稳定水位，并且可以进一步引入周边水系，丰富景观用水，最终使得中心城区利民河、护城河、解芝八河等水面增大，水环境有进一步的提升。

② 水系连通、全面截污

采用全面截污的手段补充清洁水源，形成“半亩方塘一鉴开，天光云影共徘徊”的水环境，最终中心城区水环境质量得以极大改善，实现“水畅、水清、岸绿、景美”的目标。

③ 生态筑岸、植物净水

在北湖及五大卫星湖、利民河和护城河沿岸及周边，设计以自然生态为主，重视水生植物的配置和种植，发挥水生植物的观赏性、乡土性，特别是对水质的净化作用，使中心城区的水体得到一定程度的控制，水质得到有效改善。[1]

2. 再生水利用

再生水利用是将城镇的污水进行有效的处理，达到一定的水质标准后，用于中水、清洗汽车、浇洒道路、绿化、景观用水及部分工业用水等用途。城镇污水水量相对稳定，易于收集，再生水处理技术已经成熟。因此不仅可以节约水资源，而且还体现了水的优质优

---

[1] 高峰，罗永嘉，林彬. 基于生态系统构建下的海绵城市规划探索——以睢县为例 [J]. 中国城市规划年会，2015，56.

用、低质低用的分质使用原则。目前大多数县城污水处理厂只要求达到排放标准，没有考虑污水回用，再生水还没有作为重要的补充水资源来开发利用。如果将污水进行有效的处理置换出等量自来水，对相对缺水的城镇是宝贵的水资源，有巨大的开发潜力。

再生水水源可分为两个部分，生活性水源和工业性水源。生活性水源产生的再生水水质标准达到《生活杂用水水质标准》，主要用于冲厕、绿化、道路浇洒、洗车等杂用。工业用水根据用途的不同，对水质的要求差异很大。再生水理想的回用对象应是回用量较大且水质要求较低。符合这种条件的对象包括：冷却用水、工艺用水等。冷却用水占工业用水总量的60%，将污水经传统深度处理后回用于冷却用水，在规模上足以缓解城镇供水紧张状况。

再生水系统主要包括集中式再生水系统和分散式再生水系统。集中式再生水系统目前应用较多，顾名思义，利用污水处理厂二级生物处理出水作为再生水水源，集中设置再生水厂，通过管网统一供给用户。这种水源水中残留的悬浮物较多，水的浊度和色度较大，应选用物理化学处理（或三级处理），多采用A/O或者A^2/O法。分散式再生水系统以居住小区或办公、商业建筑为单位，主要收集建筑优质杂排水即灰水，分散设置再生水处理设施。这种水源浓度较低，处理目的主要是去除原水中的悬浮物和少量有机物，降低水的浊度，可采用以物理工艺流程或者生物处理的处理工艺。

3. 水污染治理

县城水污染治理主要有以下几个方面，第一，通过各方面宣传来增强居民的环保意识，从而减少破坏环境的行为。制定并实施有效的水环境保护法律，对违法排放污染物的责任者应该实施刑事惩罚。第二，完善污水处理系统，逐步改造雨污合流制排水体制，必须实施彻底雨污分流制排水系统，加强污水处理，使污水处理率达到100%。第三，对初期雨水进行收集处理，尽量避免初期雨水进入管网系统。下面对新型污水处理技术及初期雨水处理技术进行具体分析。

（1）新型污水处理技术

a. 源分离生态卫生排水系统

随着县城的发展，生活污水种类逐步增多，成分复杂的污水增加了污水处理厂处理的难度。从源头上减少排放的污水量能有效减少污水处理厂的压力，提高污水处理的效率，降低污水处理的成本。

源分离生态卫生排水资源的基础是两套排水资源，其主要途径是对褐水、黄水以及灰水等多种污水的源头分离，采用半集中式的分质排水资源，有效回用系统中的各种有机物和水资源（图8-1）。

县城居民生活中厨浴设施产生的灰水可以通过小型的半集中处理设备进行初步的回收，产生的回用水进行居民冲厕、范围内的绿化及道路喷洒作业。

居民厕所产生的褐水、黄水通过分离措施，将产生的有机物进行加工，制成的有机肥料进行范围内绿化堆肥。

目前常见的源分离设施有堆肥厕所、真空排水厕所和分流厕所等。适宜住区使用的源分离设施主要为源分离便器。源分离系统的室内排水部分与传统排水系统基本一致，但与传统排水系统相比，源分离排水系统室内部分可使用管径较小的排水管。采用源分离技术后，小区不再设置化粪池，室外排水管线可大大减少，可有效降低室外排水管道材料费用

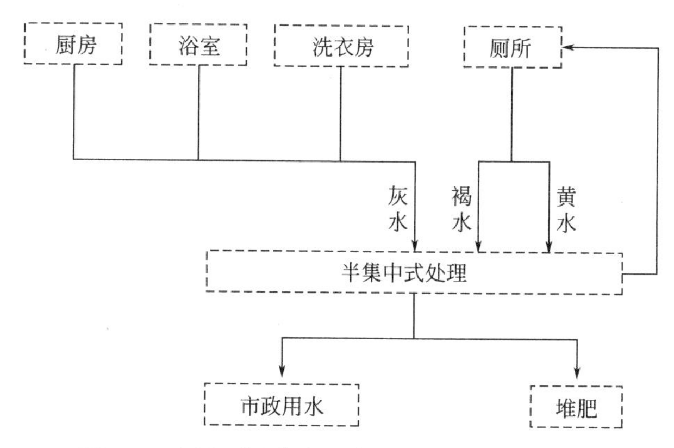

图 8-1　生活型源分离生态卫生排水资源示意图

与化粪池建设费用。

源分离技术可实现污染物资源化利用，在有效去除排污系统中富营养化物质、保护水环境的同时，实现营养物质回收利用。从全球物质循环的角度，氮磷钾等营养物质通过食物从土地系统进入城镇，在城镇的排泄过程中，这些营养物质通过城镇污水处理系统，部分排放到自然界中。

膜处理工艺（MBR）：

膜生物处理工艺是高效膜分离技术与活性污泥技术有机结合的新型污水处理技术。膜生物反应器是膜分离技术与生物技术的有机结合，水力停留时间和污泥停留时间完全分离，选用膜处理工艺是目前的一大趋势，其主要优点为工艺线路短、运行简单方便、减少土建施工及费用、占地面积小、出水水质好等，使用 MBR 法可以避免传统工艺冲厕后留有异味、污渍等问题。

膜生物反应器的运行费用略高于常规生物处理方法，其出水水质优秀，能达到中水回用的目的。对水质污染较为严重的县城可以逐步实现膜生物反应器的建设，前期可以对部分灰水进行膜生物处理，处理后的水送至再循环系统或者外侧的湿地涵养（图 8-2）。

膜生物反应器的不足之处在于膜造价高、使用寿命短，使得膜生物反应器的基建投资高于传统二级生物处理工艺。

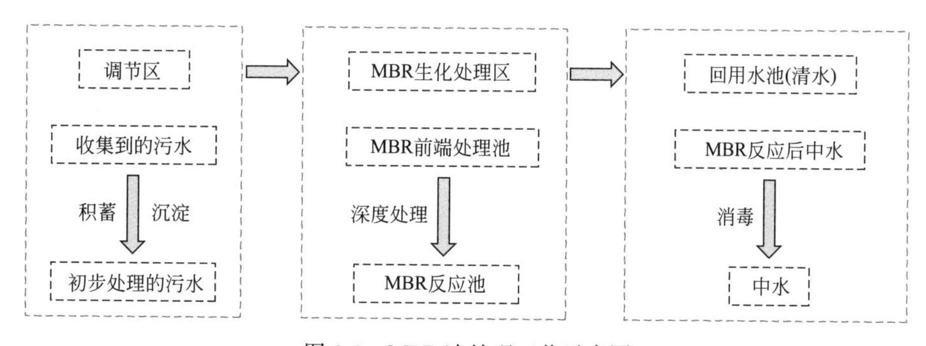

图 8-2　MBR 法处理工艺示意图

b. 人工湿地循环系统

和拥挤的城市不同，县城可利用的腹地较多，尤其是在污水处理厂周边地区，可以建设人工湿地循环系统，去除了氮、磷、硫以及重金属有毒物质的污水可以引入人工湿地。

人工湿地技术主要是通过土壤微生物和植物根系的吸纳和分解作用，对生活污水起到消化、净解作用，是对污水处理厂的有效补充，可以减少污泥压缩脱干处理，将含有丰富肥料的污水直接用于人工湿地（图 8-3）。

人工湿地建造和运行费用便宜、技术含量较低、易于维护，可缓冲对水力和污染负荷的冲击，可直接和间接提供效益。

人工湿地同样可以有效地调节生态环境，增加物种多样性。人工湿地净化的水体可以为地下蓄水层有效地补充水源，这对水资源的可持续发展有很好的促进作用。其形成的生态环境对动植物的多样性、县城环境的改变也有重要的作用。

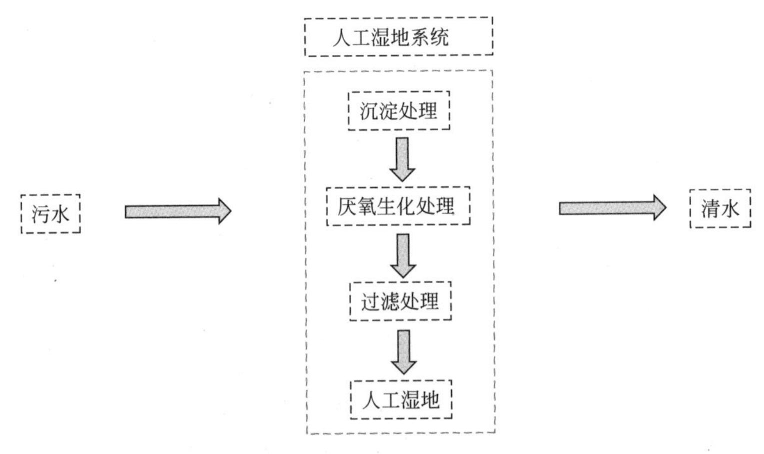

图 8-3　人工湿地循环系统示意图

（2）初期雨水处理技术

初期雨水中所含污染物相对较多，污染物随着地表径流进入排水管道或漫流进入河道、湖泊等水体，这种降雨径流污染对城镇水环境以及生态环境造成了不良影响，严重制约了城镇水环境的改善。目前我国初期雨水的治理已经在北京、上海等大城市开展，大多数县城还未对初期雨水进行治理，因此县城初期雨水治理工作迫在眉睫。

初期雨水主要处理方法是通过在雨水管道上安装弃留装置等措施降低初期雨水的污染负荷，使得雨水在进入管道系统之前得到处理。下面对弃流系统具体说明。

雨水弃流传统处理中主要分为两部分，一部分是截污栅栏，把大的垃圾等污染物截下来，定期做清理即可，另一部分是雨水初期过滤装置，可以自动将初期雨水过滤，然后自动把后期干净的雨水收集起来（图 8-4）。

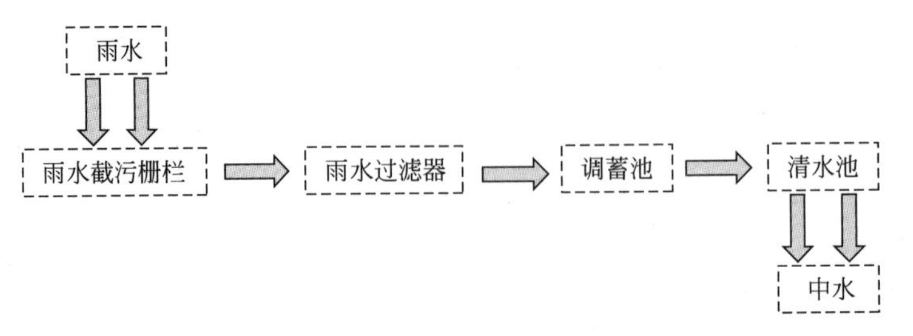

图 8-4　初期雨水处理系统示意图

在初期雨水的处理中，积极借鉴国内外一些先进经验技术，根据不同县城区位进行应用，使初期雨水污染得到有效处理，提高水资源的合理利用。

4. 水体生态修复

县城的水体主要由流经城区的江河、小溪以及城区内的湖泊、水库、湿地等水系组成，是县城环境和整体风貌的重要体现，水体环境的质量直接影响到县城居民的生活质量。

水体生态修复是基于生态技术，通过有选择地构建植物净化系统、生态巢系统、生态驳岸系统和生态浮床系统来对水体环境进行优化。

（1）植物净化系统

植物净化系统主要是种植水生植物，通过根系来吸收水体中含有的氮、磷等无机物，并可以将这些有机物吸收、转化和积累。其根系也可以吸收有机污染物、释放分泌物和酶，刺激根系的微生物活性，进而对范围内水体进行生物降解。通过对水体中无机物和有机物的吸收和降解，进而对水体进行良好的修复。

根据不同的水体条件水生植物的选择分为两种。当水体基地是土质时，种植挺水和沉水植物，可有效吸收底泥和水中无机物，减少底泥悬浮；当水体基地是硬质时，种植有较强漂浮的浮叶植物和水生花卉以美化景观。

（2）生态巢系统

生态巢系统主要是通过纳米和微生物的结合来处理污染水体，其过程以纳米系统的酶促反应为基础，通过生物体内产生具有催化作用的特殊蛋白质作为催化剂，净化污水、分解淤泥和消除恶臭，其系统可以依附植物净化系统。

生态巢的构成主要是由纳米巢和微生物群构成。其中纳米巢是由纳米材料制成的具有高表面积的多孔陶瓷材料，其巨大的比表面积远远超出了普通的活性炭、塑造填料等材料。[1] 对生态巢的选择，可以基于目前国内外较成功的 CBS（集中式生物系统）和 EM（高效复合微生物菌群）。CBS 系统是在无固定设备且完全自然的状态下，在流动的水体中，向河道内植入生物菌团使淤泥脱水，让水和淤泥分离，然后再削减或消除有机污染物，达到硝化底泥、净化水质的目的。而 EM 系统是选择对人类有益的微生物复合培养而成，其在生长过程中能迅速分解水体中的有机物，同时依靠相互间的互生作用及协同作用，代谢出抗氧化物质，生产稳定而复杂的微生态系统，抑制有害微生物的生长繁殖，激活水中具有净化功能的水生植物，通过这些生物的综合效应从而达到净化与修复水体的目的。[2]

生态巢的构成如同蜂箱和蜜蜂一样，其中高吸附的纳米材料如同蜂箱，微生物如同蜜蜂，可以持续不断地对水体进行净化，并且通过对生态巢的监控可以有效控制范围内水体的微生物菌群含量。

（3）生态驳岸系统

生态驳岸设计主要利用活性植被材料，结合工程材料在河流、湖泊的边坡上构建具有生态功能的护坡驳岸。其系统可分为草坡驳岸、木桩驳岸、浆砌块石驳岸等，可以根据不

---

[1] 郭赛. 纳米生物巢穴令益生菌增效五倍以上［J］. 海洋与渔业・水产前沿，2015，(2) 65-66.

[2] 田伟君，翟金波，王超. 城市缓流水体的生物强化净化技术［J］. 环境工程学报，2003，4 (9)：58-62.

同的驳岸选择不同类型的驳岸设计。[1]

a. 草坡驳岸

在水系坡度相对较缓或水面较为开阔的区域采用亲水植被对坡面进行改造。选择草坡作为驳岸一方面可以保持驳岸的自然景观，使坡度舒缓，保持水陆生态结构和生态边际效应，生态功能健全稳定；另一方面可以保障水位落差减小，水流平缓（图 8-5）。

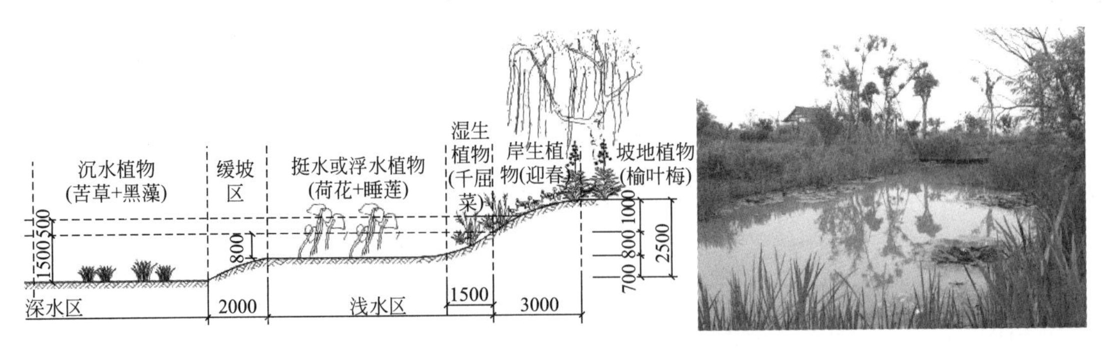

图 8-5　草坡入水驳岸

图片来源：何润梅. 园林水体的生态驳岸设计 [J]. 城市建设理论研究，2012：19.

b. 木桩驳岸

在水系坡度相对大的水面选择木桩作为驳岸，一方面通过木桩来稳固驳岸，另一方面可以在木桩周边种植水生植物，重建或修复水陆生态结构后，岸栖生物丰富，景观较自然，形成自然岸线的景观和生态功能（图 8-6）。

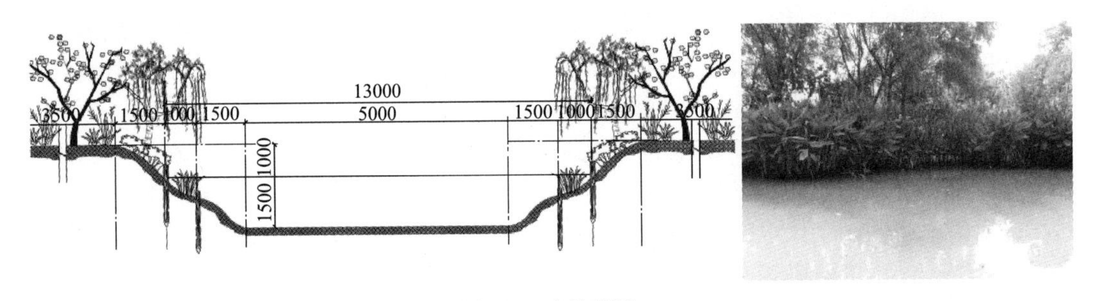

图 8-6　木桩驳岸

图片来源：何润梅. 园林水体的生态驳岸设计 [J]. 城市建设理论研究. 2012：19.

c. 砌块驳岸

对河岸相对较陡、河流水速相对较快的区域选择天然石材、木材作为护底，一方面可以增强堤岸的抗洪能力，另一方面在缝隙间或者土表上种植植被可以美化驳岸（图 8-7）。

（4）生态浮床系统

生态浮床技术是模拟适合水生植物和微生物的生长环境，在有污染的水体中利用人工的栽培设施种植水生植物，构建适合微生物生长的栖息地，利用植物吸收、微生物分解等多重作用净化水质。主要由浮床载体、基质和植物三部分构成。[2]

[1] 石伟. 论生态驳岸在园林水景中的应用 [J]. 现代园艺，2014，(6)：185-185.

[2] 王华胜，应求是，王彦. 富营养化观赏水体的生物——生态修复技术 [J]. 中国园林. 2008，24 (5)：21-27.

图 8-7 砌块驳岸

图片来源：何润梅. 园林水体的生态驳岸设计 [J]. 城市建设理论研究. 2012：19.

生物浮床综合植物、动物、微生物净化水体的功能于一体，真正做到了还原水环境的作用。如南京玄武湖、上海苏州河、无锡五里湖等地区，据统计，这些地区的生物浮床对氮、磷去除率达到 70%以上。

5. 水环境保护的意义

水环境是县城生活的重要组成部分，关系着县城生存、制约县城发展、影响县城风格，以及起到了美化县城环境的重要作用。通过县城居民生活层面和县城环境层面采用两种水污染的处理措施，有效恢复和重建了县城水体生态系统的结构和功能，优化了县城水环境，保障了县城水资源的循环利用，建立了良好的水资源保护体系。并且可以有效配合县城生态和景观建设，达到了人水和谐的境界，促进了县城的可持续发展。

二、能源系统

（一）县城能源系统面临的问题

随着县城的发展，城镇化水平不断提高，对能源的需求也逐渐增长。如何建立一个节能、环保、安全的能源供应体系，需要面对很多挑战，这些挑战主要表现在如下两个方面：

（1）能源资源制约突出，能源利用效率较低。我国的优质能源资源蕴含量并不丰富，这导致了供应能力的相对不足。同时，在国土范围内能源资源分布不均，大量能源资源分布在经济欠发达的西北部地区，这也增加了稳定供应和可持续供给的难度。部分县城的能源供应设备老旧，能源供应损耗大，加剧了能源利用的损失。

（2）大量初级能源消耗，新能源利用率不足。煤炭是县城目前能源结构中的重要能源，部分县城采用的是落后的煤碳生产和消费模式，在煤碳利用方面模式粗放、能耗高、效率低，且有害物质排放控制不达标。并且县城对新能源的开发利用不完善，新能源建设体系不足，随着传统能源的减少，对新能源的开发势在必行。

（二）能源系统规划关键技术研究

对能源进行有效整合，提高能源利用效率；通过发展节能技术，降低能耗需求；大力发展区域可再生能源，优化能源结构，构建安全高效的能源供应体系。

1. 提高能源利用效率

传统的能源是目前已经大规模开发利用的一次性能源，包括煤炭、石油、天然气等，目前我国大部分县城的主体能源还是以传统能源为主，但是在传统的能源使用过程中带来了包括环境问题在内的一系列问题，有效地利用传统能源对县城能源体系的发展有着重要的作用。

对传统能源的利用，县城应选择最优的传统能源，建设适宜县城能源发展的能源体系。

（1）集中供热和自主供热相结合

a. 集中供热和自主供热对比

冬季供热是我国北方地区居民的生活需求，随着城镇化进程的加快，使得冬季供热的需求量逐步加大。近些年南方极寒天气频频出现，人们对供热的需求越来越迫切，部分南方地区也逐渐开始冬季供热。

目前供热主要分为自主供热和集中供热两种方式。不同类型的供热方式有不同的适用范围、热源、环保性、可靠性、输配能耗、运行控制、采暖费用、造价成本的要求（表 8-2）。

自主供热和集中供热对比 **表 8-2**

	自主供热	集中供热
适用范围	适用于任何具有燃气、电力等清洁能源条件的建筑	仅适用于集中采暖管网到达的建筑
热源	天然气、电等清洁能源	可有效利用热电联产、工业余热、可再生能源等作为热源
环保性	燃烧尾气就地排放，一般采用清洁能源，对环境影响不是很显著	热源集中管理，烟气粉尘等排放物更易于处理和控制
可靠性	热源分散，故障点增多，但单个热源发生故障不影响其他用户采暖，且系统内热水压力较低，不易发生渗漏，系统水容量小，发生渗漏的危害小	热源集中，易于集中维护和处理，但一旦系统发生故障相关用户采暖都会受影响，且工作压力较高，系统水容量大，一旦发生渗漏，危害较大
输配能耗	热源距用热部位很近，管道直接敷设在室内，输配泵耗和热损失可忽略不计	热源较用热部位较远，输配泵耗要占到输送能量的5%左右，管网热损失要占到输送能量的10%左右
运行控制	天然实现分户控制，设备自动运行，开关灵活，采暖时间自主控制，室内无人时可关闭，为主动节能提供了有效手段	运行控制较困难，从热源、管路到末端采暖系统都需要增加大量的控制装置和仪表，规定的采暖时间外不能采暖
采暖费用	与建筑的实际采暖需求有关，对按照节能标准建造的建筑采暖热费远远低于集中采暖，部分地区为推广清洁能源独立采暖还会有补贴，可以有效地促进对建筑保温的更高要求，但在保温性能差的建筑中费用较高	普遍按照面积收费，由政府定价，包括管理费用和利润，由于普遍存在欠费问题，运营企业往往需要相关补贴才能正常运行
造价成本	自主安装、成本较低	高额初装费以及安装采暖管网、成本较高

县城应结合自主供热和集中供热的各自优势，根据不同地区、不同气候条件、不同建筑类型、不同需求等实际情况采取不同形式的供热，将能源的利用最大化、环境保护最优化。

b. 集中供热适用性分析

针对集中供热能源的种类和供给需求，满足下面条件的县城适宜建设集中供热系统。

① 在供热需求较大、供热时间较长的县城，如在我国北方冬季时间较长、冬季气温普遍较低的县城，可设置集中供热，便于热源的集中供应和维护管理。

② 县城位置靠近集中供热主要能源煤炭产地的地区，便于节约煤炭运输的成本。

③ 县城布局相对较为集中的地区设置集中供热系统，可便于供热管网的布置，减少长距离供热管网的铺设造成的热能损失。

④ 县城集中供热厂需配置脱硫装置和高效除尘设施，减少对大气环境中污染物的排放，便于对环境的有效保护。

集中供热形式：热电联产

随着县城社会和经济发展，用电需求和供热需求逐渐增多。为了有效满足能源需求，减少不必要的能源损耗，发电厂可以建设热电联产。

热电联产可以同时生产电、热能。我国北方部分县城建有火力发电厂，这些地区采用热电联产可以很好地解决县城供电和供热的问题，使热能和电能得到了合理利用，并且能够减少对环境的危害。

县城采用热电联产有着重要的作用：一是热电厂的蒸汽不在降压或经减温减压后供热，而是先发电，然后用抽汽或排汽满足供热、制冷的需要，可提高能源利用率；二是热电厂增加机组发电，减少冷凝损失，降低煤炭消耗。

集中供热案例：河北沽源县

① 现状概况：沽源县处于河北省西北部，位于张家口市坝上地区，北靠内蒙古，东依承德，南临北京，西接大同，是内蒙古高原向华北平原过渡的地带。全年冬季较漫长，大风、强降温天气较多，供暖季较长。其县城供热源分散，老城区平房较多，多采用煤炭自主供暖，县城小区也多以小区供暖为主。由于小范围供暖设备的不完善，造成煤炭利用效率低，能耗高，且对空气环境造成污染。

② 措施：沽源县靠近山西、内蒙古等煤炭产地，其县域内也有煤炭资源，综合能源供应及需求，县城以集中的煤炭供热最宜。沽源县在编制其《沽源县中心城区控制性详细规划》中也有针对性的采用集中供热系统。

沽源县中心城区划分为三个供热分区，通过改建现有一处集中热源厂以及新建两处集中热源厂来满足中心城区的供热需求（图 8-8）。

集中供热有效提高了县城能源利用率，节约能源。过去沽源县县城采用分散的小型烧煤锅炉热效率只有 50%～60%，现在采用了集中的大型供热锅炉热效率可达 80%～90%。

沽源县县城采用集中供热，安装了高烟囱和高效率的烟气净化装置，便于消除烟尘，实现低质燃料和垃圾的利用，减少对范围内环境的污染。

沽源县县城采用集中供热，有效减少了县城中大批分散的小锅炉房的占地，减少司炉人员，免除县城中分运燃料和灰渣的运输量，消除运输过程中灰尘颗粒的散落，并大大节约用地、降低运行费用、减少劳动力、改善环境卫生。

c. 自主供热适用性分析

针对自主供热能源的种类和供给需求，满足下面条件的县城适宜建设自主供热系统。

① 在供热规模较小、供热需求较低的县城，如在我国东部地区，冬季气温相对较高的县城，可设置自主供热，便于热源的自主选择和运行控制。

② 县城布局相对较为分散的地区，设置自主供热，减少管网铺设和安装成本。

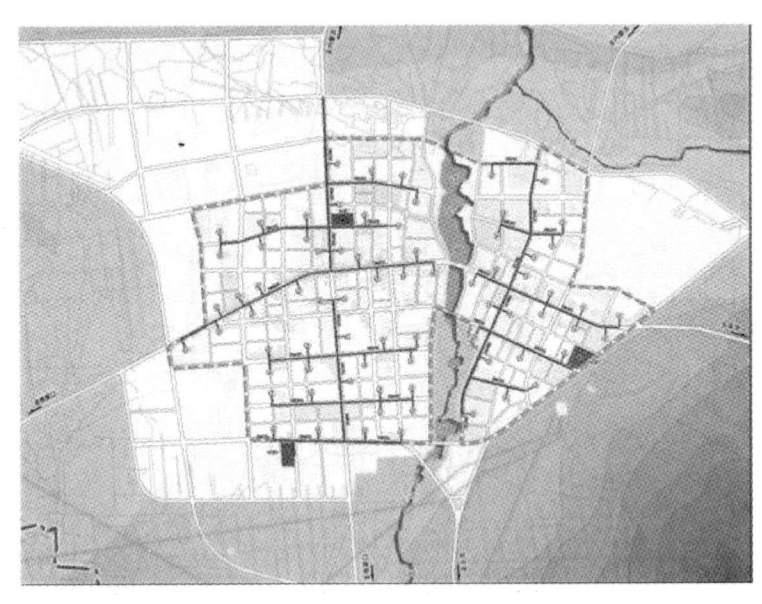

图 8-8　沽源县城集中供热分区示意图

（2）调峰热源建设

随着县城的发展，集中供热系统的负荷随着供热的增多而增加，在冬季供热需求较大的时间段，必须建设调峰热源来辅助供热。

建设调峰热源主要是调峰锅炉房，目前使用较广泛的是燃煤锅炉房和燃气锅炉房。在选择调峰热源时应对燃煤锅炉房和燃气锅炉房各方面进行分析，选择既经济又环保的调峰热源形式（表 8-3）。

燃煤锅炉房和燃气锅炉房对比　　　　**表 8-3**

	燃煤锅炉房	燃气锅炉房
概念	燃料燃烧的煤，部分煤炭热量经转化后，产生蒸汽或者变成热水	利用各种燃料、电或者其他能源，将所盛装的液体加热到一定的参数，并对外输出热能的设备
分类	燃煤开水锅炉、燃煤热水锅炉、燃煤蒸汽锅炉、燃煤导热油锅炉	燃气开水锅炉、燃气热水锅炉、燃气蒸汽锅炉
热能效率	产生的热能占总耗能的 60%～80%	产生的热能占总耗能的 80%以上
设备	需配置吹灰器、除尘器、出渣设备和燃料烘干器等附属设备	结构紧凑、尺寸小、重量轻，设备投资小
燃料	需要固定的燃料储备场所、燃料运输成本	无须燃料加工设施；管道输送，无须燃料储备
安全性	安全性较高，对锅炉房的安全要求较低	安全性较低，对锅炉房的安全要求较高
经济效益	使用成本较低	需要铺设固定管道，使用成本较高
环境效益	易产生烟尘、二氧化硫、煤渣等，对大气环境造成污染	减少二氧化碳排放量，减少烟尘、二氧化硫、煤渣的排放

针对不同类型的地区采用不同类型的锅炉房，比如在煤炭较多的地区可采用燃煤锅炉房，但是在环境的处理上要严格控制烟尘、二氧化硫和煤渣的排放；在燃气管道铺设安全

便利的地区可采用煤气锅炉房，但是对锅炉房的安全要求较高，应做好对应的防护措施。

2. 可再生能源利用，优化能源结构

在目前全球能源危机的背景下，可再生能源因为其可再生性，分布广、环境影响小等特点越来越受到重视。

（1）太阳能资源利用

a. 太阳能资源分布情况

我国太阳能资源十分丰富，太阳能辐射丰富带约占全国面积的96%，太阳能资源利用极富有潜力。

b. 太阳能资源特点

县城的用电量和供热量需求相对城市较少，发展便宜、可靠的太阳能发电发热模块，能有效减少煤和油的使用，保护环境资源，缓解能源问题。

由于太阳能发热和发电需要充足的太阳直接辐射才能保持一定的发电能力，因此在考虑经济实力的前提下应当选择太阳能辐射较丰富的县城。

c. 太阳能利用模式

太阳能资源的利用主要是光电转换和光热转换。

光电转换系统：

对于太阳能资源较丰富的县城，可以选择建设光伏发电场。针对县城用电量较小的特点，选择目前普遍使用且价格相对较低的单晶硅太阳能电池。建设选址应当综合考虑居民的能耗需求，对发电成本进行综合考虑，兼顾地形、地貌、交通分布、电网规划等要素，设置高效率的太阳能发电场。

光热转换系统：

太阳能的光热转换系统主要是将光辐射转换成热能，在我国县城普遍采用，主要体现的是太阳能热水器和太阳能灶。

在我国西部的一些县城，太阳能的光热转换也运用在发电设施中。其原理是通过太阳能板聚焦的方式将太阳光聚集起来加热液体，产生高压高温的蒸汽，以蒸汽驱动汽轮机发电，将热能转化为电能。

太阳能光热发电有两大特点：

一是太阳能热能储存成本要比电池储存电能的成本低得多，比如一个普通的保温瓶和一台笔记本电脑的电池所存储的能量相当，但显然电池的成本要高得多。

二是太阳能光热发电便于储存，其存储的热能便于光伏发电场在天气条件不良的情况下，持续不间断地供应电量，保证了供电的持续。

d. 太阳能在县城建筑、市政设施的应用

太阳能在县城节能方面有很好的利用条件，县城人口密度较小，用电用热负荷较低，可以将太阳能技术广泛应用在建筑、市政设施等方面。

建筑节能方面：

随着县城建筑的增多，加大建筑的节能改造能有效减少能源消耗，降低碳排放量，改善县城居住环境。

太阳能在建筑技能方面的应用主要体现在供电、供暖等方面（表8-4）。

太阳能在建筑节能的应用形式及效益　　表 8-4

应用类型	技术发展水平	主要功能	节能效益	应用场所
太阳能光伏系统	技术发展成熟	发电	发电效率约 7%～18%	住宅小区建筑、路灯
太阳能空调系统	技术发展成熟度较低	同时供应空调、热水功能	可代替空调用能的 30%，采暖用能的 50%，热水用能的 80%	住宅、公建
太阳能取暖系统	技术发展相对成熟，具备规模推广	同时提供采暖热水系统	可代替采暖用能的 20%～30%，热水用能的 60%	住宅小区建筑
被动式太阳房	技术发展相对成熟，适合新农村建设推广	提供冬季采暖夏季降温功能	可降低采暖、空调用能的 50%	住宅
太阳能热水系统	技术发展成熟，应用广泛	供热水	可替代能耗的 40%～50%	住宅、公建、医院

市政设施节能方面：

随着县城的发展，市政配套的完善，通过节能环保的市政设施不仅能有效地节约能源，而且能方便居民生活。

① 太阳能车棚

由于县城内采用电动自行车通行方式较多，在太阳能丰富的地区，部分人员较多的单位和工厂可设置可用太阳能充电的车棚，既解决了停车问题，又方便了员工充电。

② 太阳能路灯

由于县城整体建筑密度较小，高层、超高层建筑较少，建筑阻挡较少，在太阳能丰富的地区，可以选择节能、安全、环保、耐用、供电自主的太阳能路灯。在白天吸收太阳能转化成电能储存在路灯基底的太阳能电池中，在夜间提供路灯照明。

③ 太阳能餐厅

随着 2011 年第一家太阳能露天餐厅在荷兰首都赫尔辛基正式开业，在短短的四年时间，太阳能餐厅遍布全球。这种全新的环保、节能、低碳的餐厅在我国大连市、新余市等城市相继出现。随着多晶硅光伏发电板的普及，对太阳能餐厅在我国县城的普及有积极的促进作用。

e. 县城太阳能利用案例：贵州省威宁自治县

①现状概况：威宁自治县位于贵州省西北部，是贵州省面积最大的民族自治县。威宁县有着丰富的自然资源，其中草海是国家级重点湿地，县域内自然保护尤为重要。通过在我国太阳能资源开发版图上的定位，贵州省属于第三类地区，太阳能资源比较匮乏，但威宁自治县海拔较高，降雨天气较少，适宜建设太阳能发电。

②措施：威宁自治县太阳能发电的建设，突破了太阳能发电场在西部较广袤的地区建设的传统。它采用 12 万片太阳能电池，选择植被较少的秃山，减少对环境的污染，其发电量满足了自治县及其周边 10 万余户家庭。其设备配置了太阳能发热储热装置，在天气条件不良的状况下，将存储的热能转换成电能。

威宁县选择建设太阳能发电站，避免了采用传统能源对环境的污染，探索了太阳能相对不发达地区的太阳能使用途径。[1]

（2）风能资源利用

a. 风能资源分布情况

我国的风能资源分布可以划分为五部分。第一部分是“三北”（东北、华北、西北）风能丰富带，该区域地形平坦，交通方便，风速适宜，适于大规模开发利用；第二部分是东南沿海地区风能丰富带，风能丰富地区距海岸仅 50 公里之内；第三部分是内陆局部风能丰富地区，在一些地区由于湖泊和特殊地形的影响，也可能成为风能丰富地区；第四部分是海拔较高地区，我国西南地区的云贵高原海拔在 3000 米以上的高山地区，青藏高原腹地风力资源也比较丰富；第五部分是海上风能丰富区，主要集中在浙江南部沿海、福建沿海和广东东部沿海地区。

b. 风能资源利用概况

风能利用技术主要是风力发电，风力发电是把风的动能转化成机械能，再把机械能转化为电能。其主要工作原理是利用风力带动风车叶片旋转，再透过增速机将风车的速度提升，来促使发电机发电。

处于风能丰富带的县城，可以根据实地情况，建设风力发电设施，将清洁无污染的风能转化为电能。

c. 风能资源利用模式

风能发电分两种形式，一类是离网型风力发电系统，另一类是并网型风力发电系统。

离网型风力发电系统概况：

主要是利用风电机组发电，独立运行供电，一般为中小型机组，单机容量为 10～35 千瓦，解决小范围用电的需求（图 8-9）。

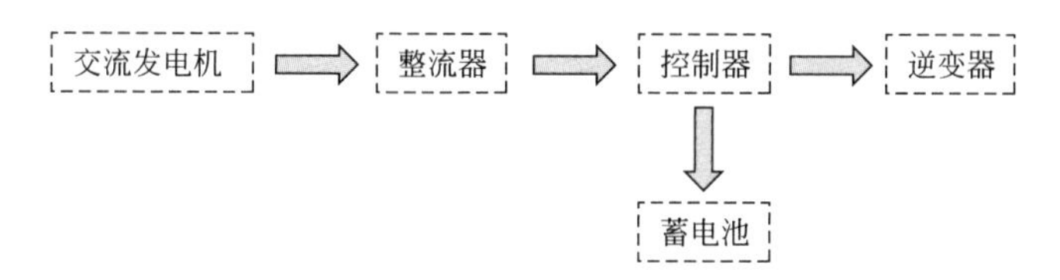

图 8-9　离网型风力发电示意图

并网型风力发电系统概况：

主要是大规模利用风力发电，单机容量可达到 100～500 千瓦，作为常规电网的电源（图 8-10）。

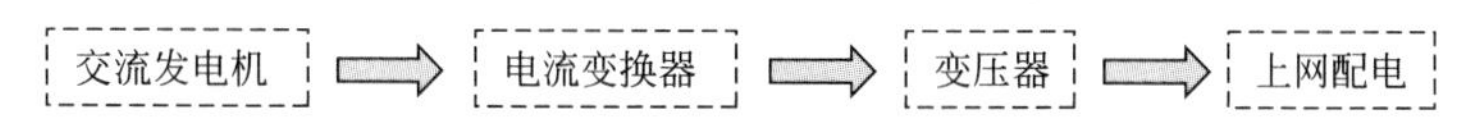

图 8-10　并网型风力发电示意图

d. 县城在建设风力发电的选址需要面对的问题

① 县城风力发电场规划选址的首要条件是风资源丰富的地区。

[1] 贵州首个太阳能光伏电站在威宁县海拉乡选址［OL］. 中国新能源网. 2011-10-31［2018-9-6］. http://www.china-nengyuan.com/news/25141.html.

② 随着风速不稳定，风力发电的持续性和稳定性受到影响，转换效率较低，县城风力发电可针对这种状况，配置存储电能的蓄电池，便于在风能较少时持续使用。

③ 综合考虑县城风力发电场建设区域的环境条件，应在少强风、雷暴、冰雹、地震等地区，尽量少占耕地，避免影响生态。

④ 风力发电场工程建设项目应实行综合考虑环境影响和生态影响。

e. 县城选择风力发电的优点

① 风力发电设施建设日趋进步、成熟，对于用电量及用电负荷较小的县城，风力发电能基本满足县城的用电需求。

② 在县城周边地区可建设不立体化的风力发电设施，可以有效地保护周边陆地和生态。

③ 县城选择风力发电设施，可减少对火力发电化石燃料发电的使用，其发电过程无副产物，进而减少对大气环境的污染。

（3）生物质能利用系统

a. 生物质能利用概况

生物质是指利用大气、水、土地等通过光合作用而产生的各种有机体，即一切有生命的可以生长的有机物质通称为生物质。它直接或间接地来源于绿色植物的光合作用，可转化为常规的固态、液态和气态燃料，取之不尽、用之不竭，是一种可再生能源，同时也是唯一的可再生的碳源。[1]

b. 生物质分布情况

在东北、江苏、四川、湖南、湖北等地区宜采用农作物的稻壳作为生物质能，在东北、河南、河北、山东、四川等地区宜采用玉米芯作为生物质能，在两广地区、福建、四川、云南等地区宜采用蔗糖的蔗渣作为生物质能。这些生物质能较丰富的地区，可以有效地利用这些资源，转化成满足县城需求的能源。

c. 生物质利用的优势

① 可再生性：生物质能属于可再生资源，生物质能由于通过植物的光合作用可以再生，与风能、太阳能等同属可再生能源，资源丰富，可保证能源的永续利用。

② 低污染性：生物质的硫含量、氮含量低，燃烧过程中生成的硫化物和氮化物较少；生物质作为燃料时，由于在生长时需要的二氧化碳相当于它排放的二氧化碳的量，因而对大气的二氧化碳净排放量近似于零，可有效地减轻温室效应。

③ 广泛性：广泛分布性缺乏煤炭的地域，可充分利用生物质能，生物质燃料总量十分丰富，生物质能是世界第四大能源，仅次于煤炭、石油和天然气。

（4）县城可再生能源利用重点

对县城的可再生能源利用，应做好以下工作：

基础：整合县城可再生能源的资源类型、质量、数量以及开发利用条件。通过科学的评价系统进行系数及潜力评估。

选择：合理选择县城最优的可再生能源系统，逐步建立完善完备的可再生能源系统，在系统的建设中不断更新。

---

[1] 司晶星，赵文甲，金晶. 生物质能研究概况及在中国的发展前景 [J]. 中国科技财富，2010，(10).

平衡：在县城发展与减排之间找到一个平衡点，在保障县城发展的基础上逐步减少对传统能源的依赖，增加对可再生能源的使用。

三、环境卫生

（一）县城环境卫生面临的问题

县城环境问题日益突出，各种生活垃圾、建筑垃圾随意堆放、长期滞留；因乱倒污水、乱倒垃圾以及未能及时清理残雪等原因而形成了卫生死角。

1. 垃圾收运不到位

目前我们大部分县城采用的是人工环卫车对垃圾进行收集和运输，缺乏自动垃圾收运车辆及附属设施，部分县城收运设施完全空白，导致垃圾收运效率低下，严重影响着环卫工作的进展。

2. 垃圾处理方式落后

目前我国大部分县城的生活垃圾处理方式都是以填埋为主，垃圾的资源化和无害化处理不足，处理方式有待提高。

3. 居民环卫意识薄弱

目前我国部分县城居民对环境保护认知不足，环卫意识较差，垃圾随意丢弃、随处堆放，对垃圾分类等问题毫无认识。

（二）环境卫生规划关键技术研究

减少县城废弃物，丰富废弃物收集方式，提高废弃物的回收率，促进废弃物的循环利用；对废弃物分类处理，减少废弃物对居民和环境的危害；完善县城环境卫生设施，倡导绿色生活。

1. 废弃物的收集

（1）封闭式垃圾自动收集系统

a. 县城封闭式垃圾自动收集系统概况

县城生活中的废弃物包括居民生活垃圾、医院垃圾、商业垃圾等，目前大部分县城的收集方式是居民自行投放，通过环卫人员进行统一收集。随着城镇化的发展，县城居民对生活环境的要求不断提高，为了减少开敞式的垃圾收集方式带来的环境污染，应大力推广封闭式垃圾自动收集系统，其主要工作途径是通过提前敷设的管道，利用负压技术，将生活垃圾输送到中央垃圾收集站。

b. 传统收运方式和封闭式自动收集方式对比

这种系统的优势主要是将垃圾收集过程由地面转到地下，由暴露改为封闭，由人工转为自动。相对传统的收运方式，优势明显（表 8-5）。

传统与封闭式垃圾收运方式对比　　表 8-5

比较对象	传统收运方式	封闭式自动收集方式
收集工具	垃圾桶、人力车、平板车、压缩转运车	特殊投放口、真空管道
封闭情况	敞开式或半封闭式	全封闭式
收集方式	人工收集	系统自动化收集

续表

比较对象	传统收运方式	封闭式自动收集方式
运输路径	地面街巷及道路	地下管道
收集与转运衔接方式	转运前需二次装车	集装箱直接转运

(2) 封闭式自动收集方式的现实意义

采用封闭式垃圾自动收集方式在县城环境卫生建设中有着重要意义：

① 改善生活环境，提高生活质量

通过封闭式的处理垃圾，避免了传统垃圾收集和转运过程中带来的二次污染，减少了转运车辆的使用。通过封闭式垃圾自动收集系统的使用，改善周边环境，提高生活质量，降低了垃圾的二次接触，促进了宜居生态工程的建设。

② 提高工作效率，实现垃圾分类及减量化

通过最少的人员操作，达到最大的垃圾转运及处理，有效地提高了工作效率。封闭式垃圾处理系统一般采用源头分类，并且配有用户监控识别系统，可以对用户使用情况进行记录，有效地控制垃圾的排放量，增强用户垃圾分类投放的意识。

③ 释放空间，减少垃圾存放的用地

以投放口代替垃圾收集点，减少了环卫用地，可以有效地改善县城生活环境，减少传统垃圾堆放对环境的影响。

2. 废弃物处理与循环利用

(1) 废弃物综合处理

随着县城经济的发展和人口的增加，导致县城垃圾的年产量逐年增加（表 8-6）。

常用的垃圾处理基本有卫生填埋、焚烧及堆肥三种途径对比　　表 8-6

比较项目	卫生填埋	焚烧	堆肥
技术可靠性	可靠，属传统处理方法	较可靠，技术相对不成熟	可靠，实践经验较丰富
工程规模	使用年限较短，占地较大	使用年限较长，占地较小	使用年限较长，占地适中
选址难易度	较困难	有一定难度	有一定难度
占地面积	150～500 平方米/1000 公斤	60～100 平方米/1000 公斤	100～150 平方米/1000 公斤
建设工期	9～12 个月	30～36 个月	12～18 个月
适用条件	对垃圾成分无严格要求，但含水量高不适合	对热值要求较高	要求可生物降解有机物含量大于 40%
操作安全性	较好，沼气导排通畅	较好，严格按规范操作	较好
管理水平	一般	很高	较高
产品市场	填埋气体可用作发电	热能或电能可为社会使用，需有政策支持	落实堆肥市场有一定困难，需采取多种措施
能源化意义	填埋气体可用作发电	焚烧余热可发电	采用厌氧发酵工艺
资源利用	封场后恢复土地利用或再生土地资源	垃圾分选回收部分物资，焚烧残渣综合利用	堆肥可用于农业种植和园林绿化

续表

比较项目	卫生填埋	焚烧	堆肥
稳定化时间	5～10 年	2 小时左右	30～60 天
最终处置	本身就是最终处置	残渣需处理，占垃圾量 10%～15%	不可堆肥物占 30%～40%
地表水污染	应有完善的水处理设备，但不易达标	残渣填埋与垃圾填埋方法相仿，含水量较小	可能性较小，污水经处理后排水城市管网
地下水污染	需有防渗，但仍可能渗漏，人工衬底投资大	可能性较小	可能性较小
大气污染	有轻微污染，可控制	应加强对酸性气体和二恶英的控制和治理，防治较难	有轻微气味，应设除臭装置以及隔离带
土壤污染	限于填埋场区域	无	控制重金属含量/pH 值
环保措施	场底防渗，每天覆盖，填埋气导排，渗液处理	烟气治理，噪声控制，残渣处置，恶臭控制	恶臭防治，飞尘控制，污染处理，残渣处置
技术特点	操作简便，工程投资及运行成本均较低	占地面积小，运行稳定可靠，减量效果好	技术成熟，减量化资源效果好
主要风险	沼气聚集引起爆炸，场地渗漏或水污染	垃圾燃烧不稳定，烟气治理不达标	因生产成本过高或堆肥质量不佳而影响产品销量

县城废弃物处理以减少焚烧和最终填埋量为目的，依照减量控制、回收利用和循环再利用的“3R”原则，对废弃物进行分类分拣、绿色处理、回收利用。

（2）废弃物分类分拣

a. 县城废弃物分类分拣概况

应针对县城各种不同类型的废弃物，通过不同方式的分类分拣，从源头减少废弃物的数量，从源头将垃圾分类分拣。

对不同源头收集到的垃圾分类整理，大致可分为其他垃圾、可回收物和有害垃圾。

居民生活类投放物：在厨房装设废弃物粉碎机，部分厨余垃圾可直接采用粉碎的方式后排到县城排水管道中。其他废弃物的分类投放尽量细化，可分为有机垃圾、废纸类、废玻璃、包装垃圾、剩余垃圾、有毒有害垃圾、大件垃圾等，鼓励居民细化垃圾投放。将其他垃圾投至相对应的垃圾箱，由当地的环保机构送到转运站。

商业等公共建筑的废弃物：食品废弃物粉碎机连接到水槽上，安置在地下，通过专业车辆定时收集。对有大量可回收的废弃物，可使用小型打包机压缩体积。危险垃圾需采用单独的垃圾箱，当地的环保机构送到转运站。

建筑垃圾：发展住宅产业化，加快形成系统完备、技术领先同时集工厂化生产、物流化运输、装配式施工于一体的现代建筑产业体系；提高建筑可循环材料利用比重，鼓励采用金属、玻璃、铝合金、石膏、木材等，降低 PVC 等不可降解材料的使用，减少环境污染。

沿街分类收集箱：在县城人员较集中的街道安置垃圾收集箱，提高分散垃圾的收集，有益于环境保护。可将垃圾箱种类由可回收垃圾和不可回收垃圾分成有机垃圾、废纸类、废玻璃、包装垃圾、剩余垃圾、有毒有害垃圾。

b. 县城废弃物分类分拣案例：天津市静海县

对可回收废弃物通过采用线上垃圾分类回收平台的方式进行分类回收。

① 现状概况：静海县隶属天津市，距天津市区 40 公里。随着静海县经济的快速发展、人口的增多，传统的垃圾收集方式遇到了极大的挑战。

② 措施：静海县县城建成国内首个 O2O 垃圾分类回收平台。居民可以通过下单，便有专业分类回收人员承接回收。平台运用了“互联网+分类回收”新模式，县城居民通过手机 APP、微信或网站线上模式，输入要回收废物数量、种类，并预约好时间，便有工作人员上门。工作人员将废报纸、废电池等废物分门别类地打包，然后根据废物不同的品种、数量支付费用。

静海县建设了子牙循环经济产业园区，这些分类回收的废物经过集中处理后，将“变废为宝”成为宝贵的资源。据介绍，子牙循环经济产业园区年回收处理各类工业固废 150 万吨，可向市场提供再生铜 45 万吨、铝 25 万吨、铁 30 万吨、橡塑材料 30 万吨、其他材料 20 万吨，是名副其实的“城市矿山”。

据统计，县城年均回收再生资源总量达 600 余万吨，而通过 O2O 系统线下交投的生活垃圾，将使静海县子牙循环经济产业园区的产业链更为完善，同各类工业固废一样，生活垃圾内也蕴含着丰富的资源，以废旧家电为例，可拆接出可回收的铁、铜铝、塑料等可再生材料；而废干电池中含有锌、二氧化锰等资源。

通过 O2O 垃圾分类回收平台的建设，一方面有利于县城环境的改善，对垃圾分类回收有很大的帮助，另一方面县城居民的可回收垃圾可以换取相应的金额，并且上门服务方便居民生活。[1]

（3）废弃物绿色处理

a. 县城废弃物绿色处理方式

对分类中的其他垃圾进行绿色处理，主要采用焚烧和降解的方式。

垃圾无害化焚烧：对不可回收的废弃物的处理方式，可以建设垃圾焚烧厂，通过焚烧垃圾，可为县城供电和供暖。为减少对环境的污染，一是废弃物制成固体燃料，将可燃垃圾经过处理压缩成形而得到的，它便于存放和运输。二是在焚烧量上做了调整，进一步加大了垃圾收集的范围和力度，减少垃圾小规模焚烧，将废弃物制成固体燃料集中在大型的垃圾焚烧厂处理。

垃圾生物化降解：对部分有机物含量较高的垃圾通过生物降解的办法进行绿色处理，选择能高效降解有机物的菌群，通过好氧与厌氧的方式综合处理，降解后产生的有机肥料，可以进行堆肥。

b. 县城废弃物绿色处理案例：山东省东平县

① 现状概况：东平县位于鲁西南，西临黄河，东望泰山，其辖区内东平湖为泰安水系的重要组成部分。随着东平县的发展，县城内垃圾随意堆放，污水横流，对环境造成了严重的影响。为有效减少生活垃圾焚烧对空气质量的影响，东平县选择以卫生填埋为主的

---

[1] 晁丹. 天津首个 O2O 分类回收平台投用垃圾变废为宝［OL］. 齐鲁网. 2015-10-19［2018-9-6］. http：//taian. iqilu. com/taianminsheng/2015/1019/2575425. shtml.

生态方式处理生活垃圾。

② 措施：泰安市东平县垃圾处理场以卫生填埋的方式对垃圾进行处理，通过“三步走”生态处理生活垃圾，无害化处理率达100%。

第一步，垃圾除臭灭害。对垃圾场存量垃圾和每天新进场垃圾进行清理和无害化处理，减少垃圾填埋场80%以上的污染量。

第二步，处理垃圾渗滤液。由封闭式调节池统一收集垃圾渗滤液，然后输送到污水处理站采用“厌氧—好氧—过滤—超滤—反渗透法”处理工艺进行处理，处理后的水质达到国家一级A排放标准，全部回用于生产、降尘和厂区道路洒水及绿化。

第三步，防渗漏处理，杜绝“二次污染”。污水管线、渗滤液调节池、污水处理设施等均采取了防渗措施，填埋区库底和垃圾坝边坡以及新进场的垃圾处理地面等采用高等级防渗处理，并在填埋场内设置了防渗衬层，杜绝了“二次污染”。❶

通过卫生填埋方式处理生活垃圾，有效地解决了县城内垃圾、污水问题，保障了县城环境，避免了“垃圾围城”。

(4) 废弃物回收利用

对于废物的回收利用除了传统的可回收物，目前在国内外有一些地区通过对垃圾处理后产生的环保水泥在诸多领域有所实践。

环保水泥是以焚烧生活垃圾时产生的灰渣（炉灰及收集的飞灰）、污泥等废弃物为主要原料的一种新型水泥。环保水泥分为普通环保水泥和速硬环保水泥两类。普通环保水泥其原料配合组成为，石灰石占52%、焚烧灰渣占38%、污泥占9%、其他1%。水泥性质与普通硅酸盐水泥相同，可广泛应用于混凝土建筑和地基处理等。速硬环保水泥是将氯作为水硬性矿物利用，具有快速凝固性质，可用于制作砌块、外墙壁材等。❷

四、综合防灾减灾系统

（一）县城防灾减灾面临的问题

县城主要的灾害种类有自然灾害和事故灾害，其中自然灾害包括洪涝灾害、地质灾害、气象灾害、地震灾害等，事故灾害主要是火灾灾害。根据县城的环境及人口情况，影响较大的是洪涝灾害和地质灾害。

随着县城经济发展速度的加快，县城防灾减灾体系中存在的弊端也不断暴露出来，主要体现在三个方面：

(1) 县城近些年来建设规模的不断扩大，建筑密度的不断增加，大量灰色基础设施的建设，导致县城不透水面积剧增，严重压缩了县城生态系统的面积。并且县城的防洪排涝设施不完善，多数建设落后、设施简陋、质量较差，排涝系统不完善，问题较多。在遭遇较强且集中的降水后，县城损失的生态系统不能有效调蓄洪水，不完善的排涝设施不能快速地排泄洪水，使县城抵御洪涝灾害的能力减弱。

(2) 大多数县城布局、建筑场地的选择很少甚至没有考虑到基地的地质情况，加上肆

---

❶ 李秀华.东平县垃圾处理场生态处理垃圾“三步走”［OL］.北方网.2015-08-09［2018-9-6］.http://news.enorth.com.cn/system/2015/07/31/030415868.shtml.

❷ 刘正明.城市垃圾循环处理的技术问题探析［D］.沈阳：东北大学，2010.

意采伐林木、随意开垦、过度放牧等导致的植被破坏，致使崩塌、滑坡、泥石流、水土流失等地质灾害频发。

(3) 县城灾害应急能力不足，管理体系不完善，没有形成灾害应急管理机制并缺乏科学引导系统，没有针对性的对县城的地理信息进行有效整理、动态分析和系统构建。在遇到突发性的灾害时，没能有效发现并对灾害采取及时的反馈。

(二) 县城安全系统构建

构建县城生命线网络，完善减灾设施，对高危设施和重大危险源建立完善监督机制和预防措施，形成安全高效的县城防灾减灾系统，并且引导社会力量的共同参与。

县城的生态环境核心构成是水环境和地质环境，只有形成了安全的水环境和地质环境，才能筑牢县城安全体系，构建环境宜人的县城生活空间。

1. 构建生态安全的防灾减灾体系

县城是由水环境安全和地质环境安全为主要组成部分的综合防灾减灾体系，是由预警、应急体系和常态建设体系构成。其中预警、应急体系主要是通过新技术的实施，目前应用较为广泛的是“3S”系统；常态建设体系一方面是通过生态的技术对传统的灰色基础设施进行绿色改造，另一方面是对县城绿色基础设施的升级完善。这里着重介绍对泥石流防治而采用的生态护坡建设。

(1) 应急管理系统——“3S”系统

随着县城经济的快速发展，人口规模的不断扩大，社会资产的高度集中，生产规模的持续扩大，导致县城新时期灾害的多样性、复杂性、扩大性等。针对目前的灾害，应加大新技术在县城防灾减灾体系建设中的建设分量。

①“3S”系统概况

“3S”系统，包括地理信息系统（GIS)、遥感系统（RS)、定位系统（GPS）这三个系统，全面地对县城环境进行动态分析处理以及对县城及周边地质环境进行实时观测等，为洪涝灾害和地质灾害提供及时、准确的监测预警。

②“3S”系统分类

“3S”系统的核心构成是地理信息系统，重要辅助是遥感系统和定位系统。

地理信息系统是以地理空间数据库为基础，对空间数据整合、分析、模拟。县城运用地理信息系统对范围内的地理空间数据库进行采集、管理、操作、分析、模拟和显示，综合处理分析空间数据，为县城提供完整的空间数据，提高县城的空间识别度，划定重点保护区域，模拟可能发生的灾害以及灾害造成的损失。可以提前做出预防，提出对策，将灾害的损失减少到最小。

遥感系统是通过成像方式，实时实地监控地表发生的各种变化。县城应用遥感系统主要是通过接入省、市的遥感系统中，通过对县城相同地点不同时间成像的对比，来确定县城环境的变化，对将要发生的灾害进行精确的预测，对已经发生的灾害进行及时的评估和第一时间采取针对性的措施。

定位系统是通过卫星对县城内构成元素进行全天候、全范围快速精确定位。

③“3S”系统实施框架

“3S”技术对于县城而言，是以地理信息系统为基础，通过遥感系统的遥感定位功能对县城内部的地理信息进行快速采集，针对收集到的县城信息，地理信息系统对其进行全面地几何配准，系统分类，并及时反馈给遥感系统，收到反馈的遥感系统对县城信息进行更加准确、细致的二次收集。

例如对县城内建筑物的信息采集，首先使用遥感系统进行收集，地理信息系统通过整理包括建筑物名称、建筑物地址、建设年代、建筑结构、建筑用途、建筑高度、建筑层数、占地面积、建筑面积、居住人口等信息，进行分类分析，其分析结果可作为对建筑物抗震性能及震后灾害评估的重要参考依据。

县城在构建了基于地理信息系统形成的基底信息后，再通过定位系统对县城的信息进行实时更新。

地理信息系统的整理落实，遥感系统和定位系统的实时补充，三个系统相互协调工作，提供有效的灾害预警监测体系，并且当遇到突发性的灾害后，能迅速组织救援，选择最优的援助方案，减少灾害带来的损失。

（2）县城洪涝灾害防治

县城水系统的安全是县城生态宜居建设的基础，针对县城的情况，进行有识别性的防洪规划建设。

a. 县城防洪规划内容

县城的防洪规划分为两部分：首先是要提出规划原则、防洪区域和防洪特点及防洪标准；然后是制定防洪规划的方案，以及防洪设施和防洪措施（分为工程措施和生物措施）。

b. 县城防洪方案的选择

针对县城所处地理位置、自然环境条件的不同，采取不同类型的防洪方案：

① 位于山洪区的县城，宜按水流形态和地形地貌对洪沟进行分段整治，山洪沟上游的集水坡地以水土保持为主，中游地区以小型的拦截调蓄工程为主，综合利用工程措施和非工程措施。

② 位于江、河、湖泊沿岸的县城，应当按照流域规划相配合，采取不同类型的调蓄雨洪措施，其中上游地区以蓄洪为主，中游地区以防洪为主，下游地区以泄洪为主。

③ 位于河网密集地区的县城，宜按照河网分割的地块进行分类设防，并且综合利用区域内水域资源。

④ 位于沿海地区的县城，对可能发生的海潮、海啸通过防洪堤来进行防护，对于县城内的暴雨形成的洪流进行及时泄洪，并且在平时可以对海水进行综合利用。

c. 县城防洪设施及措施

县城防洪、排涝主要是蓄洪水库、防洪堤、排洪渠等，并且防洪建设应当减少对水流流态、泥沙运动、河岸线造成的不利影响，尤其是减少对自然驳岸的破坏。

县城的防洪措施应当融入区域内水系进行综合治理，根据所处水系的不同区域，采取蓄水和排水的措施。

① 水系蓄水措施：主要分为径流调节、水土保持两类。

径流调节：水系较为丰富的县城，利用其周边的湖泊、洼地或水库，在降水较多的季节，容纳其河流不能承担的洪水，进行有效的拦截和调蓄，并且减少对下游河道的行洪压力。缺水或枯水季节的县城，通过综合利用周边的湖泊、洼地或水库，有效增加枯水径流。在山区范围内的县城，可以结合园林建设，在县城内合适的地区增加水池和水库，疏浚县城原有的河道和水沟，引导冲沟，将水系进行有效的滞蓄，对县城的园林建设有积极的促进作用。

水土保持：通过对河段内的坡地及荒地进行绿色改造，通过栽种可有效保持水土的植物，进而有效控制径流和减少泥沙，并且植物可对水系进行净化。尤其是在山洪较多的县城，通过植物的覆盖，能减少山洪的危害。

② 水系排水措施：主要是建设安全并且能快速进行泄洪的灰色建筑，基于生态宜居的理念，对传统灰色硬质防护措施的绿色改造，这里着重介绍生态护坡。

生态护坡概况：护坡的建设在园林设计中有很好的应用，对地形的改造有很好的作用。县城对泥石流的防治措施可以采用生态措施，对传统的护坡进行改造，使其不仅具有防护措施并且具有生态景观效应。

生态护坡核心功能：生态护坡的核心功能是自挡土、自排水、自反滤、自适宜，其构成主要是墙块和钢筋网。县城建立生态护坡后，其结构可以有效地将土质遮挡在防护范围之外，将水体渗透出来，并且缝隙间的植物对水体可以进行净化处理。而且其结构内由加筋网片构成的网架可以承担泥石流的冲击，保障设施的安全性。

生态护坡构建要求：生态护坡在选择过程中，要对其承载力进行分析，根据地貌、水文、高差选择合适的形式和材质，确保护坡在日后使用安全稳定，保证安全性和观赏性。

生态护坡风格尽量朴素，材质的使用尽量满足安全需求，以周边环境融合为佳。合理、美观地设置景观墙，不仅能有效减少泥石流所造成的损失，并且可以成为景观中的亮点。

（3）县城地质灾害防治

我国山区面积占国土面积的三分之二，并且大部分县城集中在山区，山地本身地质条件复杂再加上人为建设对环境及地表结构的破坏，导致泥石流成为一种分布较广的对县城影响较大的灾害。

a. 县城泥石流灾害概况

处于山区的县城易受泥石流灾害的影响，其主要成因是由于降水（暴雨、融雪、冰川）而导致的夹带大量泥沙、石块等物质的洪流。其爆发突然、历时短暂、来势凶猛、有较强的破坏力，对防灾能力较弱的县城是毁灭性的破坏。

b. 县城泥石流灾害防治措施

主要分为硬件工程措施和绿色措施两部分。

① 硬件工程措施（表 8-7）。

泥石流的主要工程防治措施表 **表 8-7**

位置	主要措施	工程方案	措施作用
形成区	水土保持措施（治水、治土）	沟坡兼治：平整山坡、整治不良地质现象，加固沟岸，改善坡面排水，修建坡面排水系统，植树造林，种植草皮	稳定山坡、固定沟岸、防止岩石冲刷，减少物质来源；调整控制雨洪地表径流，削弱水动力
流通区	拦挡措施	修筑各种堤坝，如拦截坝、溢流土坝、混凝土拱坝、石笼坝、编篱坝、格栅坝等	拦渣滞流：拦蓄固体物质，减弱泥石流规模和流量；固定沟沟床纵坡比降，减少流速，防止沟岸冲刷，减少固体供给量

续表

位置	主要措施	工程方案	措施作用
堆积区	排导停淤措施	修筑导流堤、排导沟、渡槽、急流槽、束流堤、停淤场、拦淤库	固定河床，约束水流，改善泥石流流向、流速，调整流路，限制漫流、改善流势，引导泥石流安全排泄或沉积于固定位置
已建工程区	支挡措施	护坡、挡墙、顺坝、丁坝	抵御消除泥石流对已建工程的冲击、侧蚀、淤埋等危害

② 绿色措施。建立完善的山区绿色林地覆盖，通过植物网络来构建泥石流的生物防御体系，可以有效减缓泥石流的冲击、减少泥石流的发生。

2. 健全管理机制、完善保障实施措施

① 加强法制建设，使县城防灾减灾建设具有法律依据

梳理县城现有的与防灾减灾和应对突发公共事件有关的法律法规，提出完善的防灾减灾和应急法规体系框架、完善与协调的法规或条款，构建合理的防灾法规体系，为提高县城综合防灾和应急能力奠定法律基础。

② 梳理现有防灾技术标准，逐步构建综合防灾技术体系

根据县城综合防灾与公共安全的总体目标和防灾要求，通过梳理现有各类防灾技术标准，针对县城的灾害特点和发展要求，逐步建立完善县城的综合防灾与公共安全控制技术指标体系，用以制定或修订县城防灾与安全规划，指导县城防灾与安全建设和管理。

③ 进一步强化和完善县城防灾管理体系

强化县城防灾管理，遏制防灾管理力量的不断削弱。打破各自为政的防灾管理模式，完善综合防灾行政管理体系，进行建立统一灾害安全管理体系的探索。整合防灾应急资源，建立区域性应急联动体系。建立能应对各种灾害的包括监测、防御、救援和灾后恢复重建的统一指挥、协同工作的县城防灾减灾管理体系。

建立县城综合防灾管理技术机构，进一步加强和统筹县城综合防灾管理，推进县城综合防灾决策的科学化，提高县城综合防灾应对能力。建议设立县城综合防灾技术中心，主要职责为：推进防灾工作的规范化管理，提供防灾技术服务，负责信息系统的维护、更新和日常技术管理工作。[1]

第三节　县城宜居生态公用设施工程运营管理和实践

一、宜居生态公用设施工程配备的原则

（一）整体性原则

县城宜居生态公用设施工程所包括的水系统、能源系统、信息系统、环境卫生和综合防灾减灾系统，各系统相互协调，促进整个公用设施工程的完善和连续。保障各系统在发挥自身作用时，能与其他系统相互辅助、补充。

[1] 郭家伟. 中小城市综合防灾减灾规划研究——以廊坊市为例［D］. 天津：南开大学，2008.

各地区县城可根据当地实地情况，按照居民生产生活的诉求，符合生态工程建设的要求，选择适宜的、安全的公用设施工程，并在实施过程中，保障各个系统之间的连续性和整体性。

（二）经济性原则

县城公用设施工程是城市赖以生存和发展的基础，是现代化城市管理的重点对象，研究县城公用设施工程可持续发展的成本对研究县城可持续发展有着重要意义。如何以较低的成本实现县城可持续发展，实现自然、经济、社会综合效益的最优已经为越来越多的管理者和学者所关注。在构建县城宜居生态公用设施工程过程中，要做到效率最大化，减少不必要的损耗及资源浪费。

（三）均衡性原则

县城公用设施工程的建设及运转具有系统性，不仅如此，在系统运行中各要素之间取长补短的能力较弱，表现出典型的“木桶效应”现象。即筒壁高度不一的木桶取水量不取决于筒壁的最高处，甚至也不取决于筒壁高度的平均值，而恰恰取决于筒壁的最低点。公用设施工程的建设和运行与此类似，其生产能力和生态水平不取决于最先进、供给最有保障的部门，也不取决于按产值或资金投入量计算的平均水平，而是取决于系统中最落后、最薄弱的部门。针对公用设施工程建设和运行的这一特点，政府就必须均衡安排基础设施建设项目，并将其落实在规划安排和资金使用中。

二、政策层面的引导

（一）建立公用设施工程建设指标体系

县城宜居生态公用设施工程建设发展水平包括公用设施工程的设施水平和公用设施工程的服务水平。设施水平是指县城公用设施工程建成水平和供应能力，是县城公用设施工程提供容量的大小。服务水平是指城市最终可以提供给县城居民的各种公用设施工程服务数量的多少。如何评价县城宜居生态公用设施工程建设水平，本着代表性、可比性的原则应建立生态工程指标体系，这其中包括县城供水指标（供水设施水平、人均生活日用水量）、排水指标（城市管道密度、县城生活污水处理率）、县城能源指标（供电设施水平、人均年生活用电量、燃气普及率）、县城通信系统指标（电信设施水平、电话普及率、国际互联网普及率）、县城环境指标（万人公厕数、垃圾无害化处理率、人均公共绿地面积、建成区绿化覆盖率）等。

（二）完善监督和管理体制

遵循县城发展规律，结合本地区自然状况和经济社会发展水平，系统推进县城宜居生态公用设施工程建设。坚持先规划、后建设，规划编制与规划实施并重；坚持绿色低碳、集约智能，提升县城宜居生态公用设施工程质量；坚持机制创新，采取多元化投融资方式建设和运营县城公用设施工程；坚持建设和管理并重，提高县城宜居生态公用设施工程运行效率。

三、技术层面的控制

（一）节能减排，可持续发展

节能减排是建设县城宜居生态公用设施工程的具体实践。节能减排是解决能源、资源短缺问题的根本途径。大力推进节能降耗，提高能源、资源利用效率是降低生态基础设施建设成本的根本途径，是县城宜居生态公用设施工程建设的重要体现。

（二）生态优先，环境优化

县城宜居生态公用设施工程是一个综合的概念，其建立的基础基于生态优先，通过维系生态循环稳定性、生物系统多样性来进一步缓解水系污染，调节空气质量，增进休闲文化和生态教育，促进社会经济发展，以及约束和导向城市扩张等方面，改善和保障城市人居环境质量。

（三）新能源利用

我国的能源资源现状是总量丰富但人均水平很低，并且能源结构不合理，能源消费以煤占主导地位，与世界能源结构以油气为发展趋势的主流不符，再加上落后的用煤方式、生产设备、管理方式，使得在能源消费过程中产生了严重的污染。我国的发展正面临着能源的严峻挑战，存在着能源供需矛盾尖锐、转换方式落后、能耗高、效率低、生态环境破坏严重、经济损失巨大等问题。所以，在我国合理地利用新能源，是实现可持续发展的重要措施，也是实现县城宜居生态公用设施工程建设的重要途径。[1]

[1] 郝智.中国能源消费的灰色预测与前景展望 [J].科学时代，2012：23.

结　语

本书主要论述了县城的基本情况及规划的六点核心内容，旨在探讨县城规划的编制方法和实施技术，促进新型城镇化在县城规划建设中的有效落实与实现。

城乡统筹、多规合一、村镇体系的编制和县域空间管制是县域城乡规划的关键。

新型城镇化背景下的县城规划区划定方法从理论研究和实践总结两个方面入手，归纳了县城规划区划定的定性与定量分析方法，并提出将二者相结合的发展趋势。

县城空间作为城镇服务居民生活、承载商业活动和公共活动的外部空间，是县城山水环境、文化意向、精神面貌和形象的集中展现。县城特色空间塑造应从整体格局出发，强化乡村空间格局，注重地域资源要素的把握，引入生态理论和可持续发展意识，发扬和传承地方传统文化。通过合理的规划，提高县城外部空间质量，塑造独特县城风貌，并建设以人文本的特色场所。

基于对县城公益性公共服务设施现状问题和发展趋势的认识，提出在新型城镇化背景下公益性公共服务设施配置需遵循的基本原则。并针对现状需求度最高的教育设施和亟须调整发展思路的文化设施，提出设施配置的改进措施与配置方法。基于应对老龄化与市场化的社区公共服务设施建设需求，对新型社区公共服务中心——邻里中心开展初步研究，在已有城市实践的基础上，提出适用于县城的邻里中心设施布局可遵循的基本原则与运营管理要点。最后，结合现有规划体系中公益性公共服务设施配置存在的主要问题，提出在县城总体规划和控制性详细规划编制中提高公益性公共服务设施编制水平和可实施性的工作思路、控制方法等。

绿色交通实践证明县城实现绿色交通的最理想时期是快速城镇化与交通机动化同步推进阶段，而当前我国县城正处于建设绿色交通的最佳时机。本研究以问题为导向梳理了县城绿色交通存在的主要问题及制约因素，并精心挑选近年来绿色交通实践比较理想的案例，最终从宏观层面确定了县城交通结构体系和绿色交通道路网络设计两项关键技术，在微观层面重点确定了以绿色交通为特色的道路断面规划设计和相关交通设施规划设计两项关键技术，从而为县城绿色交通规划设计提供借鉴。

宜居生态公用设施工程作为新型城镇化发展建设的重要组成部分，其发展应以“城乡统筹、以人为本、资源节约、环境友好、集约高效、和谐共生”为主要原则。有效的策略引导、先进的技术支撑和完善的体制保障。宜居生态公用设施工程不是简单意义上的针对各系统相配套的工程，而是一个由众多独立系统组成的整体网络系统。如能源系统与环境卫生相互结合，通过对生活生产垃圾的分类处理，对回收资源可以作为能源再次使用。另外，公用设施工程一般规模相对较大、施工周期相对较长且具有一定的规模效应，建成后更新难度较大，拓宽增容代价昂贵还会对其他设施的运转造成影响。因此，总体上，宜居生态公用设施工程应采取系统综合、适当超前的发展思路。

最后，本研究所确定的关键技术还不能够涵盖县城规划的全部内容，县城在规划建设实践中的关键技术选择需要结合自身特色，避免盲目照搬和片面模仿，确定符合自身实际的发展策略，从而探索出更多适合县城的实践经验，促进我国新型城镇化建设的发展。

参考资料

[1] 中华人民共和国住房和城乡建设部. 城乡建设统计公报 [EB/OL]. http：//www. mohurd. gov. cn/xytj/tjzljsxytjgb/index. html.

[2] 中华人民共和国住房和城乡建设部. 中国县城建设统计年鉴 2014 [M]. 北京：中国统计出版社，2015.

[3] 《中华人民共和国城乡规划法》第一章第五条

[4] 《县域村镇体系规划编制暂行办法》

[5] 《陕西省城乡一体化建设规划编制办法》

[6] 《土地利用总体规划编制审查办法》

[7] 粟新林. 统筹城乡构建发展新格局 [EB/OL]. [2014-09-27]. http：//www. cdrb. com. cn/html/2014-09/27/content _ 2122873. htm.

[8] 曹璐，靳东晓. 新型城镇化视角下的省市域城乡统筹规划 [J]. 城市规划，2014，(S2)：27-31.

[9] 《关于开展市县"多规合一"试点工作的通知》(发改规划〔2014〕1971 号)。

[10] 陈雯，闫东升，孙伟. 市县"多规合一"与改革创新：问题、挑战与路径关键 [J]. 规划师，2015，(2)：17-21.

[11] 耿慧志，贾晓韡. 村镇体系等级规模结构的规划技术路线探析 [J]. 小城镇建设，2010，(8)：66-72.

[12] 唐劲峰. 统筹城乡发展的县域村镇体系规划编制方法研究 [D]. 长沙：中南大学，2007.

[13] 何灵聪. 城乡统筹视角下的我国镇村体系规划进展与展望 [J]，规划师，2012，(5)：5-9.

[14] 运迎霞，文强. 城乡统筹下的县域空间管制规划研究——以河南省舞钢市为例 [C] //城市时代，协同规划——2013 中国城市规划年会，中国山东青岛，2013.

[15] 张京祥，崔功豪. 新时期县域规划的基本理念 [J]. 城市规划，2000，(9)：47-50.

[16] 赵华勤，张如林，杨晓光，等. 城乡统筹规划：政策支持与制度创新 [J]. 城市规划学刊，2013，(1)：23-28.

[17] 齐奕，杜雁，李启军，等."三规合一"背景下的城乡总体规划协同发展趋势 [J]. 规划师，2015，(2)：5-11.

[18] 佟彪，党安荣，李健，等. 我国"多规融合"实践中的尺度分析 [J]. 现代城市研究，2015，(5)：9-14.

[19] 杨玲. 基于空间管制的"多规合一"控制线系统初探——关于县（市）域城乡全覆盖的空间管制分区的再思考 [A]. 中国城市规划学会. 新常态：传承与变革——2015 中国城市规划年会论文集（11 规划实施与管理）[C]. 贵阳：中国城市规划学会，2015.

[20] 开化新闻网."多规合一"相关问题的解答 [EB/OL]. http：//khnews. zjol. com. cn/khnews/system/2016/02/25/020216485. shtml.

[21] 宁启蒙. 基于城乡统筹的县域村镇体系规划编制研究 [D]. 长沙：湖南大学，2010.

[22] 李晶. 村镇体系规划的理论与实证研究——以吉林省前郭县村镇体系规划为例 [D]. 长春：东北师范大学，2009.

[23] 克利夫·芒福汀. 街道与广场 [M]. 张永刚，陆卫东，译. 北京：中国建筑工业出版社，2004.

[24] 克莱尔·库珀·马库斯，等. 人性场所——城市开放空间设计导则 [M]. 俞孔坚，等译. 北京：中国建筑工业出版社，2001.

[25] 芦原义信. 街道的美学 [M]. 天津：百花文艺出版社，2005.

[26] 凯文·林奇. 城市的意象 [M]. 方益萍，何晓军，译. 北京：中国建筑工业出版社，1990.

[27] 魏皓严，许靖涛. 小城镇风貌的营造——"空间—景观"设计融入型的小城镇规划方法探讨 [J]. 小城镇建设，2009，(3).

[28] 赖剑青，张德顺，浅谈城市扩展过程中的城市自然山体的保护及对策 [J]. 安徽建筑，2012，(4).

[29] 郑雪玉. 城市山体景观保护规划研究 [J]. 福建建筑，2011，(3).

[30] 江畔. 中小城市的地域性城市空间特色塑造研究与震后城市重建 [D]. 北京：北京交通大学，2011.

[31] 单晓刚，罗国彪，路雁冰. 贵州省示范小城镇风貌规划控制研究 [J]. 规划师，2014，(1)：25-30.

[32] 胡平凡. 基于地域性的滨水建筑设计策略研究 [D]. 长沙：湖南大学，2013.

[33] 贾文夫. 建筑视觉场的空间分析与算法研究 [D]. 天津：天津大学，2012.
[34] 景阿馨. 浅丘地区城市内自然山体保护与利用研究 [D]. 重庆：西南大学，2014.
[35] 修福辉，张震宇，刘泉. 美丽乡村、优雅竹城——新型城镇化视角下的安吉县城总体城市设计研究 [A]. 中国城市规划学会. 城市时代，协同规划——2013 中国城市规划年会论文集（12-小城镇与城乡统筹）[C]. 中国城市规划学会，2013：15.
[36] 罗丹. 城市滨水建筑外部空间的地域性表达 [D]. 成都：西南交通大学，2011.
[37] 陈喆，马水静. 关于城市街道活力的思考 [J]. 建筑学报，2009，(S2)：121-126.
[38] 赵则. 基于视线分析的城市公园周边建筑高度控制规划研究 [D]. 长沙：中南林业科技大学，2013.
[39] 肖周燕，邱连峰，林志强. 普惠视角下广西城乡基本公共体育设施布局策略研究 [C] //城市时代协同规划——2013 中国城市规划年会论文集. 2013.
[40] 黄明华，杨郑鑫，巩岳. 县城义务教育阶段学校适宜性指标体系研究——以关中地区渭南市典型县城中小学为例 [J]. 城市规划，2011，(4).
[41] 吴欣，黄明华，史晓楠. 安康市辖县县城文化设施适宜性标准研究 [J]. 西北大学学报（自然科学版），2012，(2)：328-333.
[42] 史晓楠. 安康市辖县县城文化、体育设施适宜性标准研究 [D]. 西安：西安建筑科技大学，2011.
[43] 吴欣. 西北地区东部县城公益性公共设施适宜性规划指标体系研究 [D]. 西安：西安建筑科技大学，2013.
[44] 吴克赓. 国家图书馆读者自习室管理及服务模式探讨 [J]. 江西图书馆学刊，2008，(3)：60-61.
[45] 李晓新，陆秀萍，付德金. 新农村建设中公共图书馆的功能设计——针对资源短缺型县级图书馆的研究 [J]. 图书与情报，2009，(6)：24-33.
[46] 陈伟东，舒晓虎. 城市社区服务的复合模式——苏州工业园区邻里中心模式的经验研究 [J]. 河南大学学报（社会科学版），2014，(1)：55-61.
[47] 胡尚如，田昕丽. 基于新型城镇化的县城教育设施配套规划研究 [C] //城市时代，协同规划——2013 中国城市规划年会，中国山东青岛，2013.
[48] 岳晓琴，黄明华. 县城中小学教育设施规划指标探讨——以陕西洛川为例 [J]. 规划师，2012，(1)：76-81.
[49] 王考. 人口老龄化背景下广州市社区老年公共服务设施配套研究 [D]. 广州：中山大学，2008.
[50] 王勇. 城市控规编制过程中公共服务设施的配置 [J]. 中华民居（下旬刊），2014，(2)：42-44.
[51] 黄明华，王琛，杨辉. 县城公共服务设施：城乡联动与适宜性指标 [M]. 武汉：华中科技大学出版社，2013.
[52] 李凤，毕艳红. 中小城市交通发展之路 [M]. 北京：北京人民交通出版社股份有限公司，2014.
[53] 《绿色低碳重点小城镇建设评价指标》，2011.
[54] 傅志寰，朱高峰. 中国特色新型城镇化发展战略研究（第二卷）[M]. 北京：中国建筑工业出版社，2013.
[55] 国家统计局网站 http：//www. stats. gov. cn/.
[56] 王炜. 城市交通系统可持续发展规划框架研究 [J]. 东南大学学报（自然科学版），2001，(3)：1-6.
[57] 钱寒峰，杨明，於昊. 基于交通分区体系的城市交通发展引导策略 [J]. 交通科技与经济，2010，(6)：12-16.
[58] 钱寒峰，杨涛，杨明. 城市交通规划与土地利用规划的互动 [J]. 城市问题，2010，11.
[59] 陆建，王炜. 城市道路网规划指标体系 [J]. 交通运输工程学报，2004，4 (4)：63-64.
[60] 陆建. 城市交通系统可持续发展规划理论与方法 [D]. 南京：东南大学，2003.
[61] 阿特金斯. 低碳生态城市规划方法 [R]. 阿特金斯. 2014：129.
[62] NACTO. Urban Bikeway Design Guide [R]. NACTO，2011：55-89.
[63] Whyte W H. Securing open space for urban American：conservation easements [M]. Washington：Urban Land lnstitute，1959：69.
[64] Charles E. Little. Greenways for America (Creating the North American Landscape) [M]. The Johns Hopkins University Press，1995：49-51.
[65] 付丽，杨顺顺，赵越，等. 基于绿色交通理念的城市交通可持续发展策略 [J]. 中国人口，资源与环境，2011，(S1)：367-370.
[66] 吴昊灵，袁振洲，田钧方，等. 基于绿色交通理念的生态新区交通规划与实践 [J]. 城市发展研究，2014，(2)：106-111.

[67] 张晓春，陆荣杰，田锋．深圳市绿色交通发展的探索与实践 [J]．上海城市规划，2014，(2)：27-32.
[68] 郑婧，陈可石．德国弗赖堡绿色交通规划与策略研究 [J]．现代城市研究，2014，(5)：109-115.
[69] 潘海啸．中国城市绿色交通——改善交通拥挤的根本性策略 [J]．现代城市研究，2010，(1)：7-10.
[70] 张润朋，周春山，明立波．紧凑城市与绿色交通体系构建 [J]．规划师，2010，(9)：11-15.
[71] 张晓春，陆荣杰，吕国林，等．绿色交通理念在法定图则中的落实与实践——以深圳市绿色交通规划设计导则研究为例 [J]．规划师，2010，(9)：16-20.
[72] 蒋育红，过秀成．基于绿色交通理念的城市交通发展策略 [J]．合肥工业大学学报（自然科学版），2009，(7)：1086-1090.
[73] 刘冬飞．"绿色交通"一种可持续发展的交通理念 [J]．现代城市研究，2003，(1)：60-63.
[74] 丁卫东，刘明，杜胜品．交通方式与城市绿色交通 [J]．武汉科技大学学报（自然科学版），2003，(1)：50-53.
[75] 王丹丹．浅谈中小城市公共交通优先发展——以汉中为例 [J]．市场论坛，2011，(6)：14-15.
[76] 吴昊灵，袁振洲，田钧方，等．基于绿色交通理念的生态新区交通规划与实践 [J]．城市发展研究，2014，(2)：106-111.
[77] 郑婧，陈可石．德国弗赖堡绿色交通规划与策略研究 [J]．现代城市研究，2014，(5)：109-115.
[78] 孙华灿．城市绿色交通发展的冷思考 [J]．江苏城市规划，2014，(9)：44-45.
[79] 李兵．西北地区小城市绿色交通的研究 [J]．交通标准化，2009，(Z1)：244-247.
[80] 饶传坤，陈巍，时红斌．我国发达地区中小城市交通特征及其优化对策研究——以浙江省瑞安市为例 [J]．浙江大学学报（理学版），2015，(1)：120-126.
[81] 王富，高健，杨阳．城市绿色交通与绿道融合交通设计研究 [J]．中国园林，2015，(9)：47-49.
[82] 李兵．西北地区中小城市绿色交通规划研究 [D]．西安：西安建筑科技大学，2008.
[83] 张子佳．中小城市绿色交通发展水平评价方法研究 [D]．广州：华南理工大学，2015.
[84] 孟祥峰．基于绿色交通理论的中小城市"公交＋慢行"系统优化研究 [D]．济南：山东建筑大学，2014.
[85] 郝翠丽．中小城市交通可持续发展研究 [D]．西安：西安建筑科技大学，2010.
[86] 周飞．湖北长江经济带小城市发展研究 [D]．武汉：华中师范大学，2014.
[87] 姚晓文．中小城市慢行交通系统规划策略研究 [D]．武汉：华中科技大学，2011.
[88] 马学思．小城市交通规划特点及方法研究 [D]．济南：山东建筑大学，2016.
[89] 张杰．中小城市绿色交通发展评价指标体系研究 [D]．郑州：郑州大学，2016.
[90] 周年兴，俞孔坚，黄震方．绿道及其研究进展 [N]．生态学报，2006，26 (9)：4.